JISUANJI WANGLUO JISHU

计算机网络技术

主　编　符欲梅　梁艳华
副主编　辛小江
主　审　潘银松

U0280220

重庆大学出版社

内容提要

本书系统地介绍了计算机网络的理论知识和相关工程技术，主要内容包括计算机网络的基本概念、数据通信基础、数据链路层、局域网、广域网、网络层协议、网络互联协议、传输层、应用层、网络管理与网络安全等。本书每章的章末都配有可供读者参考的练习题，在各章的章节组织中，也适当增加了一定的网络工程实训内容，体现了新工科建设对计算机网络技术的最新要求。

本书可作为高等学校应用型本科计算机科学与技术专业的专业基础类教材，也可以作为计算机技术与软件专业技术资格（水平）考试网络工程师的考证参考。

图书在版编目（CIP）数据

计算机网络技术/符欲梅，梁艳华主编.—重庆：重庆大学出版社，2019.8（2024.9 重印）
ISBN 978-7-5689-1778-0

Ⅰ.①计… Ⅱ.①符… ②梁… Ⅲ.①计算机网络—高等学校—教材 Ⅳ.①TP393

中国版本图书馆 CIP 数据核字（2019）第 181957 号

计算机网络技术

主　编　符欲梅　梁艳华
副主编　辛小江
主　审　潘银松
责任编辑：曾显跃　　版式设计：曾显跃
责任校对：谢　芳　　责任印制：张　策

*

重庆大学出版社出版发行
出版人：陈晓阳
社址：重庆市沙坪坝区大学城西路 21 号
邮编：401331
电话：（023）88617190　88617185（中小学）
传真：（023）88617186　88617166
网址：http://www.cqup.com.cn
邮箱：fxk@cqup.com.cn（营销中心）
全国新华书店经销
POD：重庆新生代彩印技术有限公司

*

开本：787mm×1092mm　1/16　印张：15.75　字数：395 千
2019 年 8 月第 1 版　2024 年 9 月第 6 次印刷
印数：9 301—9 600
ISBN 978-7-5689-1778-0　定价：49.80 元

本书如有印刷、装订等质量问题，本社负责调换

版权所有，请勿擅自翻印和用本书
制作各类出版物及配套用书，违者必究

前言

如今,互联网广泛深入人们生产、生活的方方面面,成为所使用的各种软件系统正常运行的重要保障设施。社会高度信息化推动计算机网络高速发展,“大数据技术”出现后,作为数据集群通信基础设备的计算机网络,其作用更为重要。

“计算机网络”课程是计算机科学与技术、软件工程等相关专业的专业必修课程,也是物联网专业从事专业知识学习的基础类课程。与其他专业课程相比,“计算机网络”具有知识点较多且极为分散、网络原理及协议等理论知识较难掌握等特点,目前出版的大多数《计算机网络》教材,由于定位不同,有的教材偏重于对计算机网络基本概念的介绍,内容偏简单,深度不够;有的教材偏重于对计算机网络原理的描述,知识点过于全面,但难度较大、理解困难,且工程应用实例不足。绝大多数教材很难兼顾理论知识描述的简易性和全面性,更无法保证理论联系实践。

作者根据多年从事本科网络课程教学实践与科研工作的经验,本着理论与实践并重、强化工程应用的原则编写了本书。通过本书的学习,读者可以在掌握计算机网络相关概念的基础上,理解计算机网络的理论技术、掌握相关的网络协议,并能够解决实际的网络工程问题。本书的部分章节除了原理性知识外,还增加了工程应用案例分析,强化读者的工程应用能力。本书在内容的组织上力求以网络体系结构为基础,希望能为读者提供一本通俗易懂但又具有一定理论深度的读本,也希望能为读者的软件应用能力扩展、后续专业知识学习或网络工程师进修奠定理论及实践基础。

本书由符欲梅、梁艳华任主编,辛小江任副主编。全书编写分工如下:第1、2、3章由符欲梅编写,第4、5、6、7、8、9章由梁艳华编写,辛小江编写了第10章并负责了部分资料的收集整理。全书由梁艳华提出框架并统稿,符欲梅负责定稿,潘银松对全书进行了审校。

本书参考学时建议为64学时(含实训),其中:第1章6学时,第2章6学时,第3章2学时,第4章6学时,第5章4学时,第6章10学时,第7章12学时,第8章8学时,第9章4学时,第10章4学时,复习及习题2学时。也可视情况适当增减。

由于编者水平有限,书中的不妥之处,恳请同行及读者批评指正。

编　者

2019年4月

目录

第 1 章

计算机网络的基本概念

本章主要知识点

✧ 计算机网络的定义、功能和发展过程。
✧ 计算机网络的分类。
✧ 计算机网络的逻辑组成和系统组成。
✧ 网络分层原理及相关概念。
✧ 计算机网络体系结构及 OSI/RM、TCP/IP 参考模型。
✧ 计算机网络的性能指标和非性能指标。

能力目标

✧ 具备理解计算机网络基本概念和知识的能力。
✧ 具备从不同角度看待计算机网络的能力。
✧ 具备理解网络分层原理及网络体系结构的能力。
✧ 具备理解协议、接口、服务的定义及网络衡量标准的能力。

计算机网络是计算机技术和通信技术相结合的产物，是软件技术的一个重要应用方向。21 世纪的重要特征，即是数字化、信息化和网络化。没有计算机网络，信息化与数字化便无从谈起。如今，计算机网络已经成为信息时代的命脉和基础，对人们生活的各个方面及国家的经济发展产生了重要的影响。

目前，有三大类网络为我们提供通信服务——电信网络、有线电视网络和计算机网络。按照最初的分工：电信网络，向用户提供电话、电报和传真服务；有线电视网络，为用户传送各种电视节目；计算机网络，为用户传递数据文件。随着技术的发展，电信网络和有线电视网络逐渐融入了计算机网络，从理论上讲，这三种网络可以融合成一种网络，便能够为用户提供所有的服务，即所谓的“三网融合”。然而，事实远非如此，这种融合还涉及各方面的经济利益和行政管辖问题。

无论如何，计算机网络是信息时代的核心技术，是信息化社会的基础设施。对于计算机网络，人们不仅能够很好地使用它，还需要对其有一个整体的把握，并且能够理解计算机网络中的数据传输与处理过程，只有这样，才能有利于技术发展，方便人们日常生活。

1.1 计算机网络的形成和发展

1.1.1 计算机网络的形成

1946年，世界上第一台电子计算机诞生，开辟了人类社会向信息社会迈进的新纪元。20世纪50年代，美国建立了半自动化地面防空系统(SAGE)，将雷达信息和其他信号经过远程通信线路送达到计算机进行处理，第一次实现了远程集中式控制，这就是计算机网络的雏形。

1969年，美国国防部高级研究计划局(DARPA)建立了世界上第一个分组交换网ARPA-Net(Internet的前身)，并正式投入使用，这标志着计算机网络的诞生。随后，各个企业和厂家分别组建了各自的计算机网络系统，如IBM的SNA网络、DEC的DNA网络等，计算机网络逐步兴起并发展起来。

早期的计算机网络系统是由多台计算机互联，而且各个公司所形成的网络间没有遵循统一的通信标准，属于各自为政的“计算机和计算机”通信的计算机网络时代。

1.1.2 计算机网络的发展

计算机网络发展到今天，经历了一个从简单到复杂、从单机到多机、从终端与计算机的通信到计算机之间直接通信的发展过程。

计算机网络的发展可以分为四个阶段：面向终端的计算机网络、多机系统互联的计算机网络、标准化的计算机网络和网络互联与高速化、综合化的网络。

(1)面向终端的计算机网络阶段(20世纪50年代中期至60年代中期)

面向终端的计算机网络是早期计算机网络的主要形式，出现在20世纪50年代中期。它的主要特点是，以单个计算机为中心，属于远程联机系统。这种网络是用一台中央主机连接大量的、地理位置分散的终端所形成的系统。

早期的面向终端系统称为具有通信功能的联机系统，其系统结构如图1.1所示，整个系统主要由主机和远程终端两部分组成。主机端增加通信控制功能和管理软件，主要目的是提高整个系统的工作效率，减少人工干预。

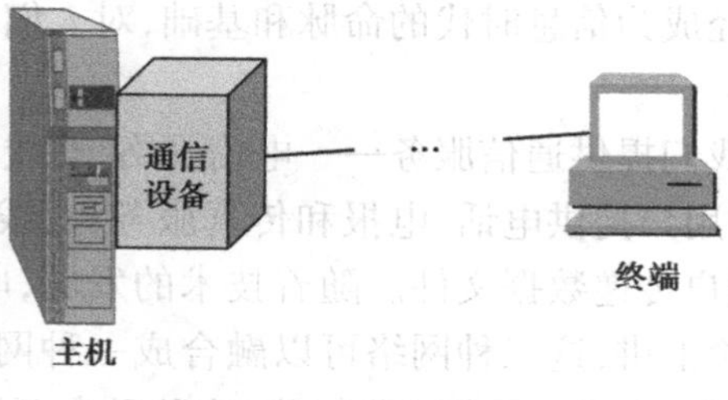

图1.1 具有通信功能的联机系统

这种系统存在两个缺点：一是主机既要承担数据处理的工作又要承担通信任务，负担较重；二是系统中每台远程终端都通过一条通信线路与主机连接，不仅线路利用率低、费用高，特别是终端远离主机时，这个缺点尤为明显。

为减轻主机负担,20 世纪 60 年代出现了具有通信功能的多机系统,其系统结构如图 1.2 所示。这种系统在主机和通信线路间设置了通信控制处理机(CCP)或前端处理机(FEP),让 CCP 或 FEP 专门与终端进行通信;同时,为了提高通信线路的利用率,在终端密集的区域设置线路集中器,使多个终端先与集中器连接,然后集中器再通过统一的高速线路与远程主机相连,这样可以实现多个终端共享通信线路,从而大大降低通信线路的费用。

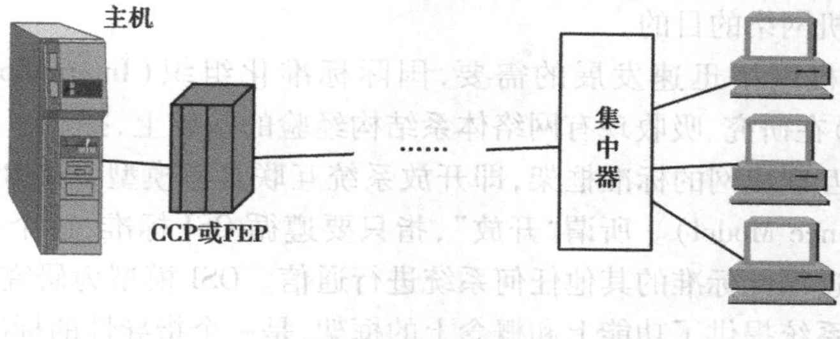

图 1.2　具有通信功能的多机系统

(2)多机系统互联的计算机网络阶段(20 世纪 60 年代后期至 70 年代后期)

第二代计算机网络的发展时期在 20 世纪 60 年代后期到 70 年代后期。这个阶段的计算机网络特点:系统以多台计算机为中心,各台计算机通过通信线路连接,相互交换数据及传送软件。这个时期的计算机网络系统结构如图 1.3 所示。

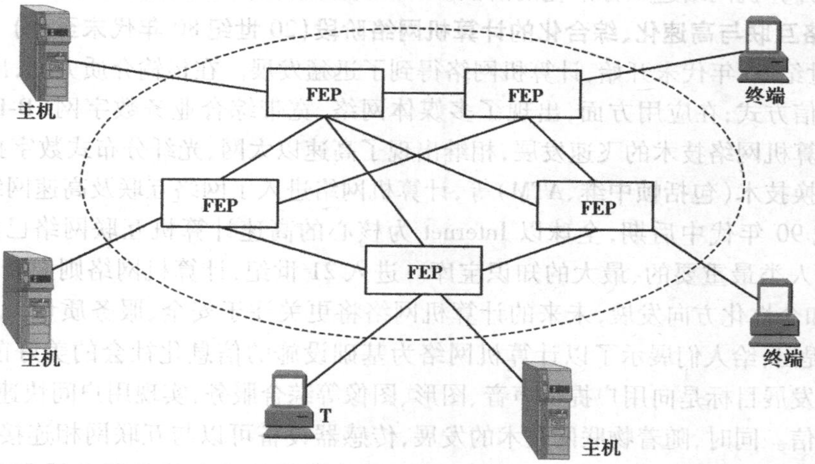

图 1.3　多机系统互联的计算机网络

这段时期,人们将多个系统主机间用高速线路及前端处理机连接起来,实现系统间交换信息、传递数据、相互调用软件以及调用其中任意主机的任何资源,进行各种业务联系。这时的计算机网络也真正具有了“网”的概念。

(3)标准化的计算机网络阶段(20 世纪 70 年代末至 80 年代末)

ARPA 网的出现,为计算机网络的发展奠定了基础,促使很多国家和地区开始组建自己的网络。计算机网络的使用,也为各个国家和地区带来了较好的经济效益和社会效益。但是,在组建网络时根本性的不足是没有统一的网络体系结构,即各个网络内部遵循各自的通信标准,网络间没有一致的信息格式和协议。这种状况使得不同制造商生产的计算机及网络设备互联起来十分困难,网络的实现、扩充和变动很麻烦。这个问题在 20 世纪 70 年代后期引起了人们的重视,各大计算机公司和计算机研制部门纷纷投入大量的人力、物力和财力,相继推出了自己的计算机网络体系结构,以及实现该体系结构的软硬件产品,期望能够在自己公司范围内统一计算机网络标准。例如:1974 年,IBM 公司提出了 SNA 的系统网络体系结构;1975 年,DEC 公司提出了面向分布式网络的数字网络体系结构 DNA;1976 年,UNIVAC 公司提出了分布式控制体系结构 DCA。这样,用户只要购买该公司的网络产品,自备或租用通信线路,就可以达到组建或扩展计算机网络的目的。

为了适应计算机网络迅速发展的需要,国际标准化组织(International Organization for Standardization,ISO)在研究、吸收现有网络体系结构经验的基础上,提出了一个试图使各种计算机在世界范围内互联成网的标准框架,即开放系统互联参考模型 OSI/RM(Open System Interconnection/Reference Model)。所谓"开放",指只要遵循 OSI 标准,这个系统就可以与世界上任何地方也同样遵循此标准的其他任何系统进行通信。OSI 模型为研究、设计、改造和实现新一代计算机网络系统提供了功能上和概念上的框架,是一个指导性的标准。然而,在市场化方面,OSI 模型并未取得预想的应用前景。20 世纪 90 年代初,虽然整套 OSI 模型的国际标准都已制定出来,但由于 TCP/IP 协议簇已经成为占主导地位的商用体系结构,并在互联网中得到广泛的应用,因此,TCP/IP 协议簇取代 OSI 模型,被认为是事实上的国际标准。

在市场化方面,OSI 模型虽然并未取得成功,但它的出现使人们对计算机网络有了统一的认识,从此,计算机网络进入标准化的阶段。OSI 模型是计算机网络走向成熟的标志。

(4)网络互联与高速化、综合化的计算机网络阶段(20 世纪 80 年代末至今)

从 20 世纪 80 年代末开始,计算机网络得到了迅猛发展。在传输介质方面,出现了光纤这种高速的通信方式;在应用方面,出现了多媒体网络、宽带综合业务数字网(B-ISDN)及智能网。随着计算机网络技术的飞速发展,相继出现了高速以太网、光纤分布式数字接口(FDDI)、快速分组交换技术(包括帧中继、ATM)等,计算机网络进入了网络互联及高速网络阶段。

20 世纪 90 年代中后期,全球以 Internet 为核心的高速计算机互联网络已经逐渐形成,Internet成为人类最重要的、最大的知识宝库。进入 21 世纪,计算机网络则向着综合化、宽带化、智能化和个性化方向发展,未来的计算机网络将更关注于安全、服务质量。"信息高速公路"概念的提出,给人们展示了以计算机网络为基础设施的信息化社会的美好前景。未来计算机网络的发展目标是向用户提供声音、图形、图像等综合服务,实现用户间快速的、多媒体及个性化的通信。同时,随着物联网技术的发展,传感器设备可以与互联网相连接,出现了一些新的应用领域,如智能家居、智能校园等。P2P、云计算等技术也使得服务器和客户端融为一体,带来了新的应用场景。

1.2 计算机网络的定义和分类

1.2.1 计算机网络的定义

对于计算机网络,从不同的角度看,有着不同的定义。从物理结构看,计算机网络定义为"在网络协议控制下,由多台计算机、终端、数据传输设备及通信设备组成的计算机复合系统"。从应用目的看,计算机网络是"以相互共享资源(软件、硬件和数据)的方式而连接起来,且各自具有独立功能的计算机系统的集合”。

一种比较通用的计算机网络的定义为：将地理位置不同的、具有独立功能的多台计算机及其外部设备，通过通信线路和通信设备连接起来，在网络操作系统、网络管理软件及网络通信协议的管理和协调下，实现资源共享和数据通信的计算机系统。

计算机网络的定义涉及以下四个要点：

①计算机网络中包含两台以上的地理位置不同、具有独立功能的计算机。联网的计算机称为主机（也称为“结点”）。但网络中的结点不仅是计算机，还可以是其他通信设备，如交换机、路由器等。

②网络中各结点之间的连接需要使用一条通道，这条通道通常由传输介质提供，即传输介质实现物理互连。

③网络中各结点之间互相通信除了有网络操作系统、网络管理软件支撑外，还必须遵循共同的协议规则，如 Internet 上使用的通信协议是 TCP/IP 协议簇。

④计算机网络的主要目的是实现资源共享和数据通信。

1.2.2　计算机网络的分类

计算机网络可以从地理覆盖范围、拓扑结构、网络使用对象、通信传输方式和网络组件关系等五个方面进行分类。从不同的角度对计算机网络进行分类，有助于更好地理解和认识计算机网络。

（1）按网络地理覆盖范围分类

按照计算机网络所覆盖的地理范围大小进行分类，可以将计算机网络分为局域网、城域网和广域网。网络覆盖的地理范围不同，所采用的传输技术也不同，因此，形成了具有不同网络技术特点与网络服务功能的不同类型的计算机网络。

1）局域网

局域网（Local Area Network，LAN）的覆盖范围较小，一般在 10 km 范围内，如一间办公室、一栋大楼、一个园区网络等。局域网具有传输速率高、误码率低、成本低、易于维护管理、使用方便灵活等特点。

2）城域网

城域网（Metropolitan Area Network，MAN）一般是指建立在大城市、大都市区域的计算机网络，覆盖城市的大部分或全部地区，其覆盖范围从几千米到几十千米不等。城域网通常由政府或大型集团组建，作为城市基础设施，为公众提供服务。目前，很多城市都在规划和建设自己城市的信息高速公路，以实现大量用户间的数据、语音、图形与视频等多种信息的传输和共享功能。

3）广域网

广域网（Wide Area Network，WAN）的覆盖范围很大，一般可以从几千米到几万千米。广域网的规模大，可以包含几个城市、一个国家、几个国家甚至全球，它能够实现较大范围内的资源共享和数据通信。

（2）按网络拓扑结构分类

计算机网络的拓扑结构是指网络中各结点（通信设备、主机等）和连线的连接形式。网络拓扑结构对其能够采用的技术、网络的可靠性、网络的可维护性和网络的实施费用等都有重大影响。选用何种类型的拓扑结构来构建网络，要依据实际需要而定。

常见的计算机网络拓扑结构有总线型拓扑、星形拓扑、环形拓扑、树形拓扑和网状拓扑等,如图1.4所示。

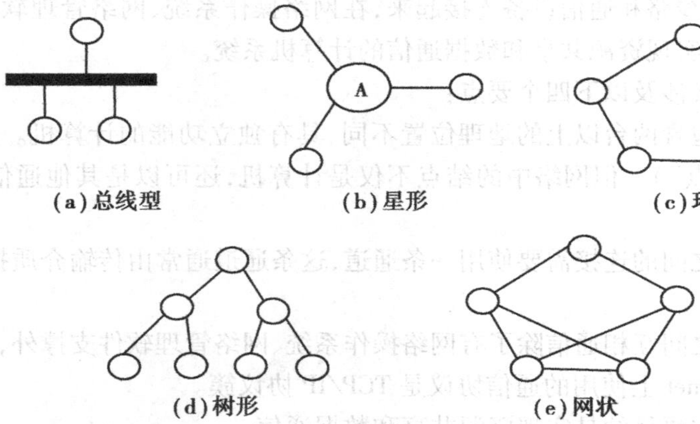

图1.4　计算机网络的拓扑结构

1)总线型拓扑结构

总线型拓扑结构采用单根传输线作为传输介质,网络中各结点均接入总线。在局域网中,总线上各结点计算机地位相等,无中心结点,属于分布式控制。总线信道是一种广播式信道,可采用相应的网络协议(如以争用方式为主要特点的CSMA/CD协议)来控制总线上各结点计算机发送信息和接收信息。这种结构具有简单、易扩充、可靠性高等优点,但缺点是访问控制复杂,组网时受总线长度限制,延伸范围小。

2)星形拓扑结构

星形拓扑结构是以一个结点为中心,网络中其他结点都通过传输介质接入中心结点,所有结点的通信都要通过中心结点转发。这种结构的网络采用广播式或点对点式进行数据的通信。常见的中心结点有集线器、交换机等。

星形拓扑结构的优点是结构简单、管理方便、扩充性强、组网容易。利用中心结点可方便地提供网络连接和重新配置,且单个连接点的故障只影响该结点,不会影响全网,容易检测和隔离故障。它的缺点是中心结点的负载过重,控制过于集中,如果中心结点产生故障,则网络中的所有计算机均不能通信,这种拓扑结构的网络对中心结点的可靠性和冗余度要求较高。

3)环形拓扑结构

环形拓扑结构的传输介质是一个闭合的环,将网络各结点直接连接到环上,或通过一个分支电缆连到环上。环状信道也是一条广播式信道,可采用令牌控制方式协调各结点计算机发送和接收消息。

环形拓扑结构的优点是一次数据在网中传输的最大传输延迟是固定的,每个网络结点只与其他两个结点有物理链路的连接,因此,传输控制机制简单、实时性强。它的缺点是环中任何一个结点出现故障都可能会终止全网运行,因而可靠性较差。为了克服可靠性差的问题,有的网络采用具有自愈功能的双环结构,一旦一个结点不工作,可自动切换到另一环路上工作。

4)树形拓扑结构

树形拓扑结构网络也称为多级星形拓扑结构网络,是由多个层次的星状网络纵向连接而成。树中的每个结点都是计算机或网络设备。一般来说,越靠近树的根部,对结点设备的性能要求越高。与星形网络拓扑结构相比,树形拓扑结构的网络线路总长度较短,成本较低,易于扩充,但其结构较复杂,数据传输时延较大。

5)网状拓扑结构

网状拓扑结构的网络也称为分布式网络,由分布在不同地点的计算机系统互相连接而成。网络中无中心计算机,网上的每个结点都有多条线路与其他结点相连,增加了迂回通路。这种类型的网络优点是结点间路径多,数据在通信时可以大大减少碰撞和阻塞,具有可靠性高、数据传输时延小、网络扩充和主机入网比较灵活简单等优点。但由于其网络结构复杂,其控制和管理也相对复杂,因此具有布线工程量大、建设成本高、软件管理复杂等缺点。

以上介绍的是最基本的网络拓扑结构,在实际的网络规划和设计中,通常根据实际需求选择上述几种网络结构混合构成实际的网络拓扑。选择哪种类型的拓扑结构进行网络设计,有多方面的考虑因素,如网络设备安装、维护的相对难易程度、通信介质发生故障时受到影响设备的情况及费用等。

(3)按网络使用对象分类

按网络的使用对象进行分类,计算机网络可以分为公用网和专用网两大类。

1)公用网

公用网是为所有用户提供服务,一般由国家的电信部门建立,如中国公用计算机互联网(CHINANET)、中国教育和科研计算机网(CERNET)等。一般地,只要按照相关部门的规定缴纳费用的用户都可以使用公用网。

2)专用网

专用网是为特定用户提供服务的,例如军队、公安、铁路、电力、金融等系统的网络均属于此类。专用网是企业为本单位的特殊工作需要而专门建立的网络,它们的使用者也是单位内部的人员,具有自建、自管、自用的特点。

(4)按通信传输方式分类

根据数据通信传输的方式不同,计算机网络可分为广播式网络和点对点式网络两大类。

1)广播式网络

广播式网络中结点使用一条共享的传输信道进行数据传输,当一个结点发送数据包时,采用广播的机制向所有结点广播此数据包。由于此广播数据包中包含目的地址和源地址,所有结点收到这个数据包后,根据其目的地址确定是否接收处理该包。如果数据包中的目的地址与自己的地址相同,则接收处理;如果不同,则忽略。通过这种方式,达到在广播式网络中实现一对一通信的目的。广播式网络结构如图 1.5 所示。

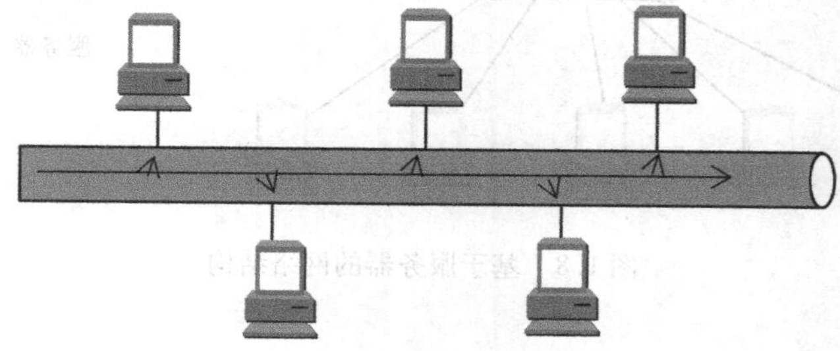

图 1.5　广播式网络结构

2)点对点式网络

点对点式网络的数据传输以点对点的方式进行,即源端主机向目的端主机发送数据时,首先将数据包发送到网络的中间结点,然后数据包经中间结点处理后可直接传输到目的结点。点对点式网络结构如图1.6所示。

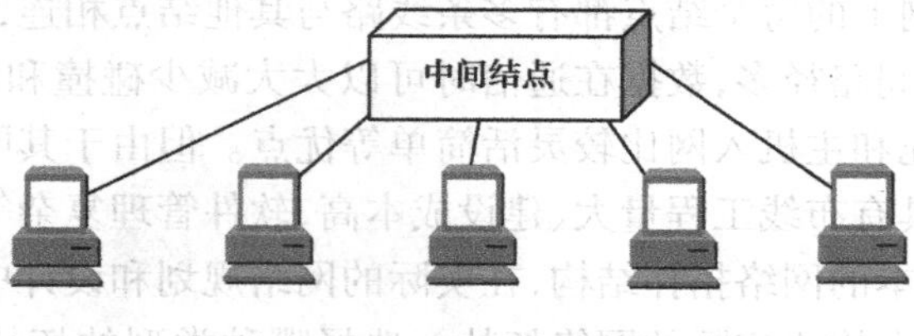

图1.6 点对点式网络

(5)按网络组件的关系分类

按照网络中各结点的关系来划分,通常有对等网络和基于服务器的网络两种。

在对等网络中,各结点在网络中的地位是平等的,没有客户机与服务器的区别,每一个结点,既可以是服务的请求者,又可以是服务的提供者。对等网络结构及配置相对简单,但网络的可管理性差。对等网络的网络结构如图1.7所示。

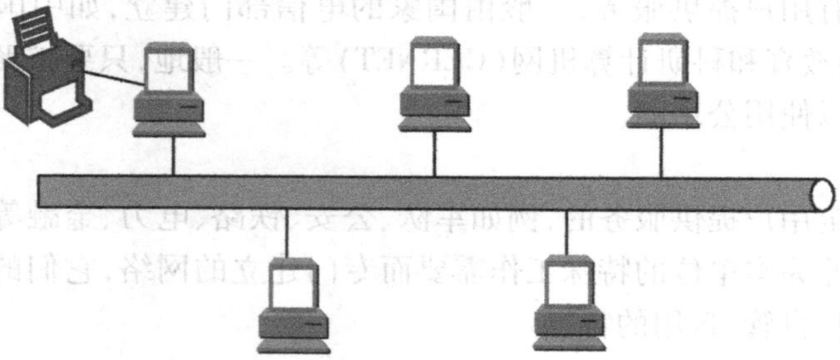

图1.7 对等网络结构

基于服务器的网络采用客户端/服务器的模式,服务器结点向外提供各种网络服务,但不索取服务;客户机结点使用服务器的各种服务,向服务器索取服务,但不向外提供服务。这种结构的网络,服务器在整个系统中起到管理的作用,因而网络的可管理性好,但同时也存在着网络配置复杂的缺点。基于服务器的网络结构如图1.8所示。

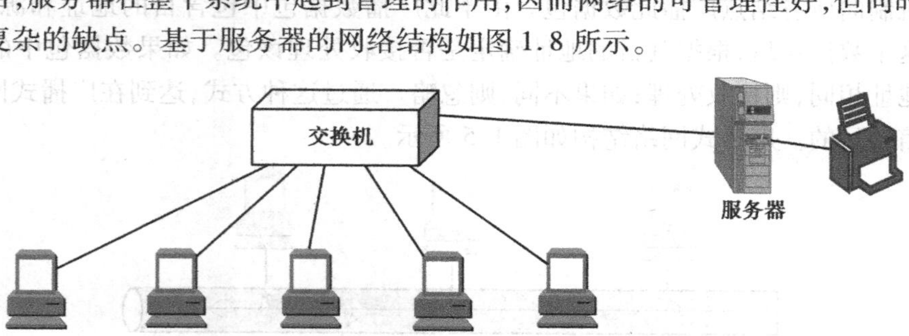

图1.8 基于服务器的网络结构

1.3　计算机网络的功能和组成

1.3.1　计算机网络的功能

计算机网络的主要功能,即资源共享和数据通信。这里,可共享的资源主要包括软件资源(如应用软件、工具软件、系统开发的支撑软件、数据库管理系统等)、硬件资源(如大容量存储设备、各种类型的计算机、打印机、绘图仪等)、数据资源(数据库文件、办公文档、企业生产报表等)。数据通信,即在通信通道上传输各种类型的信息,包括数据、图形、图像、声音、视频流等。

计算机网络的功能除了实现计算机之间的资源共享和数据通信外,还具有对计算机的集中管理、负载均衡、分布处理和提高系统安全性与可靠性等功能。

计算机在没有联网的条件下,每台计算机都是一个"信息孤岛"。在管理这些计算机时,必须分别管理。而计算机联网后,可以在某个中心位置实现对整个网络的集中管理。如交通运输部门的订票系统、国家的军事指挥系统等。

计算机网络还可以在网上各主机之间均衡负载,将在某时刻负载较重的主机的任务传送给空闲的主机,利用多个主机协同工作来完成单一主机难以完成的大型任务。

计算机网络是一个大的分布式处理系统,与单机系统相比,它的可靠性不依赖于其中的任何一台主机,从而提高整个系统的安全性与可靠性。

1.3.2　计算机网络的组成

(1)计算机网络的逻辑组成

从逻辑功能上看,一个计算机网络可以分为两部分:负责承载资源和数据的计算机或终端组成的部分,称为资源子网;负责数据通信的通信控制结点与通信链路组成的部分,称为通信子网。一个典型的计算机网络的逻辑组成如图 1.9 所示。

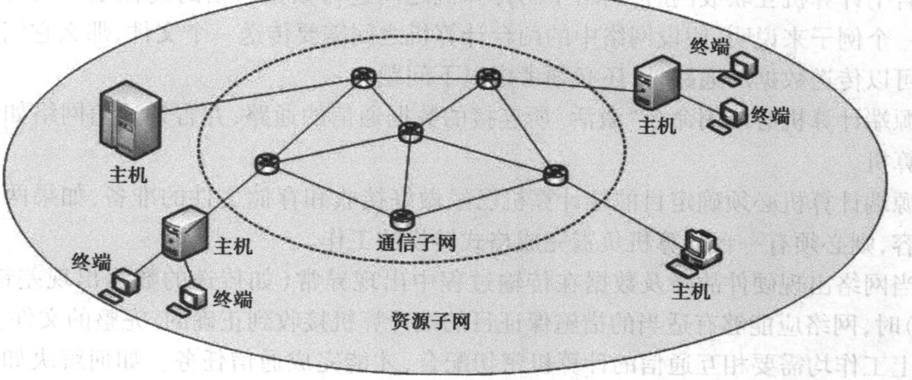

图 1.9　计算机网络的逻辑组成

资源子网由各计算机系统、终端控制器和终端设备、软件和可共享的数据库等组成,主要负责全网的数据处理工作,包括向用户提供数据存储能力、数据处理能力、数据管理能力和数据输入输出能力等。一般地,互联网中负责向外发布信息、提供资源的服务器(如百度公司服务器)均属于资源子网。

通信子网由通信链路(即传输介质)、通信设备(如路由器、交换机、网关、卫星地面接收站等)、网络通信协议和通信控制软件等组成,主要负责全网的数据通信,为网络用户提供必要的通信手段和通信服务(如数据传输、转接、加工、变换)等。互联网中通信子网的建立、维护等工作一般由专门的公司(如中国电信)负责。

(2)计算机网络的系统组成

从系统的角度看,计算机网络系统由网络硬件和网络软件两大部分组成。

1)网络硬件

网络硬件主要由终端与计算机、具有交换功能的结点(如交换机、路由器等)以及结点间的通信链路组成。用户通过终端访问网络,通过具有交换功能的结点进行信息的转发和处理,最终到达指定的某一个用户。因此,网络硬件一般指计算机设备、传输介质和网络连接设备。

2)网络软件

网络软件一般指网络操作系统、网络通信协议和提供网络服务功能的软件等。

网络操作系统用于管理网络的软硬件资源,是提供网络管理的系统软件。常见的网络操作系统有 UNIX、Linux、Netware、Windows 等。

网络通信协议是网络中计算机与计算机交换信息时的约定,规定了计算机在网络中通信的规则。不同的网络操作系统所支持的网络通信协议有所不同,例如,Netware 系统支持的网络通信协议为 IPX/SPX,Windows 系统则支持 TCP/IP 等多种协议。

1.4 计算机网络的体系结构和参考模型

1.4.1 层次型的体系结构

当若干计算机互联成网时,网络中的计算机之间进行数据通信的过程是比较复杂的。这可以用一个例子来说明,假设网络中的两台计算机之间需要传送一个文件,那么它们之间除了有一条可以传送数据的通路外,还必须考虑以下问题:

①源端计算机必须用命令“激活”所连接的数据通信的通路,并告知通信网络如何识别目的端计算机。

②源端计算机必须确定目的端计算机已经做好接收和存储文件的准备,如果两者文件格式不兼容,则必须有一台计算机负责完成格式转换的工作。

③当网络出现硬件故障及数据在传输过程中出现异常(如传送的数据出现差错、重复或丢失等)时,网络应能够有适当的措施保证目的端计算机接收到正确的、完整的文件。

以上工作均需要相互通信的计算机密切配合,才能完成通信任务。如何解决如此复杂的问题? 一种常见的解决复杂问题的方法,即层次化。也就是说,将一个庞大而复杂的问题分解成若干个容易处理的较小的局部问题,然后对这些小问题加以研究和处理,分别对待,分别解决。如图 1.10 所示,为采用分层的方法实现上述文件传送问题的体系结构。

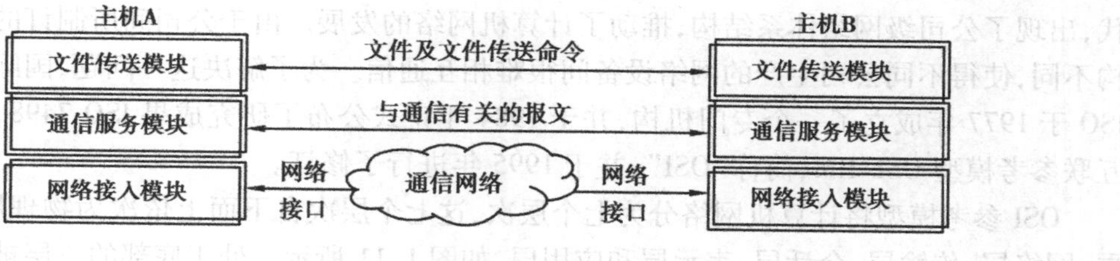

图 1.10　以文件传送为例的体系结构

它使用了 3 个功能模块:网络接口上的具体细节由网络接入模块来完成;通信服务模块负责保证文件和命令在两个系统间可靠地交换;文件传送模块负责完成上面的最后两项工作,但不涉及传送数据和命令。

从图 1.10 中所解决问题的方法中,可以看出两台相互通信的计算机具有相同层次化的功能集。同理,在计算机网络中,需要进行通信的计算机也应该具有相同层次化的功能集,即计算机网络采用分层的方式形成体系结构。在分层的体系结构中,每一层模块都只完成与其他系统对应层次(称为对等层)通信时所需功能的相关子集,其功能的实现依赖于下一层提供的服务,同时,本层模块也通过层间接口向上一层模块提供服务。

对等层间的通信受限于事先约好的一组规则,这组规则明确规定了所交换数据的格式以及有关同步的问题。为在网络中进行数据交换而建立的规则、标准或约定,称为网络协议。网络协议是计算机网络实现两台主机间通信的程序的集合,是网络通信的数据传输规范,也是计算机网络体系结构中不可或缺的主要组成部分。

采用分层的方法解决复杂问题的主要好处有以下四个:

①各个层次相互独立。上层不需要知道相邻下层的具体实现细节,只需要知道其通过层间接口所提供的服务即可,从而降低了整个系统的复杂性。

②设计灵活。当某一层发生变更时,只要层间接口关系保持不变,就不会对该层的相邻层产生影响,也不影响各层对实现技术的选用。

③易于实现和维护。由于系统已被分解为相对简单的若干层次,实现和维护起来相对容易。

④易于标准化。由于每层的功能和所提供的服务均已有精确说明,因此有利于标准的推广和统一。

计算机网络体系结构是计算机网络的各层及其服务和协议的集合。分层的方式能够对网络的体系结构更好地进行设计并实现。这种方式也能让人们更好地理解网络传输数据的工作原理。

采取分层的方式解决计算机网络面临的问题,人们对这种解决方式并无异议。然而,计算机网络的体系结构到底应该分成几层?每层的主要功能和向外提供的接口有哪些?层数是否划分得越多、越详细,越有利于实现?针对这些细节问题,人们提出了不同的计算机网络参考模型。

1.4.2　OSI 参考模型

从计算机网络体系结构出现后,就得到各大公司及科研机构的极大重视。计算机网络体系结构的核心问题是“计算机网络应该分成哪些层次?每层的功能是什么?”。20 世纪 70 年代,出现了公司级网络体系结构,推动了计算机网络的发展。由于公司间所制订的网络体系结构不同,使得不同公司生产的网络设备间很难相互通信。为了解决这一问题,国际标准化组织ISO于1977年成立了一个专门机构,并于1984年正式公布了研究成果ISO 7498,即开放系统互联参考模型OSI/RM,简称“OSI”,并于1995年进行了修订。

OSI参考模型将计算机网络分为七个层次,这七个层次自下而上依次为物理层、数据链路层、网络层、传输层、会话层、表示层和应用层,如图1.11所示。处于底部的三层被称为通信子网,属于网络服务平台,主要通过相关网络硬件来完成通信功能。处于顶部的高三层被称为资源子网,属于用户服务平台,主要通过相关协议为用户提供网络服务。处于中间的传输层为通信子网和资源子网的接口,它屏蔽了具体通信细节,使底层发送的即是高层可使用的数据形式。下面对这七个层次的主要功能进行简要介绍。

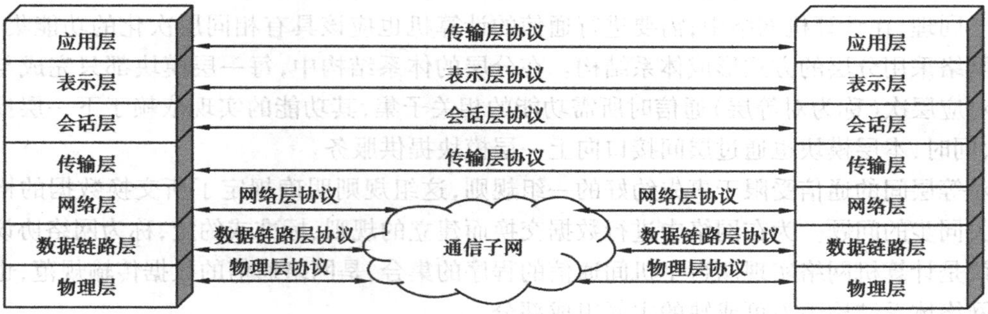

图1.11　OSI参考模型

(1)物理层

它与物理信道直接相连,负责在物理媒体上传送比特流,即物理层应能为它的服务用户(如数据链路层实体)在具体物理媒体上提供发送或接收比特流的能力。这种能力具体表现为:首先能够建立(或激活)一个连接,然后在整个通信过程中保持这种连接,通信结束时再释放这种连接。物理层可以屏蔽物理设备和传输介质多样的差别,使得数据链路层不必考虑物理设备和传输介质的具体特性,从这个意义上讲,物理层负责在物理媒体上透明地传送比特流。

这里需要指出,物理层所传送数据的单位为二进制比特流。为了传输二进制比特流,可能需要对数据进行调制或编码,使之成为模拟信号、数字信号或光信号,以实现在不同的传输介质上传输。物理层不涉及比特串中各比特之间的关系(包括信息格式及其含义),对传输过程中所出现的差错也不进行控制。

(2)数据链路层

它通过物理层提供的比特流服务,在相邻结点间建立链路,传送以帧为单位的数据信息,并且对传输中可能出现的差错进行检错和纠错,向网络层提供无差错的透明传输。它是在物理信道的基础上建立的,具有一定的信息传输格式;同时,通过校验、确认等手段将原始的物理连接改造成无差错的数据链路,具有一定的传输控制功能,能够保证数据块从数据链路的一端正确地传送到另一端。

(3)网络层

它的主要作用是实现分别位于不同网络的源结点和目的结点之间的数据包传输,具体功能包括逻辑地址的寻址、路由选择、流量控制、拥塞控制等。

(4)传输层

它为会话层用户提供一个端到端的可靠、透明和优化的数据传输服务机制，是资源子网和通信子网的接口和桥梁。传输层下面的物理层、数据链路层和网络层可完成有关的通信处理，向传输层提供网络服务；传输层上面的会话层、表示层和应用层完成面向数据处理的功能，为用户提供应用接口。报文是传输层传送数据的单位。由于网络层传送数据的单位是分组，因此，当报文长度大于分组时，应先将报文划分为多个分组，再交给网络层进行传输。

虽然通信子网向传输层提供通信服务的可靠性有差异，但经过传输层的处理后都能向上层提供可靠的、透明的数据传输。因此，为了适应通信子网中存在的各种问题，传输层协议要复杂得多。也就是说，如果通信子网的可靠性高，则传输层的任务就比较简单；如果通信子网提供的质量很差，为了填补上层所要求的服务质量和网络层所提供的服务质量之间的差别，传输层的任务就会复杂些。

(5)会话层

它为端系统的应用程序间提供了对话控制机制，允许不同主机上的各种进程之间进行会话，并参与管理，是一个进程到进程的层次。会话层管理和协调进程间的对话，确定工作方式，提供数据流中插入同步点的机制，以便在网络发生故障时只要重传最近一个同步点以后的数据，而不必重传全部数据。

(6)表示层

它主要为上层用户解决用户信息的语法问题，不像OSI模型的低五层那样，只关心将数据可靠地从一端传输到另一端，而是主要解决被传输信息的内容和表示形式，如文字、图形、声音的表示。另外，数据压缩，数据加(解)密等工作也是由表示层负责处理。

(7)应用层

它是计算机网络与最终用户间的接口，为特定类型的网络应用提供访问OSI环境的手段。应用层包括一些管理功能以及支持分布式应用的常用机制，还有诸如文件传送、电子邮件和远程访问等通用的应用协议。

1.4.3　TCP/IP体系结构

OSI模型的初衷是希望为网络体系结构与协议的发展提供一种国际标准，但从现实的网络技术发展状况看，互联网所使用的TCP/IP参考模型代替了OSI模型，成为事实上的国际标准。

TCP/IP模型由四个层次组成，自下而上分别是网络接口层、网际层、传输层和应用层。TCP/IP模型各层的功能如下：

(1)网络接口层

网络接口层是TCP/IP模型的最底层，也被称为网络访问层，与OSI模型的物理层及数据链路层对应。该层没有具体的特定协议，只是给出了支持物理通信的网络接口，已有的各种逻辑链路控制和介质访问控制协议都支持。例如，X.25、帧中继、ATM和Ethernet都可以运行在TCP/IP架构的网络上。

(2)网际层

网际层是TCP/IP体系结构的关键，主要功能是处理来自传输层的分组，将分组形成数据包(IP 数据包),并为该数据包进行路径选择,最终将数据包从源主机发送到目的主机。在网际层中,最常用的协议是网际协议 IP,除此而外,还有一些其他的协议协助 IP 的操作,如地址解析协议 ARP、反向地址解析协议 RARP 和网际组管理协议 IGMP 等。

(3)传输层

传输层也被称为主机至主机层,与 OSI 模型的传输层类似,主要负责提供从发送主机应用程序到接收主机应用程序的通信。在该层中,主要定义了两个协议完成规定的功能:传输控制协议 TCP 和用户数据包协议 UDP。

(4)应用层

位于 TCP/IP 最高层的应用层,与 OSI 模型的高 3 层的任务相同,都是用于提供网络服务,比如文件传输、远程登录、域名服务和简单网络管理等。应用层的协议也很多,而且一直在开发新的协议,常见的协议如负责文件传输的协议 FTP、负责邮件发送和接收的协议 SMTP、负责域名系统解析的协议 DNS、负责超文本文件传输的协议 HTTP、负责动态主机地址分配的协议 DHCP 等。

注意:为了方便介绍网络原理的具体内容,有时也可将计算机网络的体系结构划分为五层,即物理层、数据链路层、网络层、传输层和应用层。这样既克服了 OSI/RM 的烦琐性,也能够更清晰地了解网络原理内容。后面章节中若没有特别提示,均指的是五层的网络体系结构。

1.4.4 网络体系结构的相关概念

在研究计算机间的数据通信时,往往使用“实体”这个名词来表示发送或接收信息的硬件或软件进程。实体,指一个特定的硬件或软件模块。

协议是控制两个对等实体(或多个实体)进行通信的规则的集合。如果没有协议,计算机的数据将无法发送到网络上,更无法到达对方的计算机,即使能够到达,对方也未必能够解析。有了协议,对等实体间的网络通信才能够发生。这些对等实体间信息传输的基本单位称为协议数据,它由控制信息和用户数据两部分组成。

协议具有语法、语义和时序三个要素。协议的语法规则定义了用户数据与控制信息的结构或格式,包括数据的组织方式、编码方式、信号电平的表示方式等。协议的语义规则定义了发送者或接收者所要完成的操作:在何种条件下,数据需要重传或丢弃;协议的时序即事件实现顺序,以实现速率匹配和排序。

在协议的控制下,两个对等实体间的通信使得本层能够向上一层提供服务。为了实现本层协议的功能,需要使用下面一层所提供的服务。服务是同一开发系统中某一层向它的上一层提供的操作,定义了该层打算为上一层的用户执行哪些操作,但不涉及这些操作的具体实现。

协议与服务是两个不同的概念。协议是不同开放系统的对等实体之间进行虚通信所必须遵守的规定,它保证本层能够向上层提供服务。服务是下层向本层通过层间接口提供的“看得见”的功能。本层的服务实体只能看见下层提供的服务而无法看见下面的协议,即下面的协议对上面的实体是透明的。因此,协议是“水平”的,而服务却是“垂直”的。两者概念不同,但关系密切。

在同一个开放系统中,本层实体向上一层实体提供服务的交互处,称为服务访问点 SAP(Service Access Point)。它位于相邻层的界面上,也就是本层实体与上一层实体进行交互连接的逻辑接口。服务访问点有时也称为端口,每一个服务访问点都被赋予了一个唯一的标识地址,在同一开放系统的相邻层之间允许存在多个服务访问点。本层一个实体通过多个服务访问点提供服务的情况,称为连接复用;上一层同一个实体使用多个服务访问点的现象,称为连接分用。一个服务访问点一次只能连接相邻层的两个实体。

目前,互联网上有很多网络协议分析工具,可以从计算机网络中获取各种协议报文进行实际分析。例如,Ethereal 就是一款开源、免费的网络协议分析工具,Ethereal 的升级版是 Wireshark。

1.5 计算机网络的性能

计算机网络的好坏一般由几个重要的性能指标来体现。除了性能指标外,还有一些非性能指标,也可对计算机网络的质量进行评价。

1.5.1 计算机网络的性能指标

计算机网络的性能指标主要包括速率、带宽、吞吐量、时延、时延带宽积、往返时间和利用率。

(1)速率

计算机网络中的速率指数据的传送速率,也称为数据率或比特率,是计算机网络中最重要的一个性能指标。"比特"来源于 binary digit,意思为"二进制数字",是信息论中使用的信息量的单位。速率的单位是 bit/s,若速率较高,则可在前面加上一个字母,代表更大的速率单位。例如,kbit/s 表示 10^3 bit/s,Mbit/s 表示 10^6 bit/s,Gbit/s 表示 10^9 bit/s,Tbit/s 表示 10^{12} bit/s,Pbit/s 表示 10^{15} bit/s,Ebit/s 表示 10^{18} bit/s。这样,2×10^{10} bit/s 的数据率就可记为 20 Gbit/s。

通常情况下,在提到网络的速率时,往往指的是额定速率或标称速率,而非网络实际上运行的速率。

(2)带宽

带宽本来是指某个信号具有的频带宽度,信号的带宽是指该信号所包含的各种不同频率成分所占据的频率范围。例如,传统的通信线路上传送的电话信号的标准带宽是 3.1 kHz(从 300 Hz ~ 3.4 kHz,即话音的主要成分的频率范围)。这种意义的带宽,单位是赫[兹](Hz)。在过去很长一段时间,通信的主干线路传送的是模拟信号,因此,表示某信道允许通过的信号频带范围就称为信道的带宽。

在计算机网络中,带宽用来表示某通道传送数据的能力。确切地说,带宽表示在单位时间内网络中某信道所能通过的"最高数据率"。因此,带宽的单位与速率的单位是相同的。

在"带宽"的上述两种表述中,前者为频域称谓,后者为时域称谓,其本质是相同的。也就是说,一条通信链路中的"带宽"越宽,所能传输的"最高数据率"也越高。

(3)吞吐量

吞吐量表示在单位时间内通过某个网络(或信道、接口)的实际数据量。网络的吞吐量受带宽或网络额定速率的限制。例如,对于一个 1 Gbit/s 的以太网,其额定速率为 1 Gbit/s,则此以太网吞吐量的绝对上限值为 1 Gbit/s。而这个网络的实际吞吐量可能只有 100 Mbit/s,甚至可能更低,并没有达到额定速率。有时,吞吐量还可用每秒传送的字节数或帧数来表示。吞吐量经常用于对现实世界中的某个网络进行测量,以便衡量实际上到底有多少数据量通过。

(4)时延

时延是指数据从网络的一端传送到另一端所需的时间。它是计算机网络的一个重要性能指标,有时也被称为延迟或迟延。网络中的时延由以下几个不同的部分组成:

①发送时延,指发送数据时数据块从结点进入传输媒体所需要的时间。换句话说,从发送数据块的第一个比特算起,到该数据块的最后一个比特发送完毕所需的时间,即为发送时延。发送时延的计算公式如下:

$$发送时延=\frac{数据块长度(\text{bit})}{发送速率(\text{bit/s})}$$

由此可见,发送时延与所要发送的数据块长度成正比,与发送速率成反比。需要发送的数据帧越长,发送时延越大;发送速率越大,发送时延越小。

②传播时延,指电磁波在信道中需要传播一定的距离而花费的时间。传播时延的计算公式如下:

$$传播时延=\frac{信道长度(\text{m})}{电磁波在信道上的传播速率(\text{m/s})}$$

电磁波在真空中的传播速率是光速,即 3.0×10^8 m/s。电磁波在传输媒体中的传播速率比在真空中要略低一些,在铜线电缆中的传播速率约为 2.3×10^8 m/s,在光纤中的传播速率约为 2.0×10^8 m/s。这样,1 000 km 长的光纤线路产生的传播时延大约为 5 ms。

以上两种时延在本质上是不同的。发送时延发生在机器内部的发送器中,与信道的长度无关。而传播时延则发生在机器外部的传输信道媒体上,与信号的发送速率无关。信号传送的距离越远,传播时延就越大。

③处理时延,指交换结点为存储转发而进行一些必要的处理所花费的时间。例如,路由器收到分组后需要分析分组的首部、从分组中提取数据部分、进行差错检验或查找适当的路由等,这些数据的分析与处理都需要运行程序,都会产生处理时延。

④排队时延,指数据进入结点或在转发前输出时在缓存队列中排队所经历的时延。数据在进入路由器后要先在输入队列中排队等待,当路由器确定了转发接口后,也要在输出队列中排队等待转发,这样便产生了排队时延。排队时延的长短往往取决于网络当时的通信量。网络通信量较大时,进入路由器的分组就会增加,排队时延也会延长。当通信量大到队列溢出时,排队时延则相当于无穷大。

这样,数据在网络中经历的总时延就是以上四种时延之和,表述如下:

$$总时延=发送时延+传播时延+处理时延+排队时延$$

如图1.12 所示,给出了这几种时延所产生的位置。

当计算机网络中的通信量过大时,网络中的许多路由器的处理时延和排队时延都会大大增加,这种情况下,处理时延和排队时延在总时延中占主导地位。其他情况下分析网络时延时,可以暂时忽略处理时延和排队时延,但究竟哪一个在总时延中占据主要成分,需要具体情况具体分析,下面举例说明。

【例 1.1】 现有一个 200 MB 的数据块在带宽为 1 Mbit/s 的光纤信道上连续发送,假设需传送至 1 000 km 外的目的主机,总时延中的哪种时延占主导地位? 若发送的数据块减小至

200 B,情况又如何?

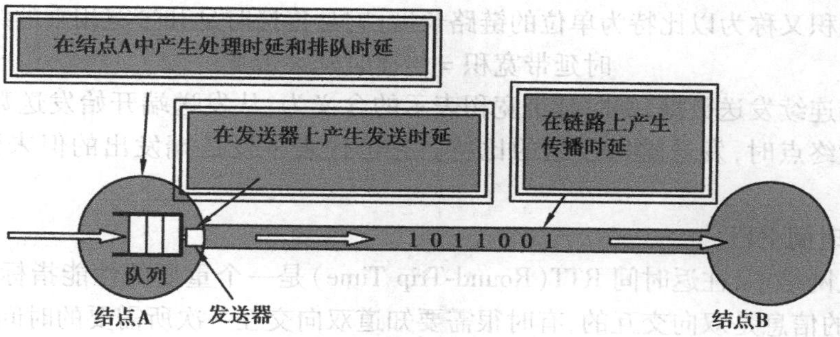

图 1.12　几种时延产生的不同位置

【解析】　根据题意,传输距离为 1 000 km,则传播时延约为 5 ms;

若发送的数据块为 200 MB,发送速率为 1 Mbit/s,则

$$发送时延 = 200 \times 2^{20} \times 8 \div 10^6 \text{ s} \approx 1\ 677.7 \text{ s}$$

此时,在总时延中,发送时延占据主导地位。若想降低总时延,可以通过减小发送时延来达到目的。例如,将发送速率提高为原来的 100 倍,即带宽由原来的 1 Mbit/s 变为 100 Mbit/s,总时延就会缩小到原来的 1/100。

若发送的数据块为 200 B,发送速率为 1 Mbit/s,则

$$发送时延 = 200 \times 8 \div 10^6 \text{ s} = 0.001\ 6 \text{ s}$$

这种情况下,传播时延在总时延中占主要部分,提高发送速率并不能缩短总时延。

若发送的数据块仅为 1 个字节,当发送速率为 1 Mbit/s 时,发送时延约为 8 μs,总时延为 5 ms,依然由传播时延主导。此时,即使将数据率提高到 100 倍,总时延仍然为 5 ms,并没有明显减小。

【注意】　数据存储单位的表示与信息量的单位表示不同,在数据存储单位中,k(千):2^{10};M(兆):2^{20},以此类推。

【例 1.2】　在相隔 2 000 km 的两地间通过电缆以 4 800 bit/s 的速率传送 3 000 bit 长的数据包,从开始发送到接收完数据需要的时间是多少?

【解析】　由于电信号在铜缆上的传播速度大致为光速的 2/3,也就是 200 000 km/s。

若数据在传输过程中不经过中间结点,则

总时延 = 传播时延 + 发送时延 = (2 000/200 000 + 3 000/4 800) s = (10 + 625) ms = 635 ms。

【答案】　635 ms

【同步练习】　在相隔 400 km 的两地间通过电缆以 4 800 bit/s 的速率传送 3 000 bit 长的数据包,从开始发送到接收完数据需要的时间是多少?

【解析】

$$总时延 = 传播时延 + 发送时延$$

$$传播时延 = 传输距离/传输速度$$

电信号在电缆上的传输速度大约是 200 000 km/s,则

$$传播时延 = 400/200\ 000 \text{ s} = 2 \text{ ms},$$

$$发送延迟 = 数据帧大小/比特率 = 3\ 000/4\ 800 \text{ s} = 625 \text{ ms},$$

因此

$$总时延 = (2 + 625) \text{ ms} = 627 \text{ ms}。$$

(5)时延带宽积

时延带宽积又称为以比特为单位的链路长度,它是传播时延和带宽相乘的结果。即

时延带宽积 = 传播时延 × 带宽

若发送端连续发送数据,则时延带宽积表示的含义为:从发送端开始发送数据,到第一个比特即将到达终点时,发送端所发送的比特。它也代表了发送端发出的但未到达接收端的比特。

(6)往返时间 RTT

在计算机网络中,往返时间 RTT(Round-Trip Time)是一个重要的性能指标。在许多情况下,互联网上的信息是双向交互的,有时很需要知道双向交互一次所需要的时间。由于存在往返时间,在传输数据时的有效数据率比发送速率会小一些。

例如,A 向 B 发送数据,如果数据长度是 100 MB,发送速率是 100 Mbit/s,则

$$t_{\text{发送时间}} = \frac{\text{数据长度}}{\text{发送速率}} = \frac{100 \times 2^{20} \times 8}{100 \times 10^{6}}\ \text{s} \approx 8.39\ \text{s}$$

如果 B 正确收完 100 MB 的数据后,就立即向 A 发送确认。再假定 A 只有在收到 B 的确认后,才能继续向 B 发送数据。显然,这需要等待一个往返时间 RTT(这里假定确认信息很短,可忽略 B 发送确认的时间)。这里假设往返时间 RTT 为 2 s,则 A 向 B 发送数据的有效数据率为:

$$\text{有效数据率} = \frac{\text{数据长度}}{t_{\text{发送时间}} + \text{RTT}} = \frac{100 \times 2^{20} \times 8}{8.39 + 2}\ \text{bit/s} \approx 80.7\ \text{Mbit/s}$$

可以看出,A 向 B 发送数据的有效数据率比原来的发送速率 100 Mbit/s 小。

(7)利用率

利用率又分信道利用率和网络利用率两种。信道利用率指某信道被利用(有数据通过)的时间占用百分比。完全空闲的信道利用率为零。网络利用率则是全网络的信道利用率的加权平均值。

信道利用率并非越高越好,根据排队论的理论,当某信道的利用率增大时,通过该信道进入网络结点(路由器或结点交换机)的数据量就会增加,相应地会带来排队时延和处理时延,因此,通过该信道引起的时延也就迅速增加。当网络的通信量很少时,适当提高网络的利用率对时延的影响不大。但若网络利用率达到一定的程度(如达到容量的 1/2 时),时延就要加倍。时延过大,就会造成网络的瘫痪。因此,一些拥有较大主干网的网络服务提供商通常控制信道利用率为 50%。如果超过了这个值,就要准备扩容,增大线路的带宽。

1.5.2 计算机网络的非性能指标

计算机网络的非性能指标主要含费用、质量、标准化、可靠性、易于管理和维护。

(1)费用

网络的价格(即花费,包括设计和实现的费用)与网络的性能指标密切相关。一般来说,组建网络时所用的费用越高,越能得到性能或质量较好的网络。

(2)质量

网络的质量取决于网络中所有组件的质量以及这些组件的组网方式。网络的质量影响很多方面,如网络的可靠性、网络管理的简易性、网络的性能等。但网络的性能与网络的质量并不是一回事。有些性能一般的网络,运行一段时间后就出现了故障,无法继续工作。这说明虽

然此网络性能一般,但质量不好。

(3)标准化

网络的硬件和软件设计既可以按照通用的国际标准,也可以遵循特定的专用网络标准。为了得到更好的互操作性及技术支持,更易于对网络进行升级和维修,最好采用国际标准进行网络软硬件的设计和规划。

(4)可靠性

网络的可靠性与其质量和性能都有密切关系。高速网络的可靠性不一定很差,但高速网络要可靠地运行,往往需要付出很大的代价。为了使网络达到较高的可靠性,可在网络的核心结点处设置冗余结点,同时采取一定的技术手段,进行网络的规划和设计。

(5)易于管理和维护

网络如果没有良好的管理和维护,就很难达到和保持所设计的性能。为了更好地管理网络,需要专门的网络管理软件来辅助管理员进行用户行为检测、流量控制等。易于管理和维护的网络更能够发挥其功能,更好地为人们提供网络服务。

1.6　工程应用案例分析

【案例描述】

某企业欲构建局域网,考虑到企业的很多业务依托于网络,要求企业内部用户能够高速访问企业服务器;同时,企业对网络可靠性要求很高,不能因为单点故障引起整个网络的瘫痪。根据企业的要求,某网络设计公司采用双核心的设计方案进行网络的负载均衡和容错,给出的企业原始网络拓扑结构如图1.13所示:

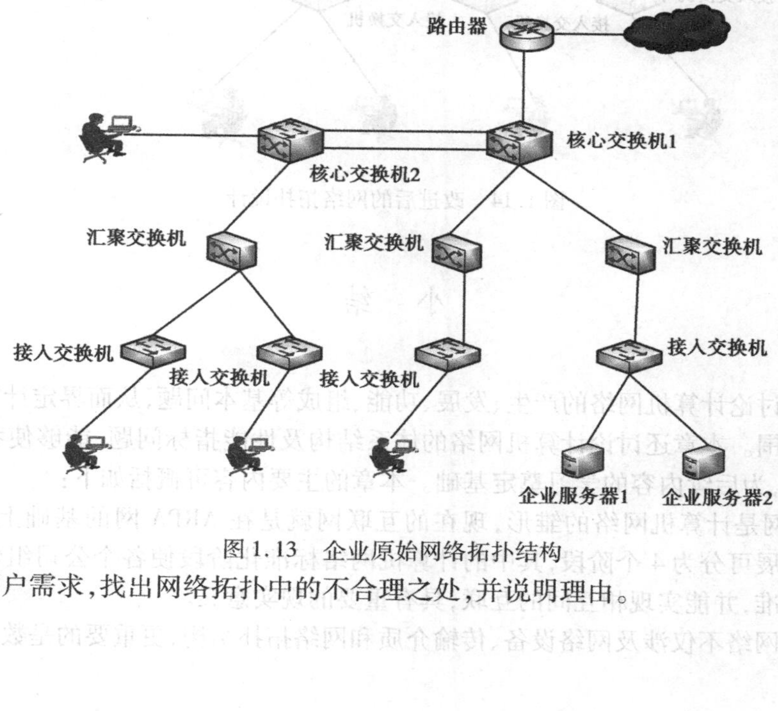

图1.13　企业原始网络拓扑结构

请根据用户需求,找出网络拓扑中的不合理之处,并说明理由。

【案例分析】

在网络的设计原则中，可靠性和安全性是需要考虑的一个主要原则。在网络拓扑设计中，可以采取选用高可靠性网络产品，合理设计网络架构，网络关键部分制定冗余链路或冗余设备进行备份，重要网络结点采取容错技术等措施，加强网络的安全性与可靠性。

一般情况下，为了更方便地监控网络流量，进行网络的访问控制，需要将桌面用户设置在接入层。由图1.13的网络结构，可以找出如下几点不合理之处：

首先，路由器和核心交换机之间没有冗余结构，为防止单点故障，应该使用双线接入互联网，形成与核心交换机之间的冗余结构，增强网络的可靠性。

其次，企业服务器不能连接在接入交换机下，否则会影响桌面用户访问服务器的速度。

最后，桌面用户连接在核心交换机2上的结构，会影响网络监控和访问控制的实施。

【解决方案】改进后的网络拓扑设计如图1.14所示。

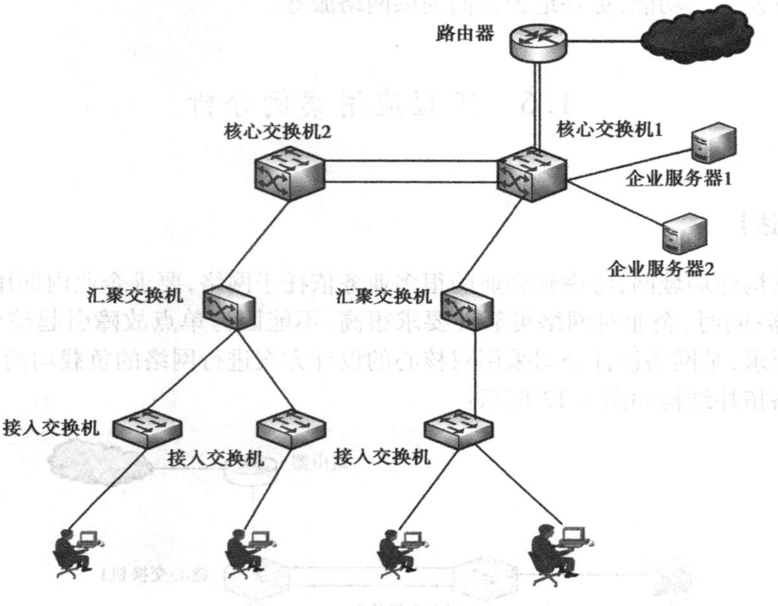

图1.14　改进后的网络拓扑设计

小　结

本章主要讨论计算机网络的产生、发展、功能、组成等基本问题，从而界定计算机网络的研究和涉及的范围。本章还讨论计算机网络的体系结构及性能指标问题，能够使我们更好地认识计算机网络，为后续内容的学习奠定基础。本章的主要内容可概括如下：

①ARPA网是计算机网络的雏形，现在的互联网就是在ARPA网的基础上发展起来的。计算机网络发展可分为4个阶段，其中的计算机网络标准化阶段使各个公司组建的网络能够遵循统一的标准，并能实现相互间的互联，具有重要的现实意义。

②计算机网络不仅涉及网络设备、传输介质和网络拓扑结构，更重要的是数据在传输过程

中遵循的协议规范;计算机网络的主要功能是资源共享和数据通信,除此而外,还具有负载均衡、分布式处理等功能。

③计算机网络在解决两台主机间进行通信这个问题时所采取的总的原则为分层,计算机网络层次型的体系结构是人们对网络体系结构的共识。典型的网络体系结构模型有 OSI/RM 和 TCP/IP 参考模型。

④协议是控制两个对等实体进行通信的规则的集合。目前网络中所使用的协议集合是计算机网络重要的成果。与程序相比,协议具有完备性的特点,即需要考虑数据在处理中的各种情况。“网络体系结构”是计算机网络技术的基础知识点,是网络技术的整体蓝图,为后续学习其他网络知识做好铺垫。

⑤计算机网络的性能指标(如速率、带宽、时延、吞吐量等)是标志一个网络状态的重要参数,除此而外,一些非性能指标(如网络建设及维护的费用、网络可靠性等)也会影响人们使用网络的效果。一般来讲,所建设的网络速率越高、越可靠,需要的费用也越大。

习　题

一、选择题

1. 在计算机网络的发展阶段中,________阶段是第三个阶段。

A. 网络互联　B. 互联网　C. 网络标准化　D. 主机终端系统

2. 计算机网络最突出的优点是________。

A. 运算速度快　B. 运算精度高　C. 存储容量大　D. 资源可共享

3. 计算机网络中各个结点互相连接的结构形式,称为网络的________。

A. 拓扑结构　B. 层次结构　C. 分组结构　D. 网状结构

4. TCP/IP 体系结构中,与 OSI 的网络层大致对应的层次是________。

A. 物理层　B. 网络接口层　C. 网际层　D. 传输层

5. 资源子网一般由 OSI 参考模型的________组成。

A. 低三层　B. 高四层　C. 中间三层　D. 以上都不对

6. 互联网属于________。

A. 总线型拓扑　B. 环形拓扑　C. 星形拓扑　D. 网状拓扑

7. 在 OSI 参考模型中,实现端到端的应答、分组排序和流量控制功能的协议层是________。

A. 数据链路层　B. 网络层　C. 传输层　D. 会话层

二、简答题

1. 什么是计算机网络? 简述其产生和发展的过程。
2. 按通信传输方式分类,计算机网络有哪些?
3. 计算机网络协议的主要特点有哪些?
4. 什么是计算机网络的体系结构? 简述常见的网络体系结构模型。

第2章 数据通信基础

本章主要知识点

- ✧ 数据通信的基本概念。
- ✧ 数据通信系统模型及其技术指标。
- ✧ 数据编码与调制的方法及数据传输方式。
- ✧ 电路交换、报文交换与分组交换及其特点。
- ✧ 传输介质及其特性。
- ✧ 频分多路复用、时分多路复用、波分多路复用、码分多址多路复用。
- ✧ 差错产生的原因及常见的差错控制技术。

能力目标

- ✧ 具备认识数据通信系统及其组成的能力。
- ✧ 具备理解数据在传输前和接收后需进行处理的能力。
- ✧ 具备理解网络核心部分数据交换方式的能力。
- ✧ 具备认识常见的传输介质、选择合适的传输介质进行数据传输的能力。
- ✧ 具备理解差错产生的原因、掌握常见差错控制技术的能力。

2.1 数据通信概述

广义地说,数据通信是计算机与计算机或计算机与其他数据终端之间存储、处理、传输和交换信息的一种通信技术。数据通信克服了时间和空间上的限制,使人们可以利用终端远距离使用计算机,大大提高了计算机的利用率,扩大了计算机的应用范围,也促进了通信技术的发展。

数据通信依照通信协议和路由技术在两个功能单元之间传递数据信息。数据通信包含两方面的内容:一个是数据传输,另一个是数据传输前后的处理。

数据通信的特点如下：

①数据通信实现的是计算机与计算机或其他数据终端与计算机之间的通信。

②数据传输的准确性和可靠性要求高。

③传输速率高，要求接续和传输响应时间快。

④数据通信具有灵活的接口能力，以满足各式各样的计算机和终端间的相互通信。

2.1.1　基本概念

为讨论方便，本节首先介绍数据通信的几个基本概念。

(1)信息、数据、信号和噪声

信息是客观事物的属性或相互联系特性的表现，反映了客观事物的存在形式或运动状态。

数据是信息的载体，是信息的表现形式。数据可分为模拟数据和数字数据。模拟数据是在某个区间内连续变化的值，数字数据是离散的值。一般地，模拟数据可以通过使用传感器来收集并转换，如温度、压力等；数字数据由人或计算机产生，如文本信息等。

信号是数据的电子或电磁编码。信号可分为模拟信号和数字信号。模拟信号，是随时间连续变化的电流、电压或电磁波；数字信号，则是一系列离散的电脉冲。模拟信号波形图如图 2.1 所示，数字信号波形图如图 2.2 所示。

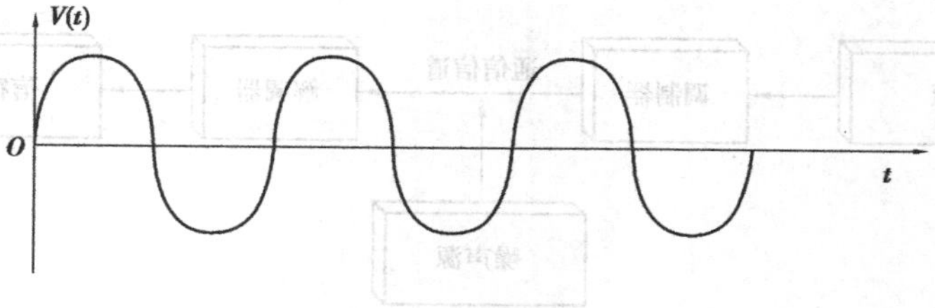

图 2.1　模拟信号波形图

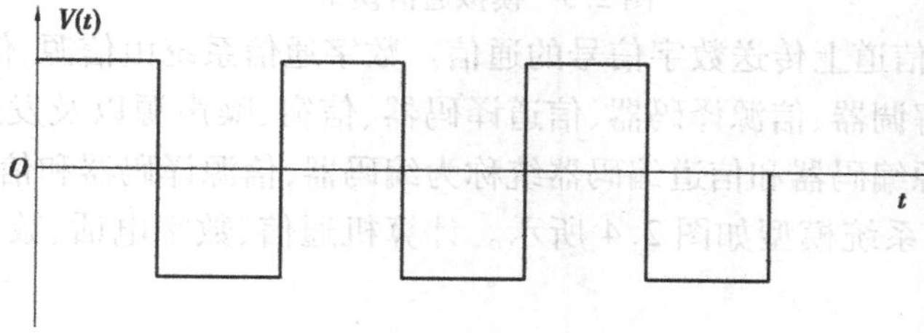

图 2.2　数字信号波形图

噪声就是信号在传输过程中受到的各种干扰。通信信道的噪声可分为热噪声和冲击噪声两种。热噪声是传输介质导体的电子热运动产生的，其特点是时刻存在、引起的数据差错幅度小、强度与信号频率无关，属于随机噪声；冲击噪声是由外界电磁干扰引起的，其特点是引起的数据差错呈突发状、幅度较大，影响一批连续的传输数据。

(2)信源、信宿和信道

信源是信息的发送端，是发出待传送信息的人或设备。

信宿是信息的接收端，是接收所传送信息的人或设备。

大部分信源和信宿设备都是计算机或其他具有数据处理和接收能力的设备。

信道是数据传输的通路。在计算机网络中,信道按其特征,有不同的分类方法。

根据信道的组建方式不同,可分为物理信道和逻辑信道两种。物理信道指用于传输数据信号的物理通路,由传输介质与有关通信设备组成。逻辑信道指发送与接收数据信号的双方通过中间结点所实现的逻辑联系,是在物理信道的基础上为传输数据信号形成的逻辑通路。

根据物理信道中所传输信号的不同,又可分为数字信道和模拟信道两种。可直接传输二进制信号或经过编码的二进制数据的信道称为数字信道;可传输连续变化的信号或传输二进制数据经过调制后得到的模拟信号的信道称为模拟信道。

根据物理信道中的传输介质不同,可分为有线信道和无线信道两种。由有线传输介质(如双绞线、同轴电缆、光缆等)构成的信道称为有线信道;由无线传输介质(如微波、卫星)构成的信道称为无线信道。

(3)模拟通信和数字通信

模拟通信是指在信道上传输的是模拟信号的通信。模拟通信系统由信源、调制器、信道、解调器、信宿及噪声源组成,如图 2.3 所示。信源所产生的原始信号一般都要经过调制,然后再通过信道进行传输(距离很近的有线通信也可以不调制,如市内电话)。调制器是用发送的消息对载波的某个参数进行调制的设备。解调器是实现上述过程逆变换的设备。一般地,早期的有线电话、广播、电视等都属于模拟通信系统。

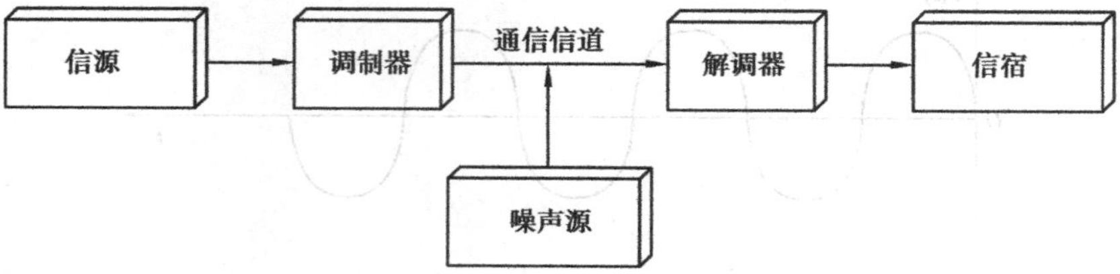

图 2.3　模拟通信模型

数字通信是指在信道上传送数字信号的通信。数字通信系统由信源、信源编码器、信道编码器、调制器、信道、解调器、信源译码器、信道译码器、信宿、噪声源以及发送端和接收端时钟同步组成。有时,信源编码器和信道编码器统称为编码器,信源译码器和信道译码器统称为译码器,这样,数字通信系统模型如图 2.4 所示。计算机通信、数字电话、数字电视都属于数字通信。

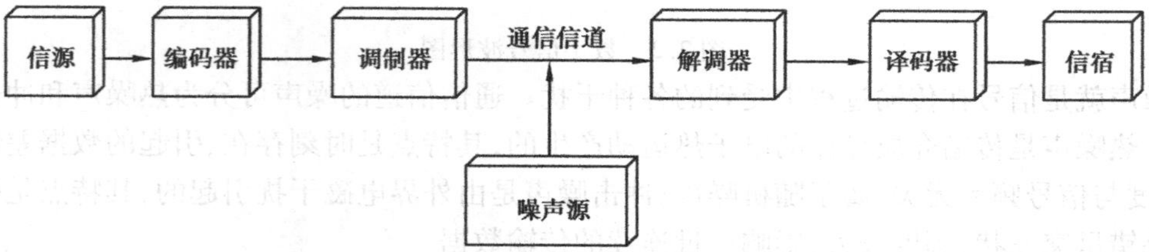

图 2.4　数字通信模型

在数字通信系统中,如果信源发出的是模拟信号,就要经过编码器对模拟信号进行采样、量化及编码,将其转换为数字信号;如果信源发出的是数字信号,为了提高数据通信的效率,也需要进行数字编码,这个过程称为信源编码;而信源译码,则是信源编码的逆过程。

信号在信道中传输时通常会受到各种噪声的干扰，有可能导致接收端接收时产生错误（即误码）。为了能够自动地检测出错误或纠正错误，可采用检错编码或纠错编码，这就是信道编码；而信道译码，则是信道编码的逆过程。

信道编码器输出的数码序列属于基带信号，为了与信道相匹配，除部分近距离的数字通信可以直接传输基带信号外，都需要将基带信号经过调制变换成频带信号再传输，这就是调制器所要完成的工作；而解调，则是调制的逆过程。

由于数字通信系统传输的是数字信号，所以发送端和接收端必须有各自的时钟系统。为了保证接收端正确接收数字信号，接收端的接收时钟必须与发送端的发送时钟保持同步。因此，时钟同步也是数字通信系统一个重要的不可或缺的部分。

与模拟通信相比，数字通信具有抗干扰能力强、便于加密、易于集成化、可以再生中继等优点，具有一定的优越性。因此，如今的各种通信业务，如语音、数据、图像等，大都使用数字通信网进行传输和承载。

(4) 串行通信和并行通信

在数字通信中，按照通信时数据的组成方式，可以将通信分为串行通信和并行通信两种。并行通信是指数据以成组的方式，在多条并行信道上同时传输的形式；串行通信是指数据以串的方式，在一条信道上传输的形式。串行传输只需要一条传输信道，传输速度远远慢于并行传输，但它易于实现、费用低。一般地，较远距离的数据通信方式采取串行通信，距离较近的则采用并行通信。例如，PC 机的硬盘与主板间的通信，采取的通信方式为并行通信。

2.1.2　数据通信系统的基本结构

数据通信系统是指以计算机为中心，用通信线路与分布式的数据终端连接起来，实现数据传输、交换、存储和处理的系统。比较典型的数据通信系统主要由三大部分组成，即源系统（发送端或发送方）、传输系统（数据电路或传输网络）和目的系统（接收端或接收方）。例如，早期的数据通信系统是使用传输模拟信号的公用电话网进行数据通信，当两台计算机进行远程通信时，它们经过普通电话线相连，再经过公用电话网进行数据传输，这样便组成了一个数据通信系统。可以将上述的数据通信系统抽取成包含源系统、传输系统和目的系统的数据通信系统模型，如图 2.5 所示。

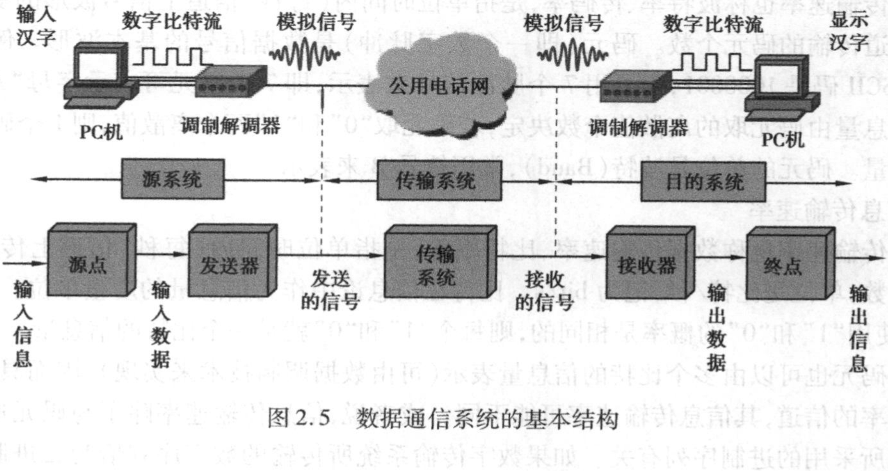

图 2.5　数据通信系统的基本结构

源系统一般包括源点和发送器两个部分。源点设备产生要传输的数据,如PC机通过键盘的输入产生汉字,计算机产生输出的数字比特流。源点也被称为源站或信源。发送器负责将源点输出的数字比特流转换成能够在传输系统中易于传输的信号。典型的发送器为调制器,现在很多计算机使用内置的调制解调器(包含调制器和解调器),用户在计算机外面看不见调制解调器。

目的系统一般也包括接收器和终点两个部分。接收器接收传输系统传送过来的信号,并将它转换为能够被目的设备处理的信息,典型的接收器就是解调器。终点也称为目的站、信宿,主要作用是从接收器获取传送来的数字比特流,然后将信息输出(例如,计算机这个终点设备将汉字在屏幕上显示出来)。

在源系统与目的系统之间的传输系统,可以是简单的传输线路,也可以是复杂的网络系统。

2.1.3　数据通信中的几个技术指标

数据通信的技术指标是衡量数据传输的有效性和可靠性的重要参数。这些传输指标主要有信道带宽和信道容量、传输速率、误码率、时延等。

(1)信道带宽和信道容量

信道带宽是指信道中传输的信号在不失真的情况下所占用的频率范围(即信道频带),用赫[兹](Hz)表示。信道带宽是由信道的物理特性决定的,如电话线路的频率范围是300～3 400 Hz,则这条电话线的信道带宽为300～3 400 Hz。

信道容量是指单位时间内信道上所能传输的最大位数,用位/秒或bit/s表示。在信道中,当传输的信号速率超过信道的最大信号速率时,在接收端收到的信号波形间就会失去清晰界限,从而使得信号变得模糊和无法识别。

(2)传输速率

传输速率是指数据在信道中传输的速度,可以用码元传输速率和信息传输速率两种方式来描述。

1)码元传输速率

码元传输速率也称波特率、传码率,是指单位时间内(每秒)信道上信号波形的变换次数,即通过信道传输的码元个数。码元(即一个数字脉冲)是数据信号的基本波形。例如,字母“A”的ASCII码是1000001,则可用7个脉冲信号来表示,即7个码元可表示字母“A”。码元携带的信息量由码元取的离散值个数决定,若码元取“0”和“1”两个离散值,则1个码元携带1比特信息量。码元的单位是波特(Baud),常用符号B来表示。

2)信息传输速率

信息传输速率也称数据传输速率、比特率等,是指单位时间内(每秒)信道上传输实际信息的比特数,单位是比特/秒,记为bit/s。比特在信息论中作为信息量的度量单位。在数据通信中,如使用“1”和“0”的概率是相同的,则每个“1”和“0”就是一个比特的信息量。

一个码元也可以由多个比特的信息量表示(可由数据调制技术来实现),因而具有相同码元传输速率的信道,其信息传输速率可能不同。或者说,信息传输速率除了与码元速率有关,还与系统所采用的进制序列有关。如果数字传输系统所传输的数字序列恰为二进制序列,则

码元传输速率与信息传输速率等同。一般地,信息传输速率与码元传输速率间的关系可表达如下:

$$R_b = R_B \times \log_2 M \tag{2.1}$$

式中,R_B 为码元传输速率,R_b 为信息传输速率,M 为采用的进制。

例如,对于采用十六进制进行传输的信号,信息传输速率就是码元速率的4倍;如果数字信号采用四级电平(即四进制传输),则信息传输速率就是码元速率的2倍。

(3)误码率

误码率是指二进制数据位传输时出错的概率。它是衡量数据通信系统在正常工作情况下的传输可靠性的指标。在计算机网络中,一般要求误码率低于 10^{-6},若误码率达不到这个指标,则可通过差错控制方法检错和纠错。

误码率的计算公式为:

$$P_e = \frac{N_e}{N} \times 100\% \tag{2.2}$$

式中,N_e 为传输过程中数据出错的位数,N 为传输的数据总位数。

注意:误码率属于概率的范畴。

【例2.1】　设信道的带宽为3 000 Hz,误码率为 10^{-5},帧长为10 Kbit,则帧出错的概率是多少?

【解析】　由于二进制数据位传输时出错的概率 10^{-5},因此二进制数据位传输正确的概率为 $(1-10^{-5})$,则帧正确传输的概率为 $(1-10^{-5})^{10K}$。因此,帧出错的概率为:$1-(1-10^{-5})^{10K}$。

(4)传输时延

信号在信道中传输,从信源到达信宿需要一定的时间,这个时间称为传输时延。信号的传输时延与信道的传输介质、信源和信宿的距离有关。如第1章所述,传输时延一般由发送时延、传播时延、处理时延与排队时延四部分组成。

这里,需要再次指出的是,电磁波在自由空间的传播速率是光速,即 3.0×10^8 m/s。电磁波在传输媒体中的传播速率要比自由空间略低些,在铜线电缆中的传播速率约为 2.3×10^8 m/s,在光纤中的传播速率约为 2.0×10^8 m/s。例如,1 000 km长的光纤线路产生的传播时延大约为5 ms。

2.1.4　信道的极限容量

信道带宽、信道容量是衡量一个信道传输数字信号的重要参数。信道带宽越宽,则信道容量就越大,单位时间内信道上传输的信息量就越多,传输效率也就越高。香农定理描述了信道带宽与信道容量之间的关系,即

$$C = W \times \log_2\left(1+\frac{S}{N}\right) \tag{2.3}$$

式中,C 为信道容量;W 为信道带宽;S 为信号的功率;N 为噪声功率。

从香农定理中可以看出,在有限带宽、有随机热噪声信道中,信道容量与信道带宽、信号噪声功率比(简称"信噪比",S/N)之间的关系。

由于信噪比的比值通常很大，因此通常使用分贝(dB)来表示，分贝与信噪比的关系为：

$$1\ \mathrm{dB} = 1 \times 10 \times \log_{10}\left(\frac{S}{N}\right) \tag{2.4}$$

例如，$S/N = 10\ 000$ 时，用分贝表示就是 40 dB。

根据香农定理，可以得出以下 3 点重要结论：

①任何一条信道都有它的信道容量。如果信源的信息传输速率 R 小于或等于信道容量 C，则在理论上存在一种方法，使得信源的输出能以任意小的差错率通过信道进行传输；如果 R 大于 C，那么无差错传输在理论上是不可能的。

②信道容量 C 与带宽 W 和信噪比 S/N 有关。对于给定的 C，若减小 W，则必须增大 S/N，即提高信号强度；反之，若有较大的传输带宽，则可用较小的信噪比。因此，常用增加带宽来提高信道容量，从而改善通信质量。

③如果考虑到信道容量 $C = I/T$，则有如下表达：

$$I = T \times B \times \log_2\left(1 + \frac{S}{N}\right) \tag{2.5}$$

式中，I 为传输的信息量，T 为传输时间。此式表明，当信噪比一定时，对给定的信息量 I 可以用不同的带宽 W 和传输时间 T 的组合来进行传输，即 W 和 T 之间也存在着某种互换关系。

【例 2.2】 设信道的带宽为 4 kHz、信噪比为 30 dB，按照香农定理，信道的最大数据传输速率约为多少？

【解析】 根据题意，$30\ \mathrm{dB} = 1 \times 10 \times \log_{10}\left(\frac{S}{N}\right)$，因此 $\frac{S}{N} = 1\ 000$。

由香农公式：$C = W \times \log_2\left(1 + \frac{S}{N}\right)$

得：$C = 4\ 000 \times \log_2(1 + 1\ 000) \approx 40\ \mathrm{kbit/s}$

【例 2.3】 若有一幅图片，在模拟电话信道上进行数字传真。该图片约有 2.55×10^6 个像素，每个像素有 16 个亮度等级，各亮度等级是等概率出现的，模拟电话信道的带宽和信噪比分别为 3 kHz 和 30 dB，则在此模拟电话信道上传输这幅图片需要的最短时间是多少？

【解析】 为表示每个像素的 16 个亮度等级，所需要的信息量为 $\log_2 16 = 4$ bit，传输一幅图片的信息量为 $2.55 \times 10^6 \times 4\ \mathrm{bit} = 10.2 \times 10^6\ \mathrm{bit}$。

根据香农公式：$C = W \times \log_2(1 + \frac{S}{N})$

$= 3\ 000 \times \log_2(1 + 1\ 000)\ \mathrm{bit/s}$

得：$C \approx 29.9 \times 10^3\ \mathrm{bit/s}$

由于实际传输速率应小于或等于 C，而 $C = I/T$，因此，$T_{\min} = I/C = 10.2 \times 10^6 / (29.9 \times 10^3) = 341.137\ \mathrm{s} \approx 5.686\ \mathrm{min}$。

在理想情况下，信道容量由信道的带宽来决定。此时，信道的最大数据传输速率可由奈奎斯特准则来计算，表示如下：

$$R_{\max} = 2 \times W\log_2 M \tag{2.6}$$

式中，$R_{\max}$ 为最大数据传输速率；W 为信道带宽；M 为信道上传输的信号可取的离散值的个数。

奈奎斯特准则(或采样定理)表述为:如果一个任意的信号通过带宽为 W 的低通滤波器,那么每秒采样 $2 \times W$ 次就能完整地重现通过这个滤波器的信号。以每秒高于 $2 \times W$ 次的速度对此线路采样是无意义的,其高频分量已经被滤波器滤除,无法恢复,即理想低通信道的最高码元传输速率为信道带宽的 2 倍。

【例 2.4】　设信道带宽为 3 400 Hz,调制为 4 种不同的码元,根据奈奎斯特准则,理想信道的极限数据传输速率为多少?

【解析】　根据奈奎斯特准则,$R_{max} = 2 \times W\log_2 M$

得　　$R_{max} = 2 \times 3\,400 \times \log_2 4 = 13\,600$ bit/s≈13.6 kbit/s

【同步练习】　设信道的带宽为 3 000 Hz,信噪比为 40 dB,则信道可达到的最大数据速率为多少?如果在此信道上传输一幅存储量为 2 MB 的图片,需要的最短时间是多少?

2.2　数据编码和调制技术

为了实现通信系统的远距离传输,原始信号通常需要经过一定的处理,转换成能够适应传输媒体特性的信号后,才能准确无误地传送到目的地。

2.2.1　模拟数据使用模拟信道传送

有时,模拟数据可以直接在模拟信道上传送,但在计算机网络中此种数据传送方式并不常用,人们仍然会将模拟数据进行调整,然后再通过模拟信道发送(这样做还有利于信道的复用)。

模拟数据通过模拟信道传送的调制方法主要有调幅、调相和调频几种方式。调幅是指载波频率固定、载波的振幅随着原始数据的幅度变化而变化的一种调制方法。最常见的调幅技术应用就是在收音机中。调相是使载波相位受所传信号控制的一种调制方法。调频则是使载波的瞬时频率按照所需传递信号的变化规律而变化的调制方法。

2.2.2　模拟数据使用数字信道传送

模拟数据必须转变为数字信号才能在数字信道上传送,这个过程称为数字化。模拟数据数字化要经过采样、量化、编码三个步骤。

采样是指每隔一定时间间隔,取模拟信号的瞬时电平值作为样本,该样本代表了模拟信号在某一时刻的瞬时值。一系列的样本可以表示模拟信号在某一区间随时间变化的值。

量化是将取样样本幅度按量化级决定取值的过程。量化级可以分为 8 级和 16 级,或者更多的量化级,这取决于系统精确度。

编码是用相应位数的二进制代码表示量化后采样样本的量级。

模拟数据数字化的过程如图 2.6 所示。

2.2.3　数字数据使用模拟信道传送

若数字数据需要在模拟信道上进行传输,就要使用调制技术。调制就是用模拟信号对数字数据进行表示，使其适合在模拟信道上传输。最基本的调制技术包括幅度键控（ASK）、频移键控（FSK）和相移键控（PSK）。如图 2.7 所示为三种调制技术的示例图。

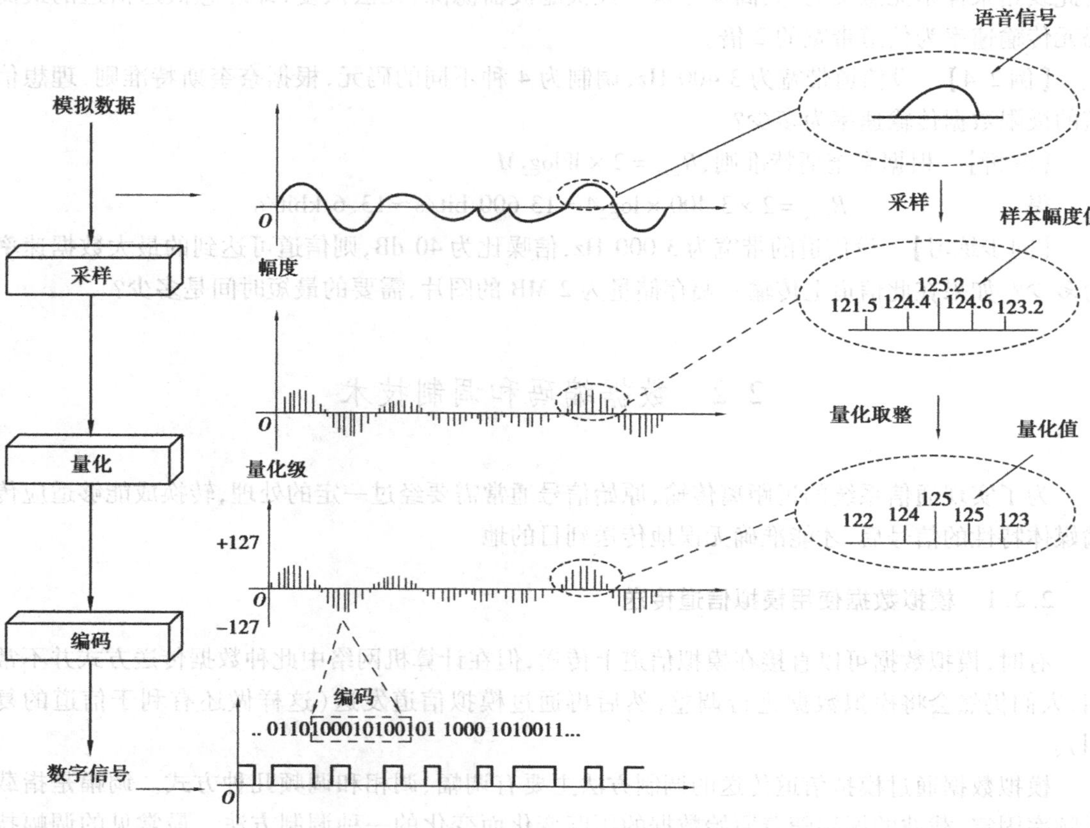

图 2.6　模拟数据数字化过程

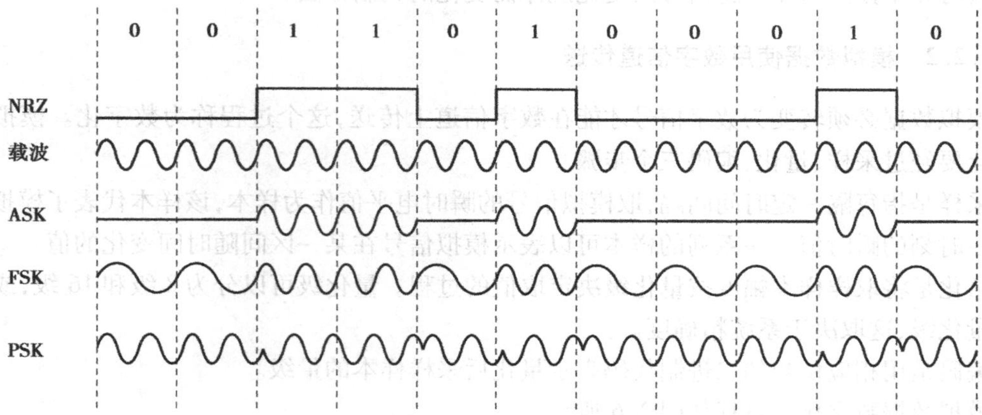

图 2.7　三种调制技术示例

【练一练】　如图 2.8 所示是一种什么调制方式？

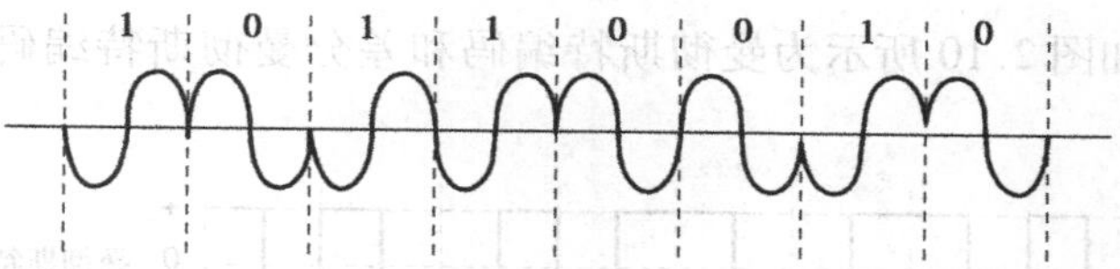

图 2.8 调制技术练习

2.2.4 数字数据使用数字信道传送

利用数字信道直接传输数字信号的方法称为数字信号的基带传输。数字数据在传输前，需要将数字数据转换成数字信号，这时便要进行数字编码。常见的数字数据编码方式有 3 种，即不归零编码、曼彻斯特编码和差分曼彻斯特编码。

(1)不归零编码

不归零编码(Non Return Zero,NRZ)是最简单的数字信号编码。它规定高电平代表逻辑“1”，低电平代表逻辑“0”。但不归零编码难以确定收发双方的同步，需要额外传输同步时钟信号。另外，当“0”“1”的个数不等时，信道中会出现直流分量，这是数据传输中不希望出现的。所以，不归零编码使用场合较少。

(2)曼砌斯特编码

曼彻斯特编码是将每个码元分成两个相等的时间间隔，从高电平到低电平跳变表示数字“0”，即前半个码元的电平为高电平，后半个码元的电平为低电平；从低电平到高电平跳变表示数字“1”，即前半个码元的电平为低电平，后半个码元的电平为高电平。这种编码的好处是保证每一位二进制信号的中间都有跳变。由于曼彻斯特编码的每位信号中间均有电平跳变，所以不含直流分量。另外，曼彻斯特编码不需要传输同步时钟信号，可以从位中间的跳变点获取时钟信号，两个跳变点之间为一个信号周期。

曼彻斯特编码的每一个信号周期需要占用两个系统时钟周期，它的编码效率为 50%，编码效率较低。例如，在 10 Mbit/s 的局域网中，为了达到 10 Mbit/s 的传输速率，系统必须提供 20 MHz 以上的时钟频率。

(3)差分曼彻斯特编码

差分曼彻斯特编码是对曼彻斯特编码的改进。在差分曼彻斯特编码中，每一个信号编码位中间的跳变只起到携带时钟信号的作用，与信号表示的数据无关。数字数据用数据位之间的跳变来表示，若一个比特开始处存在跳变，则表示“0”，无跳变，则表示“1”。差分曼彻斯特编码提高了抗干扰能力，在信号极性发生翻转时，不影响信号的接收判决，其编码效率仍是 50%。

数字数据编码如图 2.9 所示。

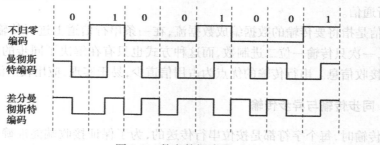

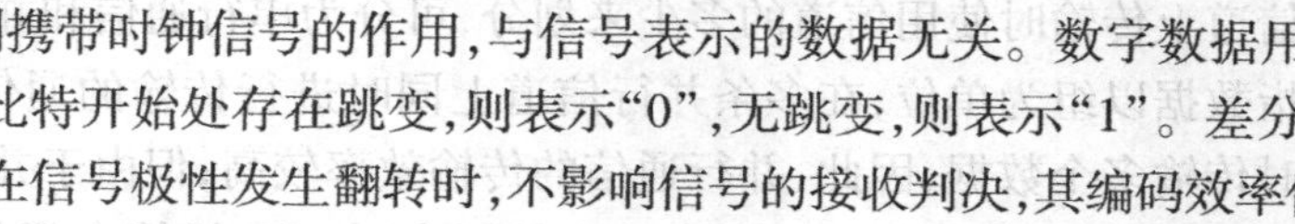

图 2.9 数字数据编码

【同步练习】 如图2.10所示为曼彻斯特编码和差分曼彻斯特编码的波形图，则实际传送的比特串是什么？

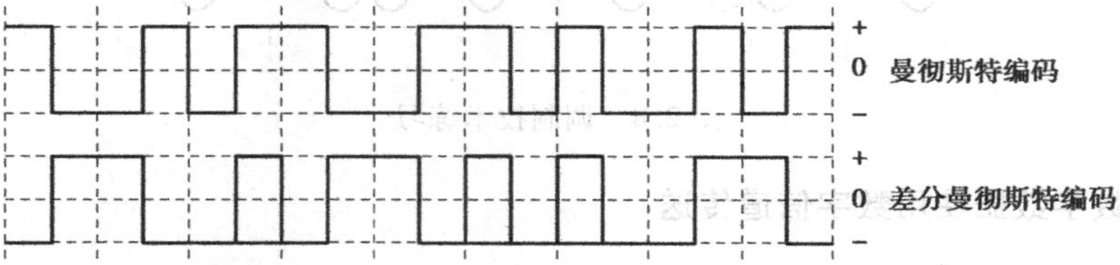

图2.10 编码练习

除了上述三种编码方式外，在IEEE 802.3u标准中使用了4B/5B编码，在IEEE 802.3z及802.3ae标准中使用了8B/10B编码，读者可以参阅其他资料。

2.3 数据传输方式

2.3.1 单工通信、半双工和全双工通信

根据数据在信道上的流向及特点，数据通信可以分为单工通信、半双工通信和全双工通信。

单工通信是指通信信道是单向的，数据信号仅沿一个方向传输，发送方只能发送不能接收，接收方也只能接收不能发送。无线电广播和电视均属于单工通信方式。

半双工通信是指信号可以沿两个方向传输，但同一时刻信道只允许单方向传输，两个方向的传输只能交替进行，不能同时进行。若需改变传输方向，要通过开关来切换。对讲机属于半双工通信。

全双工通信是指数据可以同时沿相反的两个方向双向传输。电话通信属于全双工通信。

2.3.2 并行通信和串行通信

根据数据在信道上传输时使用信道的多少来划分，可分为串行通信和并行通信两种。

并行通信是指数据以组为单位，在多条并行信道上同时进行传输的通信方式。由于可以在多条信道上同时传输多个数据，因此，并行通信的传输效率较高；但由于并行信道不很便利，因而，这种方式比较适合短距离且实时性要求较高的场合，如PC机箱内部各部件间的数据通信，即为并行通信。

串行通信是指将要传输的数据编成数据流，在一条串行信道上进行传输的通信形式。在串行通信中，一次只传输一位二进制数，而这种方式也只有在解决了同步的问题，才能保证接收方正确的接收信息。串行传输的优点为占用信道少，易于实现，应用较广泛。

2.3.3 同步传输与异步传输

在串行传输时，每个字符都是按位串行传送的，为了保证接收端能准确无误地接收，就要求接收端按照发送端所发送的每个码元的起止时间和重复频率来接收数据，即收发双方在时

间上必须取得一致,否则,便会造成传输的数据出错。收发双方为了保证数据在传输途中的完整而采取的技术,即“同步”技术,实现这种“同步”的方法有异步传输和同步传输两种方式。

在异步传输方式中,收发双方有自己的时钟,但它们的频率必须一致,并且每一个字符都要同步一次,因此,在接收一个字符期间不会发生失步,从而保证了数据传输的正确性。

异步传输的优点是实现方法简单,收发双方不需要严格同步,缺点是每一个字符都要加入“起”“止”等位,因此,异步传输速率不会很高,开销比较大,效率低。

同步传输要求收发双方有相同的时钟,以便接收方能够知道何时接收每一个字符。该方式又可细分为字符同步方式和位同步方式。字符同步要求收发双方以一个字符为通信的基本单位,通信双方将需要发送的字符连续发送,并在这个字符块前后各加一个事先约定个数的特殊控制字符,在接收端只需要检测出约定个数的特殊控制字符后,便能识别出被传输的字符。位同步是使接收端接收的每一位数据信息都要与发送端准确地保持着同步,通信的基本单位是位(即比特),数据块以比特流传输,在发送的位前后给出相同的同步标志。目前,位同步方式比较常见,例如,以太网中所采取的收发双方间的传输方式便是位同步方式。

2.3.4　基带传输、频带传输与宽带传输

基带传输是指信号没有经过调制而直接到信道中去传输的方式。在计算机等数字设备中,一般的原始电信号形式为方波脉冲,人们将方波固有的频带称为基带,方波信号称为基带信号。基带信号所占据的频率范围通常从直流到高频的频谱,范围较宽。在基带传输中,需要对数字信号进行编码来表示数据。

基带传输的主要特点:基带通信是一种最简单、最基本的传输方式,基带传输过程简单,设备费用低。在近距离范围内,基带信号的功率衰减不大,从而信道容量不会发生变化,在局域网中,一般使用基带传输技术。

远距离通信信道多为模拟信道,不适用于直接传输频带很宽但能量集中在低频段的数字基带信号。因此,需要将基带信号进行处理,从而能够在远距离中传输。频带传输就是先将基带信号变换(调制)成便于在模拟信道中传输的、具有较高频率范围的模拟信号(称为频带信号),再将这种频带信号在模拟信道中传输。基带信号与频带信号的转换是由调制解调技术完成的。

宽带传输就是通过多路复用的方法将较宽的传输介质的带宽分割成几个子信道来达到同时传播声音、图像和数据等多种信息的传输模式。宽带传输系统可以是模拟或数字传输系统,在局域网中,存在基带传输和宽带传输两种方式。基带传输的数据速率比宽带传输速率低。宽带传输能把声音、图像、数据等信息综合到一个物理信道上进行传输。

2.4　数据交换方式

数据交换方式是指数据在通信子网中各结点间的数据传输过程。按数据在通信子网中的数据传送方式及数据包的特点,可将其分为电路交换、报文交换和分组交换三种。

2.4.1 电路交换

电路交换也称为线路交换,它提供了一条临时的专用通道,供且仅供通信双方在通信时使用,即使双方没有进行任何数据传输,这条通道也不能为其他站点服务。在所有的交换方式中,电路交换是一种直接的交换方式,早期的电话网就是使用的这个技术。

电路交换的主要过程可以分为三个阶段:线路建立、数据传输和线路拆除。线路建立是在数据传输前,由源站点请求建立传输通道,此过程是由交换网中对应所需结点逐个接续(连接)的过程;在通道建立后,传输双方便可以进行全双工的数据传输;在完成数据或信号的传输后,由源站或目的站提出终止通信,各结点拆除该电路的对应连接,释放由原电路占用的结点和信道资源。

不难看出,采用电路交换传输数据时,在数据传输开始前必须先设置一条专用通路,线路的接续时间较长;线路在释放前,被正在通信的用户完全占用,线路的整体利用率不高。因此,对于传输信息量较大、通信对象比较确定的场合,这种交换方式比较适合,而对于数据传输具有突发特点的计算机网络系统,效率并不一定高。

电路交换也有自己的优点,由于在数据传输中线路被用户所独占,因此数据传输时延小;同时,电路交换提供给用户的是“透明通路”,交换机无须对信息进行存储、分析和处理,数据处理开销小;交换网对用户信息的编码方法、信息格式以及传输控制程序等没有限制,完全由通信双方决定。

2.4.2 报文交换

为了克服电路交换的缺点,提出了报文交换思想。在报文交换中,传输的数据被包装上了一个含有目的地址信息的报头,数据和报头一起组成了报文。当 A 用户欲向 B 用户发送数据时,A 用户不需要先建立一条通路,而只需与直接相连的网络结点接通,并将需要发送的报文作为一个独立的实体,全部发送给该结点,然后该结点将此报文根据报头中提供的目的地址,在交换网内确定路由,并送到输出线路的队列中去排队,一旦输出线路空闲,就立即将该报文传送给下一个网络结点,依次类推,最后送到 B 用户,这种方式称为存储交换原理。

与电路交换相比,报文交换方式不要求交换网为通信双方预先建立一条专用的数据通路,不存在建立线路和拆除线路的过程;由于报文交换中每个结点都对报文进行“存储转发”,因此,为了提高数据传输的可靠性,每个结点在存储转发时都需要有校验、纠错功能;数据在交换网中是按接力方式进行的,通信双方事先并不知道报文所要经过的传输路径。

由于报文交换采用了对完整报文的存储转发,这要求交换网的各结点有较大的存储空间;同时,网络结点在转发报文时只有当链路空闲才能进行,除此而外,还要进行检错、纠错,故而时延较大。由于报文交换的这些缺点和不足,因而不适用于实时性要求较高的交互式通信(如电话通信)。

2.4.3 分组交换

分组交换又称为包交换,是综合了电路交换和报文交换两者优点的一种交换方式。它采用存储转发的方式传输数据,但它不像报文交换那样以整个报文为交换单位。它在发送数据之前,先将较长的报文划分为一个个较小的等长的数据段,每一个数据段前面加上一些必要的控制信息(首部)构成一个分组,每一个分组在交换网中独立地选择传输路径,并被交付到终点。接收方接到数据后,根据每个分组首部的信息,将各个分组按标号组装起来,形成完整的报文。数据包分组交换方式的数据传输方式如图 2.11 所示。

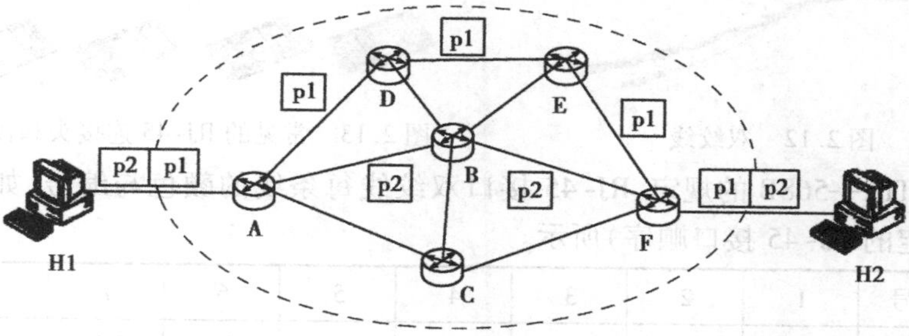

图 2.11　数据包分组交换方式的数据传输方式

可以看出,在分组交换中,由于每个分组都较短,在交换网的各结点间传送比较灵活,若分组在传输中出现差错,由于分组并不大,也易于对错误进行纠正;各分组在数据传输中单独选择路径,每个结点收到一个报文后,便可向下一个结点转发,减少了对结点存储容量的要求,缩短了时延。

虽然分组交换可以控制时延,但由于分组在传输中各自选择路径,相应的也存在一些不足:需要在每一个分组前增加传输的目的地址和附加的控制信息,增加了信息传输量;允许各个分组自己选择传输路径,这使到达目的站点时分组的顺序没有什么规则,分组可能出现丢失、重复等情况。这就要求目的站点对分组编号进行排序,需要端对端协议来解决。

2.5　传输介质

传输介质是指在网络中传输信息的载体,是数据通信系统中发送器与接收器之间的物理通路。传输介质分为有线传输介质和无线传输介质两大类。有线传输介质是指在两个站点之间有物理连接的部分,可以将信号从一方传输到另一方。目前,有线传输介质主要有双绞线、同轴电缆和光纤三大类。

2.5.1　双绞线

双绞线(Twisted Pair,TP)是目前计算机网络综合布线中最常用的一种传输介质。它是由带绝缘塑料保护层的铜线相互绞合,并用不同颜色标记而成。铜线按一定密度相互绞合,可有效降低信号电磁干扰的程度。多对双绞线封装后构成双绞线电缆。常用的双绞线如图 2.12 所示。

一般来说,双绞线可分为非屏蔽双绞线(Unshielded Twisted Pair,UTP)和屏蔽双绞线(Shielded Twisted Pair,STP)两种。非屏蔽双绞线电缆没有屏蔽层,它直径小、质量小,易弯曲、易安装,具有独立性和灵活性,适用于结构化综合布线。屏蔽双绞线电缆的外层由屏蔽层包裹,可有效地防止电磁干扰。相对地,屏蔽双绞线价格较高,安装时要比非屏蔽双绞线电缆困难。

非屏蔽双绞线通常使用 RJ-45 连接头和带有 RJ-45 接口的网络设备相连,以实现通信功能。常见的 RJ-45 连接头和接口如图 2.13 所示。

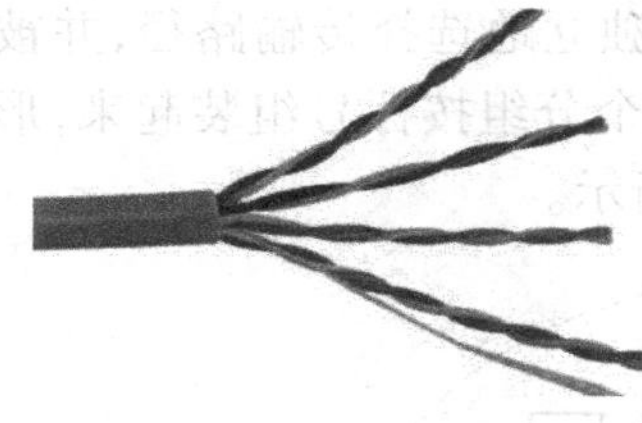

图 2.12　双绞线

图 2.13　常见的 RJ-45 连接头和接口

根据 EIA/TIA—568B 的规定，RJ-45 接口双绞线每条线的颜色与编号，如图 2.14（EIA/TIA—568B 规定的 RJ-45 接口顺序）所示。

编号	1	2	3	4	5	6	7	8
颜色	白橙	橙	白绿	蓝	白蓝	绿	白棕	棕

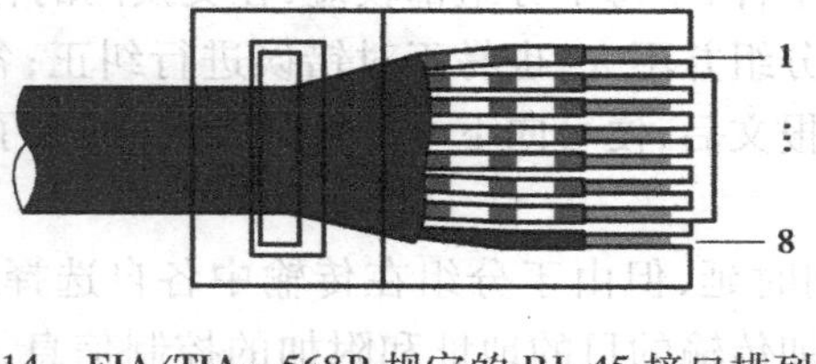

图 2.14　EIA/TIA—568B 规定的 RJ-45 接口排列顺序

除了 EIA/TIA—568B 的规定外，还有 EIA/TIA—568A 的规定。双绞线的两边都用 EIA/TIA—568B 标准，称为直通双绞线。双绞线的一边用 EIA/TIA—568B 标准，双绞线的另一边用 EIA/TIA—568A 标准，称为交叉双绞线。

在实际应用中，非屏蔽双绞线的使用率较高，一般来说没有特殊说明，应用中所指的双绞线都是非屏蔽双绞线。随着技术的发展，双绞线种类也增加了许多，用于不同需求的网络施工中。按双绞线的性能指标来分类，双绞线主要有三类双绞线、四类双绞线、五类双绞线、超五类双绞线、六类双绞线、超六类双绞线、七类双绞线。七类双绞线是 ISO 七类/F 级标准中最新的一种双绞线，它主要为了适应万兆位以太网技术，但它不再是一种非屏蔽双绞线，而是一种屏蔽双绞线，它的传输频率至少可达 500 MHz，传输速率可达 10 Gbit/s。常见的几类双绞线性能比较见表 2.1。

表 2.1　常见的双绞线标准级传输速率

双绞线标准	应　用	传输速率
一类线	电话语音通信	20 kbit/s
二类线	综合业务数据网	4 Mbit/s
三类线	10 Base-T 以太网	10 Mbit/s
四类线	基于令牌的局域网和 10 Base-T/100 Base-T 网络	16 Mbit/s
五类线	快速以太网	100 Mbit/s
超五类线	快速以太网	100 Mbit/s
六类线	百兆位快速以太网和千兆位以太网	1 000 Mbit/s
七类线	万兆位以太网	10 Gbit/s

2.5.2 同轴电缆

同轴电缆中用于传输信号的铜芯和用于屏蔽的导体是共轴的,同轴之名由此而来。同轴电缆的屏蔽导体(外导体)是一个由金属丝编制而成的圆形空管,铜芯(内导体)是圆形的金属芯线,内外导体之间填充一层绝缘材料,整个电缆外包有一层塑料外皮,起保护作用。一般地,同轴电缆的内芯和屏蔽层都采用铜制材料。同轴电缆的结构如图2.15所示,其内芯为裸铜导体,屏蔽层为编制的空管,中间的绝缘材料使用发泡PE,整个电缆用PVC护套包裹。

同轴电缆通常有两种:基带同轴电缆(粗同轴电缆)和宽带同轴电缆(细同轴电缆)。

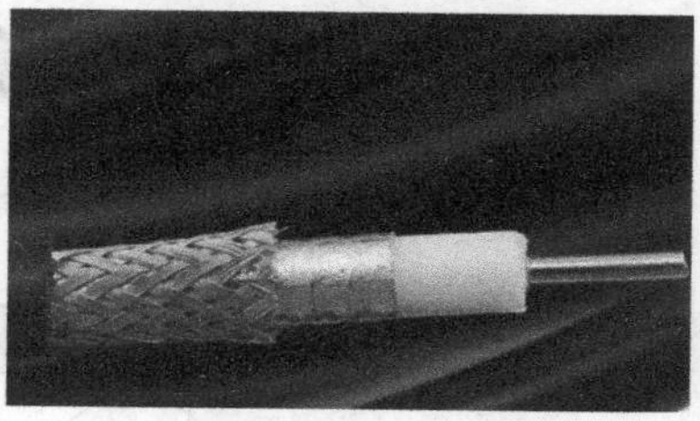

图2.15 同轴电缆的结构

粗同轴电缆的屏蔽层是用铜做成的网状层,特征阻抗为50 Ω,用于数字传输。由于其多用于基带传输,也称基带同轴电缆。同轴电缆的特殊结构,使得它具有了高带宽和极好的噪声抑制特性。同轴电缆的带宽取决于电缆长度,1 km的电缆可以达到1 ~2 Gbit/s的数据传输速率。

细同轴电缆的屏蔽层是由铝箔构成的,特征阻抗为75 Ω,用于模拟传输。细同轴电缆在安装时,可将细缆两头装上BNC(Bayonet Nut Connector,刺刀螺母连接器)头,然后接在T形连接器两端。BNC头与T形连接器如图2.16所示。

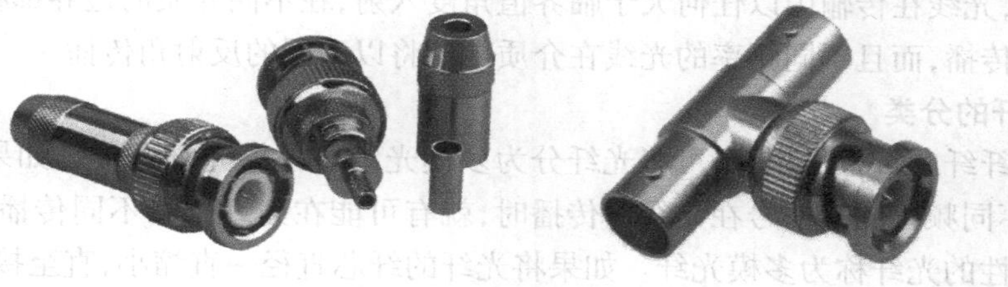

图2.16 BNC头与T形连接器

在计算机网络的应用中,同轴电缆可传输速率为10 Mbit/s左右的数字信号,虽然与双绞线相比价格较高,但能够获得更高的传输带宽,适用于有线电视和某些对数据通信速率要求不高、连接设备不多的家庭和小型办公室用户。由于同轴电缆组网麻烦,故障诊断和修复相对困难,因此,随着以双绞线和光纤为基础的标准化综合布线的推广,同轴电缆已逐渐退出计算机网络的布线市场。

2.5.3 光纤

光纤全称"光导纤维",由能传导光波的石英玻璃纤维外加保护层构成,是一种细小、柔韧并能传输光信号的介质。有时,也将多条光纤称为光缆。光纤由纤芯和包层两部分构成,纤芯很细,负责传导光波,具有较高的折射率,包层较纤芯有较低的折射率,负责光的反射,如图2.17所示为光纤及其构成示意图。与铜质传输介质相比,光纤不会向外辐射电信号,具有较好的安全性和可靠性,能够提高网络的整体性能。

(1)光纤通信原理

光纤通信是利用光的全反射原理传输光信号。当光线经过两种不同折射率的介质进行传播时(如从玻璃到空气),光线会发生折射。假设光线在玻璃上的入射角为α时,则在空气中的折射角为β。根据光的全反射原理，当光线在玻璃上的入射角大于某一临界值时，光线将完全反射回玻璃，而不会射入空气。这样，光线将完全在光纤中传播，并且不断地进行这种全反射，并几乎无损耗地向前推进。如图 2.18 所示为在光纤中传播光线的示意图。纤芯是光的传导部分，而包层的作用是将光封闭在纤芯内。纤芯的折射率高，包层的折射率低，这样才能将光封闭在纤芯内。

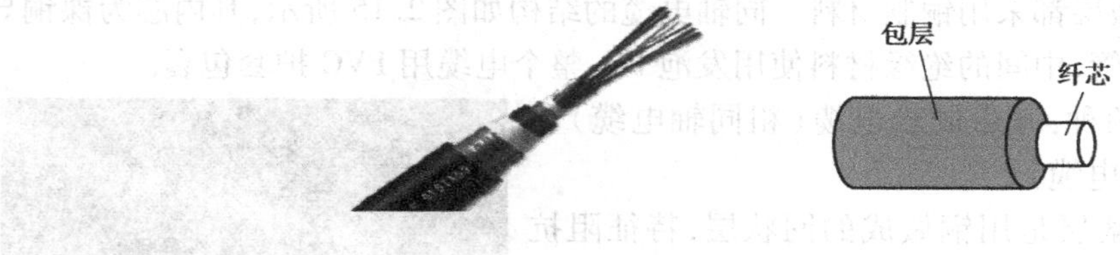

图 2.17　光缆及光纤构成

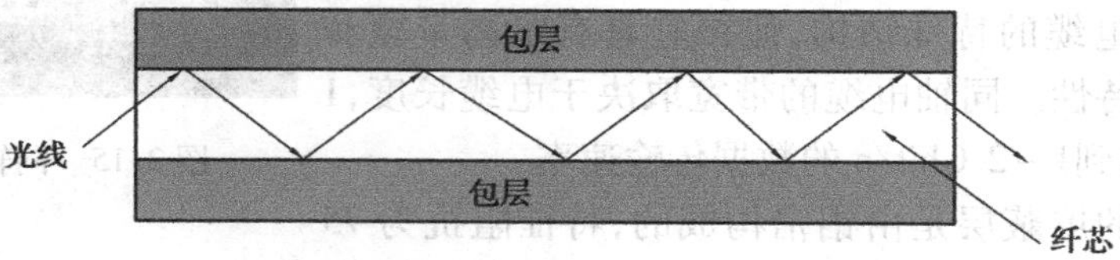

图 2.18　光线在光纤中的传播

实际上，光线在传输中以任何大于临界值角度入射，在不同介质的边界都将按全反射的方式在介质内传播，而且不同频率的光线在介质内部将以不同的反射角传播。

(2)光纤的分类

根据光纤纤芯直径的粗细，可将光纤分为多模光纤和单模光纤两种。如果光纤纤芯的直径较粗，当不同频率的光信号在光纤中传播时，就有可能在光纤中沿不同传播路径进行传播，具有这种特性的光纤称为多模光纤。如果将光纤的纤芯直径一直缩小，直至接近光波波长时，则光纤如同一个波导，光线在光纤中的传播几乎没有反射，而是沿直线传播，这样的光纤称为单模光纤。

一般地，单模光纤的纤芯直径为 8 ~ 10 μm，包层直径为 125 μm，使用的光波波长为 1 310 nm、1 550 nm；多模光纤的纤芯直径为 50 ~ 200 μm，使用的光波波长为 850 nm、1 310 nm。

单模光纤造价很高，需要激光作为光源，但其无中继传输距离非常远，且能获得非常高的数据传输速率，一般用于广域网主干线路；多模光纤相对来说无中继传播距离要短些，数据传输速率也相对单模光纤较小，但其价格较便宜一些，并且可以用发光二极管作为光源，因此，多模光纤在网络综合布线中也有较大的应用价值。多模光纤可作为高速以太网组网的传输介质。

(3)光纤通信的主要特点

与铜质电缆相比，光纤通信具有其他传输介质无法比拟的优点。用光纤传输的信号频带宽、通信容量大、信号衰减小、传输距离长，信号抗干扰能力强、误码率低，信道抗化学腐蚀能力强，适用于一些特殊环境下的布线。

光纤通信技术的发展，为宽带网络奠定了非常好的基础。由于制作光纤的材料(石英)来源十分丰富，光纤通信的成本也会随着技术的发展进一步降低，光纤传输及光纤通信将在计算机网络的组网和应用中占绝对优势。

2.5.4 无线传输

前面介绍了三种有线传输介质,它们是数据通信系统中不可或缺的通信传输手段。但是,若通信线路需要通过一些高山或岛屿,有时就很难施工;另外,当今社会人们的生活节奏加快,不但要求固定地点间能够通信,还要求能够移动通信,因此,最近几年无线通信发展得也比较快。

无线传输是利用无线电波在自由空间(空气或真空)中传输的一种数据传输手段。无线传输可使用的频段很广,下面介绍几种常用的无线传输。

(1)短波传输

短波通信(即高频通信)主要是通过电离层的反射将数据送达接收设备。由于电离层的高度和密度容易受昼夜、季节、气候等因素的影响,所以短波通信的稳定性较差,噪声较大。短波通信系统由发信机、发信天线、收信机、收信天线和各种终端设备组成。短波通信的波长在100~10 m之间,频率范围在3~30 MHz之间,是一种无线通信技术。

虽然短波通信稳定性差、噪声较大,但由于短波通信设备具有使用方便、组网灵活、价格低廉、抗毁性强等优点,这种传统而古老的通信方式不但没有被淘汰,还在不断地快速发展中。

(2)无线电微波

无线电微波通信在数据通信中占有重要地位。微波在自由空间中主要是直线传播,由于微波会穿透电离层而进入宇宙空间,因此它不像短波那样可以经电离层反射传播到地面上很远的地方。

传统的微波通信方式主要有地面微波接力通信和卫星微波通信两种。

由于微波在空间是直线传播而地球表面是个曲面,因此其传播距离受到限制。若采用高100 m的天线塔,则微波的传播距离可以增大。为实现远距离通信,必须在一条微波通信信道的两个终端之间建立若干个中继站。中继站将前一站送来的信号经过放大后再发送到下一站,称为“接力”,这样,便可达到远距离通信的目的。

(3)卫星微波通信

如前所述,卫星微波通信也是一种无线电微波通信,它利用人造同步地球卫星作为中继站转发微波信号,在多个微波站(地球站)之间进行信息交流。

卫星通信的最大特点是通信距离远,且通信费用与通信距离无关。只要在地球赤道上空的同步轨道上,等距离地放置三颗相隔120°的卫星,就能基本上实现全球通信。因此,这种通信适合于广播通信。但从安全方面考虑,卫星通信系统的保密性是较差的。

卫星信号的另一特点就是具有较大的传播时延,由于各地球站的天线仰角并不相同,因此无论两个地球站之间的地面距离是多少,从一个地球站经卫星到另一个地球站的传播时延都为250~300 ms,对比之下,地面微波接力通信链路的传播时延一般取3.3 μs/km。

从20世纪90年代起,无线移动通信和互联网一样得到飞速的发展,与此同时,使用无线信道的计算机局域网也得到广泛的应用。要使用一段无线电频谱进行通信,通常必须要得到本国政府有关无线电频谱管理机构的许可证,但也有一些无线电频段是可以自由使用的。现在的无线局域网主要使用2.4 GHz和5.8 GHz的频段。除此而外,红外通信、激光通信也使用非导向传输介质,用于近距离笔记本电脑间数据的相互传输。

2.6 多路复用技术

在实际工程施工中，通信线路的铺设费用很高，为了充分利用信道容量，可以在同一传输介质上“同时”传输多组信号，即在一条物理线路上建立多条通信信道的技术，就是多路复用技术。

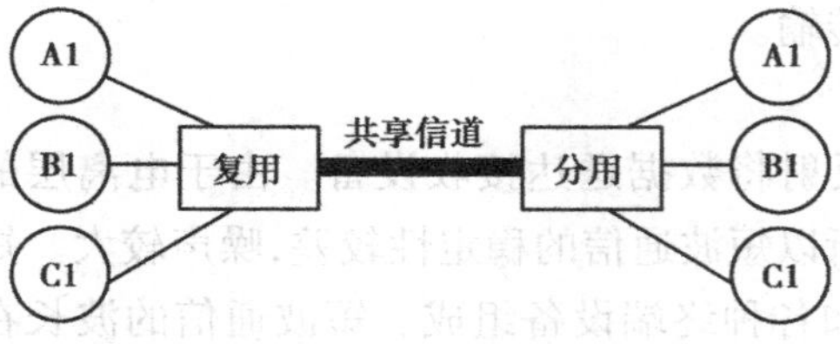

图 2.19 多路复用技术原理

多路复用技术的实质是共享物理信道，更加有效、合理地利用通信线路。在数据传输时，首先将一个区域的多组用户信息通过多路复用器汇集到一起，然后将汇集起来的信息群通过一条物理线路传送到接收设备；最后在接收设备端将信息群分离成单个的信息，并将其发送给多组用户，这样就完成了利用一条通信线路传输多组用户数据的过程。多路复用技术的工作原理如图 2.19 所示。

常见的多路复用技术有 4 类：频分多路复用、时分多路复用、波分多路复用和码分多址多路复用。

2.6.1 频分多路复用(FDM)

频分多路复用(Frequency-division multiplexing, FDM)是指载波带宽被划分为多种不同频带的子信道，每个子信道可以并行传送一路信号的一种多路复用技术，是应用最为广泛的复用方式。例如，生活中常见的收音机、电视机都是使用的频分复用技术。

当传输媒体的有效带宽比传输要求的带宽高，就可以进行频分复用。频分复用技术在每一路信号进入传输频带前，先要依次“搬移”(调制)频率，而在接收端再“搬回”(解调)到原来的频段，恢复每一路的原信号，从而使传输频带得到多路信号。

频分复用是基于模拟信道的，是早期公用电话网中传输语音信息时常用的电话线复用技术。频分复用也常用在宽带计算机网络中，这种数据通信方式需要先将数字信号转换为模拟信号，再使用频段内的载波进行调制，即可进行传输。

频分复用技术容易实现，技术成熟，信道复用率高，分路方便，但这种技术也有一定的缺点。例如，它的保护频带占用了一定的信道带宽，降低了 FDM 的效率，易造成串音和互调噪声干扰。

2.6.2 时分多路复用(TDM)

时分多路复用(Time Division Multiplexing, TDM)是按传输信号的时间进行分割，从而达到复用的目的。它将整个传输时间分为许多个小的时间间隔(Time slot, TS，又称为“时隙”)，每一个时间片被一路信号占用，在时间上交叉发送每一路信号的一部分。因此，时分多路复用形成了多路输入信号在不同的时隙内轮流、交替地使用物理信道进行传输的状况，图 2.20 所示为采用 TMD 技术传输 4 组用户数据的多路复用解决方式。

在时分复用中，每一个时隙的使用是预先设定的，即使数据源没有数据需要传输，该时隙也同样和其他时隙一样传输。在图 2.20 中,A 始终占用固定位置的时隙来承载数据。这样,接收端只需要接收固定时隙的数据,便获得自己需要接收的数据,数据处理相对简单。时分复用的缺点:系统传送计算机数据时,由于计算机数据的突发特性,用户对分配到的子信道利用率一般不高,会出现数据源没有数据发送,但仍然占用固定时隙的情况,造成时隙资源的浪费。

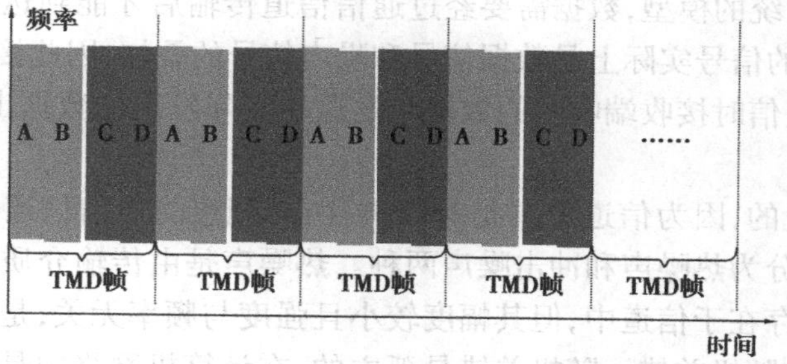

图 2.20 时分多路复用技术

为了提高效率,可以对时分复用技术加以改进,形成了统计时分复用(Statistical Division Multiplexing,SDM)。SDM 实质上就是带宽的动态分配。它动态地将时隙按需分配,根据信号源是否需要发送数据信号和信号本身对带宽的需求情况来分配时隙,而不采用时分复用中的固定时隙分配形式。

2.6.3 波分多路复用(WDM)

波分多路复用(Wavelength Division Multiplexing,WDM)是频分复用的一种形式,多应用于光纤通信中。波分复用可以做到使用同一根光纤同时传输与多个频率都很接近的光载波信号,这样可以使光纤的传输能力成倍提高。由于光波的频率很高,习惯上用波长来表示所使用的光波,因此称其为波分复用。波分多路复用技术实质上是利用了光具有不同波长的特征。WDM 技术的原理十分类似于 FDM,在发送端利用波分复用设备将不同信道的信号调制成不同波长的光,并复用到光纤信道上。在接收方,采用波分设备分离不同波长的光。由于光纤系统使用的衍射光栅是完全无源的,因此极其可靠。

2.6.4 码分多址多路复用(CDMA)

码分多址多路复用(Code Division Multiple Access,CDMA)是各组用户在发送数据时使用经过特殊挑选的不同码型,虽然几组数据在共享信道中同时传输会产生相互干扰的现象,但在接收端各用户能够根据其码型的特点将信号分离出来,从而各组用户间仍然不会造成相互干扰,接收端仍然可以接收到正确的数据。

CDMA 是在数字移动通信进程中出现的一种先进的无线扩频通信技术,由于这种系统发送的信号有很强的抗干扰能力,不易被人发现,最早应用于军事通信。随着技术的进步,CDMA 也广泛应用在民用移动通信中,它能够满足市场对移动通信容量和品质的高要求,具有频谱利用率高、话音质量好、保密性强、电磁辐射小、容量大等优点。

2.7 检错与纠错

(1)差错的产生

根据数据通信系统的模型,数据需要经过通信信道传输后才能到达接收端。由于通信信道的噪声干扰,接收的信号实际上是数据信号和噪声信号的叠加,因此接收端收到的数据有所偏差。这种在数据通信时接收端收到的数据与发送端实际发出的数据出现不一致的现象,称为差错。

差错是不可避免的,因为信道上总是有噪声存在,理想的通信信道是不存在的。如前所述,通信信道的噪声分为热噪声和冲击噪声两种。热噪声是由传输介质导体的电子热运动产生的,这种噪声时刻存在于信道中,但其幅度较小且强度与频率无关,是一类随机噪声。由热噪声引起的差错称为随机差错。随机差错是孤立的,在计算机网络中是极个别的。冲击噪声是由外界电磁干扰引起的,其特点是差错呈突发状、幅度较大,会影响一批连续的数据位。冲击噪声的持续时间要比数据传输中的每比特发送时间要长,因此,冲击噪声会引起相邻多个数据位出错。冲击噪声引起的传输差错称为突发差错。

通信过程中产生的传输差错是由随机差错和突发差错共同构成的。

(2)差错的控制

差错控制就是检测和纠正数据通信中出现差错的方法,保证计算机通信中数据传输的正确性和有效性。

目前,差错控制常采用冗余编码来检测和纠正数据传输中产生的差错,即在发送端要发送的有效数据后,添加按某种规则产生的冗余码,构成一个码字后发送出去,这个过程称为差错控制编码。当信息到达接收端后,再按照相应的规则检验收到的信息是否正确。

差错控制编码可以分为差错检测编码(检错码)和差错纠正编码(纠错码)两种。检错码可以检测出数据是否发生错误,但不能纠错。纠错码可以检测错误并且纠正发生的错误。一般地,纠错码虽然能够纠错,但其编码效率较低。常见的检错码有奇偶校验码、循环冗余校验码,常见的纠错码有海明码。

2.7.1 奇偶校验

奇偶校验是一种古老而简单的差错检测方法。它的编码规则:将所要传送的数据信息分组,再在一组内诸信息码元后面附加一个校验码元,使得该组码元中“1”的个数为奇数或偶数。按照此规则编成的校验码,分别称为奇校验码或偶校验码。

从奇偶校验码的编码过程中可以看出,奇偶校验只有在出错码元个数是奇数的情况下才有效。当出错码元个数成对出现时,是无法检测出错误的。因此,奇偶校验的检错概率只有50%。在实际应用中,奇偶校验又可分为垂直(纵向)奇偶校验、水平(横向)奇偶校验和垂直水平奇偶校验三种。

垂直奇偶校验可以校验单个字符的错,因而又称为字符奇偶校验。如果字符信息位为$(n-1)$位,再附加一个第n位作为校验位。设这个字符的信息位为$x_1,x_2,\cdots,x_{n-1}$,附加的校验位为x_n,如果x_1到x_{n-1}位中有偶数个1,则x_n为:1(奇校验)/0(偶校验)。例如,有一个字符,其编码为 1010101,则这个字符的奇校验码为 10101011,偶校验码为 10101010。

进行数据传输时,常将若干个字符组成一个信息组(码组),还可以对信息组进行水平奇偶校验,即对信息组中所有字符的同一位进行校验。水平奇偶校验的检测能力强,但实现起来相对复杂。

如果将水平奇偶校验和垂直奇偶校验结合起来,就是水平垂直奇偶校验(方阵码),这种方式既能发现奇数个错也能发现偶数个错。图 2.21 表明了水平垂直奇偶校验各信息码元与校验码元之间的关系。

字符 / 位	C_1	C_2	C_3	C_4	C_5	C_6	C_7	C_8	C_9	C_{10}	C_{11}	C_{12}	C_{13}	C_{14}	C_{15}	水平偶校验
b_1	0	1	0	1	1	1	0	1	0	1	1	0	1	0	0	0
b_2	0	1	1	0	0	0	0	0	0	1	0	1	0	1	0	1
b_3	1	0	0	0	1	1	0	1	1	0	0	0	0	0	0	1
b_4	0	1	0	1	1	0	0	1	0	1	1	0	1	1	0	0
b_5	1	0	0	0	0	1	0	0	1	0	0	1	0	1	0	1
b_6	0	1	0	1	1	0	0	1	0	1	1	0	1	0	0	1
b_7	0	1	0	1	0	1	0	0	0	0	1	0	1	0	0	1
垂直偶校验	0	1	1	0	0	0	0	0	0	0	0	0	0	1	0	1

图 2.21　水平垂直奇偶校验码

2.7.2　循环冗余校验

循环冗余码(Cyclical Redundancy Check,CRC)是较为复杂的一种差错检测方法,可生成一种高性能的检错、纠错码,但实际应用中常用这种方法来检错。由于它检错能力强、实现简单,因而在数据通信中得到了广泛的应用。循环冗余校验有严密的数学结构,本节仅介绍相关概念与冗余码的产生、使用过程。

在 CRC 中,都需要用到多项式这个概念。一个二进制数可以用一个多项式来表示。例如,"1001"表示成多项式为 x^3+1。这里,x 不表示未知数这个概念,仅作为一种二进制数的表达方式。

在 CRC 编码中,码字由 K 位信息码和 R 位的校验码两部分组成。K 位信息码可以看成一个多项式 $C(x)$。发送方和接收方共同约定一个生成多项式 $G(x)$。发送方将信息码的多项式除以生成多项式 $G(x)$,将得到的余数作为校验码;接收方将收到的信息除以生成多项式 $G(x)$,如果余数为"0",则认为数据在传输过程中没有错误,如果余数不为"0",则存在错误。同时,余数也可作为确定错误位置的依据。

生成多项式 $G(x)$ 并非任意制定,必须具备一定的条件。例如,$G(x)$ 的首位和最后一位的系数必须为"1"。循环冗余码的校验能力与生成多项式有关,若能针对传输信息的差错模式设计生成多项式,就会得到较强的检测差错的能力。目前,人们已经设计了许多生成多项式。最常见的有:

CRC-16　　　$G(x)=x^{16}+x^{15}+x^2+1$

CRC-CCITT　　　$G(x)=x^{16}+x^{12}+x^5+1$

CRC-32 $G(x)=x^{32}+x^{26}+x^{23}+x^{16}+x^{12}+x^{11}+x^{10}+x^{8}+x^{7}+x^{5}+x^{4}+x^{2}+x+1$

其中,CRC-16 和 CRC-CCITT 用于 8 位字符同步系统,它们能够检测出全部的 1 位、2 位和奇数位的差错,所有长度不大于 16 位的突发差错。CRC-32 的检错能力大有提高,它能检测出所有长度不大于 32 位的突发差错,对 33 位和大于 33 位突发差错的检错能力可分别达到 99.999 999 95% 和 99.999 999 98%。

校验码的生成步骤可描述如下:

①将 K 位数据 $C(x)$ 左移 R 位,得到移位后的多项式 $C(x)\times x^{R}$。

②将移位后的信息多项式除以生成多项式,得到 R 位冗余多项式。

③将余数作为校验码放入信息位左移后的空间。

若将上述过程用多项式等价的二进制数来表示,则校验码的产生过程即为被除数与除数做二进制除法的运算求余的过程。

例如,信息位为 10100001,生成多项式 $G(x)=x^{3}+x^{2}+1$,则校验码的生成过程如下:

```
          11010010
     ______________
1101 ) 10100001000
       1101
       ----
        1110
        1101
        ----
         0110
         0000
         ----
          1100
          1101
          ----
           0011
           0000
           ----
            0110
            0000
            ----
             1100
             1101
             ----
              0010
              0000
              ----
               010
```

产生的余数为 010,发送端发送出去的码字即为 10100001010。

【练一练】设待编码的信息 $C(x)=10100110$,利用生成多项式 $G(x)=x^{5}+x^{3}+1$ 进行差错检测,则生成的冗余码是什么?发送端发送出去的码字是什么?

2.8 工程应用案例分析

【案例描述】

某校园由信息中心、图书馆、教学楼、实验楼 4 个地点组成,网络的拓扑结构如图 2.22 所示。信息中心距图书馆 3 000 m,距教学楼 300 m,距实验楼 200 m;图书馆的汇聚交换机置于图书馆主机房内,楼层设备间共两个,分别位于二层和四层,距图书馆主机房距离均大于 200 m;学校网络要求千兆干线、百兆到桌面。请在图中指出各传输介质应该选择什么?

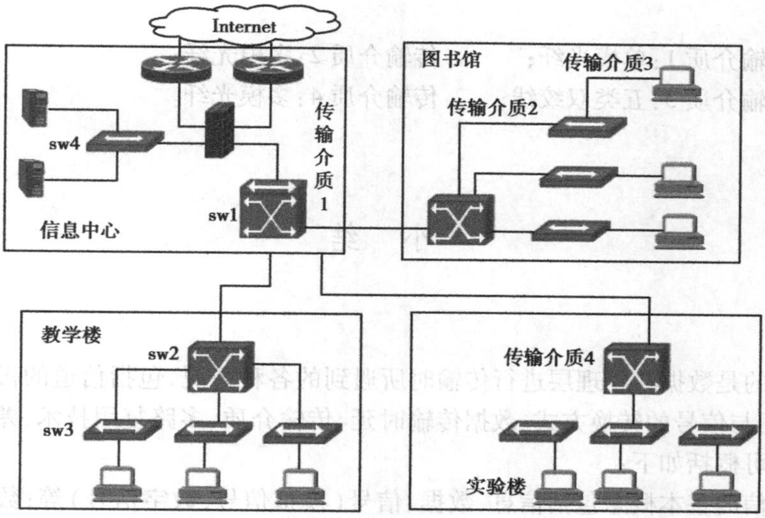

图 2.22　某校园拓扑结构

【案例分析】

在选择传输介质时,需要根据传输介质的地理覆盖范围、抗干扰能力、传输速率、性价比等因素综合考虑。其中,传输介质的性价比、传输速率及地理覆盖范围是选择传输介质时最主要的考虑因素。目前,同轴电缆由于安装复杂,性价比低,应用较少。对于双绞线和光纤,双绞线的最大传输距离为 100 m,光纤则应视具体材质及所在网络的传输速率而定。根据题意,四种传输介质均属于百兆传输速率的范畴。在 100 Base-FX 中全双工情况下,单模光纤的最大传输距离是 40 km,多模光纤的最大传输距离是 2 km。这样,传输介质的传输距离所在的网络类型及传输速率见表 2.2。

表 2.2　常见传输介质传输速率与最大传输距离

传输介质	网络类型	最大传输距离	传输速率
五类双绞线	100 Base-T	100 m	100 Mbit/s
超五类双绞线	100 Base-T	100 m	100 Mbit/s
六类双绞线	1 000 Base-T	100 m	1 000 Mbit/s
七类双绞线	10G Base-T	100 m	10 Gbit/s
多模光纤	100 Base-FX	2 km	100 Mbit/s
单模光纤	100 Base-FX	40 km	100 Mbit/s

注意:光纤应视具体材质及所在网络的情况确定传输距离及传输速率。例如,在 1 000 Base-SX中,使用多模光纤时,最大传输距离为 550 m。

由于信息中心与图书馆之间的距离为 3 000 m,可选用单模光纤;信息中心到教学楼及实验楼距离分别为 300 m 和 200 m,可选用多模光纤;图书馆内部汇聚交换机与接入交换机间距离超过 200 m,可选用多模光纤;图书馆内部计算机到接入层交换机间的传输介质可选择五类双绞线。

【答案】传输介质1:单模光纤；　　传输介质2:多模光纤；

传输介质3:五类双绞线；　　传输介质4:多模光纤。

小　结

本章讨论的是数据在物理层进行传输时所遇到的各种情况，包括信道的极限传输速率及影响因素、数据与信号的转换方式、数据传输时延、传输介质、多路复用技术、差错检测等。本章的主要内容可概括如下：

①数据通信的基本概念包括信息、数据、信号(模拟信号、数字信号)等；数据通信系统模型及其技术指标；关于信道传输速率的香农公式和奈氏准则；信道中的传输容量具有极限值，信道带宽越宽，信道容量越大；无噪声影响的信道，数据传输速率也有极限值，超出此极限值，码间便会出现串扰而使数据传输失败；在有噪声的信道中，信道容量还与信噪比成正比；同时，对于模拟信号的采样，不能低于信道带宽的2倍，否则在接收端不能对其还原，使数据传输失去意义。

②数据在信道上传输前及接收后的处理，如数据编码、数据调制等；模拟数据通过调幅、调频、调相在模拟信道中传输；模拟数据通过采样、量化、编码在数字信道中传输；数字数据采用幅度键控(ASK)、频移键控(FSK)和相移键控(PSK)在模拟信道中传输；数字数据采用编码(如不归零编码、曼彻斯特编码等)在数字信道中传输。

③数据在网络核心部分传输时的数据交换方式有电路交换、报文交换、分组交换，在数据交换方式的选择中，需要考虑信道利用率、数据传输的时延。传统的模拟信道下有线电话网使用的是电路交换方式，而互联网采用的是分组交换方式。分组交换方式适合数据传输具有突发特性的计算机网络。

④常见的传输介质及其特性：有线传输介质如双绞线、同轴电缆、光纤，无线传输介质如地面微波通信及卫星通信。地理覆盖范围是选取传输介质的重要参数，双绞线的地理覆盖范围在100 m以内。同轴电缆是早期有线电视网采取的传输介质，相比于双绞线能够传输较远的距离；单模光纤传播距离远，但价格昂贵；目前，多模光纤能传输的距离为2 000 m以内。

⑤差错产生的原因及常见的差错控制技术，如奇偶校验码、循环冗余码等。差错控制技术的主要方法，即在发送端的有效数据后添加与数据具有某种逻辑关系的冗余码，构成一个码字后发送出去；接收端进行差错检测时，就可以通过判断数据位与冗余位是否还保持原有的逻辑关系来判断数据在传输时是否产生了差错。

习　题

一、选择题

1. 数据通信的信道包括(　　)。

A. 模拟信道　　B. 数字信道

C. 模拟信道和数字信道　　D. 同步信道和异步信道

2. 为了提高信道的利用率,通信系统采用(　　)技术来传送多路信号。

A. 数据调制　　B. 数据编码　　C. 数据压缩　　D. 多路复用

3. 物理层定义了通信设备的(　　)、电气、功能、规程特性。

A. 规程　　B. 机械　　C. 协议　　D. 模具

4. 曼彻斯特编码的特点是__(1)__,它的编码效率是__(2)__。

(1)A. 在“0”比特的前沿有电平翻转,在“1”比特的前沿没有电平翻转

B. 在“1”比特的前沿有电平翻转,在“0”比特的前沿没有电平翻转

C. 在每一个比特的前沿有电平翻转

D. 在每一个比特的中间有电平翻转

(2)A. 50%　　B. 60%　　C. 80%　　D. 100%

5. 设信号的波特率为600 Bd,采用幅度-相位复合调制技术,由4种幅度和8种相位组成16种码元,则信道的数据率为(　　)。

A. 600 bit/s　　B. 2 400 bit/s　　C. 4 800 bit/s　　D. 9 600 bit/s

6. 假设模拟信号的最高频率为6 MHz,采样频率必须大于(　　)时,才能使得到的样本信号不失真。

A. 6 MHz　　B. 12 MHz　　C. 18 MHz　　D. 20 MHz

7. 在异步通信中,每一个字符包含1位起始位、7位数据位、1位奇偶位和2位终止位,每秒传送100个字符,则有效数据速率为(　　)。

A. 500 bit/s　　B. 700 bit/s　　C. 770 bit/s　　D. 1 100 bit/s

8. 下面的广域网络中,属于电路交换网络的是(　　)。

A. ADSL　　B. X. 25　　C. FRN　　D. ATM

9. 假设模拟信号的频率范围为3～9 MHz,采样频率必须大于(　　)MHz时,才能使得到的样本信号不失真。

A. 20　　B. 18　　C. 12　　D. 6

10. (　　)传递需要进行数字编码。

A. 数字数据在数字信道上　　B. 数字数据在模拟信道上

C. 模拟数据在模拟信道上　　D. 模拟数据在数字信道上

11. 在局域网标准中,100 Base-T规定从收发器到集线器的距离不超过(　　)m。

A. 100　　B. 185　　C. 300　　D. 1 000

12. 某视频监控网络有30个探头,原来使用模拟方式连续摄像,现改为数字方式以每5秒

拍照一次,每次拍照的数据量为 500 KB,则该网络(　　)。

A. 由电路交换方式变为分组交换方式,由 FDM 变为 TDM

B. 由电路交换方式变为分组交换方式,由 TDM 变为 FDM

C. 由分组交换方式变为电路交换方式,由 WDM 变为 TDM

D. 由广播方式变为分组交换方式,由 FDM 变为 WDM

13. 双绞线绞合的目的是(　　)。

A. 增大抗拉强度　　B. 提高传送速度

C. 减少干扰　　D. 增大传输距离

14. 以下关于光纤通信的叙述中,正确的是(　　)。

A. 多模光纤传输距离远,单模光纤传输距离近

B. 多模光纤价格便宜,单模光纤价格较贵

C. 多模光纤价格便宜,传输距离远

D. 多模光纤纤芯较细,而单模光纤纤芯较粗

15. 与多模光纤相比较,单模光纤具有(　　)等特点。

A. 较高的传输速率,较长的传输距离、较高的成本

B. 较低的传输速率,较短的传输距离、较高的成本

C. 较高的传输速率,较短的传输距离、较低的成本

D. 较低的传输速率,较长的传输距离、较低的成本

16. 光纤分为单模光纤和多模光纤,这两种光纤的区别是(　　)。

A. 单模光纤的数据速率比多模光纤低

B. 多模光纤比单模光纤传输距离更远

C. 单模光纤比多模光纤的价格更便宜

D. 多模光纤比单模光纤的纤芯直径粗

17. 用户在开始通信前,必须建立一条从发送端到接收端的物理信道,并且在双方通信期间始终占用该信道,这种交换方式属于(　　)。

A. 电路交换　　B. 报文交换　　C. 分组交换　　D. 信元交换

18. 以下关于分组数据交换方式中的特征描述,正确的是(　　)。

A. 数据包不定长,可以建立端到端的逻辑连接

B. 数据包定长,可以建立端到端的逻辑连接

C. 数据包定长,长度为 53 B

D. 其工作原理类似于电路交换,只是数据包不定长

19. (　　)是将一条物理线路按时间分成一个个互不重叠的时间片,每一个时间片常称为一帧,帧再分为若干时隙,被多组用户轮换使用。

A. 频分多路复用　　B. 时分多路复用

C. 波分多路复用　　D. 码分多址多路复用

20. 偶校验码为“0”时,分组中“1”的个数为(　　)。

A. 奇数　　B. 偶数　　C. 随机数　　D. 奇偶交替

21. 通过 CATV 电缆访问互联网,在用户端必须安装的设备是(　　)。

A. ADSL Modem　　B. Cable Modem

C. 无线路由器　　　　　　　　　　　　D. 以太网交换机

二、简答题

1. 请给出数据通信系统的基本模型,并说明主要组成构件的作用。
2. 数据与信号的区别有哪些?
3. 简述数据在信道中的传输速率受哪些因素的限制?
4. 试述三种数据交换技术的特点及其适用场合。
5. 简述常见的有线传输介质及其特性。
6. 为什么要使用信道复用技术? 常用的信道复用技术有哪些?
7. 差错产生的原因是什么? 一般有哪些差错产生? 如何进行差错控制?

三、计算题

1. 在相隔2 000 km的两地间通过电缆以4 800 bit/s的速率传送3 000 B长的数据包,从开始发送到接收完数据需要的时间是多少? 如果用50 kbit/s的卫星信道传送,则需要的时间是多少?

2. 设信道带宽为4 000 Hz,信噪比为30 dB,根据香农公式,计算信道容量。

3. 已知某信道受奈氏准则的限制,最高码元速率为200 Bd,若采用8种状态的移项键控的信号调制,求可以获得的最高数据传输速率。

4. 设有一组欲发送出去的数据 $C(x)=x^9+x^7+x^3+x^2+1$,若采用生成多项式 $g(x)=x^5+x^3+1$,试求相应的CRC码。

第3章 数据链路层

本章主要知识点

- ✧ 数据链路层的主要功能。
- ✧ 数据链路层解决的三个基本问题。
- ✧ PPP 协议及其帧格式。

能力目标

- ✧ 具备了解数据链路层主要功能的能力。
- ✧ 具备理解数据链路层所解决的三个基本问题的能力。
- ✧ 具备理解协议及其实现的能力。

数据链路层是计算机网络体系结构中的次低层。数据链路层使用的信道按其通信方式可以分为两种类型:一种是一对一通信方式的点对点信道,另一种是使用一对多通信方式的广播信道。前者的通信过程较简单,后者的通信过程较复杂,必须使用专用的共享信道协议协调完成通信过程。广播信道的通信过程内容将在第 4 章中介绍,本章先对数据链路层进行概述,然后介绍数据链路层需要解决的三个基本问题,最后介绍一种典型的数据链路层协议——PPP 协议,希望读者在理解数据链路层基本功能的同时,对数据链路层协议更深入地认识,从而更深刻地理解协议及其作用。

3.1 数据链路层概述

数据链路层在物理层提供服务的基础上向网络层提供服务。它将物理层传输的原始比特流按照一定格式转换成帧,并在网络上相邻结点之间构成一条无差错的链路。

3.1.1 数据链路层的数据处理

从体系结构的角度看,如果主机 A 通过远程网络和路由器与远程主机 B 进行通信,当主机发送数据时,数据比特流的流向按照分层的数据传输机制进行处理,其数据流的流向如图3.1所示。

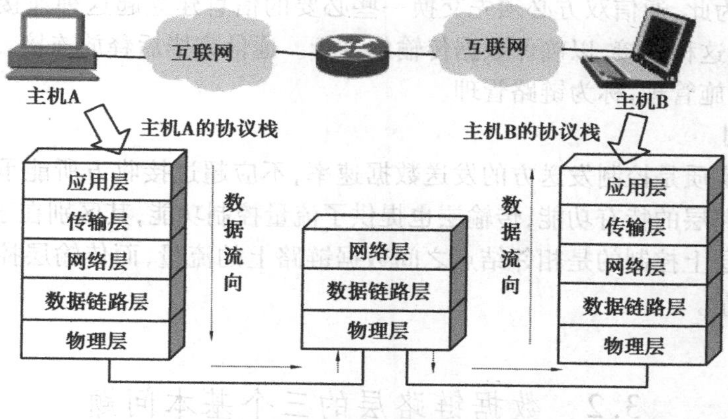

图3.1 两台主机间进行通信时的数据流向

主机A和主机B都有完整的协议栈,而路由器在转发分组时只使用协议栈的最下面三层。路由器的物理层在收到比特流后往上送至数据链路层,由数据链路层进行数据格式转换,并将数据以帧的方式完成数据链路层的功能,再向上将数据交付至网络层。路由器的网络层将数据转换成IP数据包的包格式,并根据其首部信息,从转发表中找出下一跳的地址,再将IP数据报下送至数据链路层,重新封装成帧,再交付到物理层发送出去。由此可见,数据在网络中的各路由器上从其协议栈向上、向下流动多次,最后到达目的主机。然而,当专门研究数据链路层所解决的问题时,需关心的是协议栈水平方向上数据的处理,从协议栈水平方向看,数据似乎是在各个数据链路层从左向右沿着水平方向传送的。

数据链路层的协议数据单元是帧。帧由首部、数据部分和尾部组成。一般来说,首部含有帧的控制信息(如地址),尾部包含差错检测序列,数据部分作为存放网络层IP数据报的整体内容。

数据链路层的基本任务是:将网络层下传的IP数据报封装成帧,再向下传给物理层;从接收到的物理层比特流中将数据无差错的上交到网络层,如果帧出现差错,则将其丢弃。

3.1.2 数据链路层的主要功能

数据链路层的主要功能有帧定界、透明传输、差错检测、链路管理和流量控制。

(1)帧定界

数据链路层以帧为单位传送数据。帧定界的作用就在于接收端能够从收到的比特流中区分出帧的开始和结束,即确定帧的边界位置。

(2)透明传输

透明传输是指无论链路上传输的是何种形式的比特组合,都不会影响数据部分的正常传输。为了达到这个目的,当被传输的数据信息与控制信息完全一样时,就必须采取适当的措施,使接收端不会错误地将数据信息误认为是控制信息。解决透明传输问题可以保证数据链路层数据传输的透明性。

(3)差错检测

数据链路层需要进行差错检测,以便于一个帧的内部出现错误时,接收端能够识别。

(4)链路管理

对于面向连接的服务，链路两端的结点在进行通信前，发送端必须确知接收端是否处于准备接收的状态。为此，通信双方必须先交换一些必要的信息建立起这种连接。一旦建立起数据链路，就要维持这种连接，以确保数据传输的进行。通信完毕后释放连接。对数据链路的建立、维持和释放实施管理，称为链路管理。

(5)流量控制

流量控制的实质是控制发送方的发送数据速率，不应超过接收方所能承受的能力。流量控制不是数据链路层的特有功能，传输层也提供了流量控制功能，其区别在于流量控制的对象不同。数据链路层上控制的是相邻结点之间数据链路上的流量，而传输层控制的则是从源点到终点之间的流量。

3.2 数据链路层的三个基本问题

数据链路层的协议有很多种，如 Ethernet 协议、PPP 协议、HDLC 协议等，但所有的协议都有三个基本问题需要解决：帧的封装、透明传输和差错检测。

3.2.1 帧的封装

帧的封装就是在一段数据的前后分别添加首部和尾部，构成一个能够识别的帧。接收端在收到比特流后，能够根据首部和尾部的标记识别出帧的开始和结束。帧的首部和尾部除了可以进行帧定界外，还包括许多控制信息，如数据的地址、数据帧的类型或长度等。

不同的数据链路层协议有不同的帧定界符的规定。一般地，选择那些在数据部分不经常出现的符号作为定界符(如控制字符)，能够提高数据传输的效率。

当数据在传输过程中出现差错时，帧定界符的作用较为明显。假设发送端因某种原因数据尚未发送完毕便中断了数据的发送，由于接收端识别了帧的开始符号，但并未出现帧的结束符号，因此，可以认为这个帧是不完整的帧，并可将其丢弃。而后面的数据由于有明确的帧定界符，是完整的帧，接收端便接收这些数据。

3.2.2 透明传输

由于帧的定界符是使用专门指明的字符，因此，若传输的数据中存在这种特殊的符号，就会出现帧定界的错误，这种情况如图 3.2 所示。数据链路层会错误地将数据部分的特殊符号看成帧的定界符，将部分数据帧收下，而将剩下的那部分数据丢弃，从而造成错误的数据处理，这种如图 3.2 所示的数据传输，则不是“透明传输”。

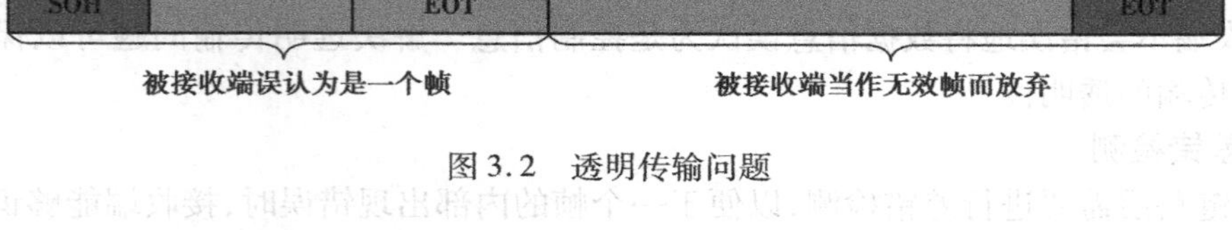

图 3.2　透明传输问题

为了解决透明传输的问题，就必须设法使数据中可能出现的帧定界符在接收端不被解释为帧定界符，而解释为普通的数据符号。与程序设计语言中处理字符串的定界符类似，解决透明传输的一种典型的做法是：发送端的数据链路层在数据中若出现了帧定界符，则在前面插入转义字符；在接收端，数据链路层在将数据送往网络之前删除这个转义字符。这种方法称为字节填充或字符填充。如果转义字符也出现在数据当中，那么仍然在其前面插入转义字符。当接收端收到连续的两个转义字符时，就删除其中的一个。这样便能够解决数据链路层的透明传输问题。使用字节填充法解决透明传输的示例如图3.3所示。

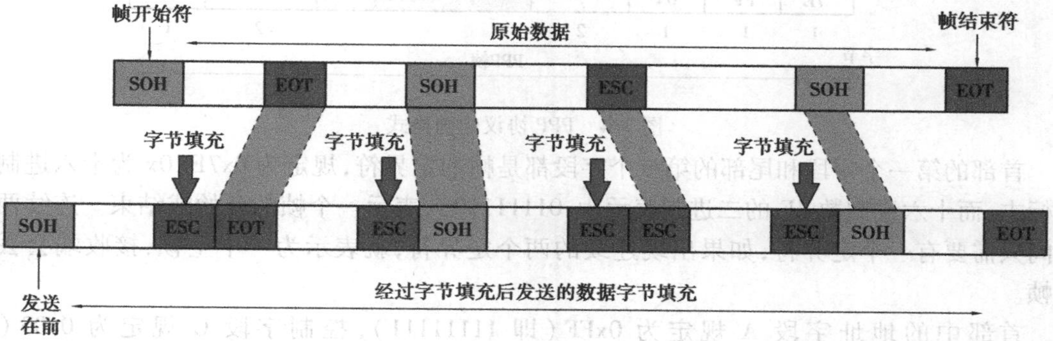

图3.3　字节填充法解决透明传输问题

3.2.3　差错检测

在数据链路层，广泛采用的差错检测技术是循环冗余检验（CRC）的检错技术。大多数的数据链路层协议，在帧的尾部都会封装帧检验序列（Frame Check Sequence，FCS），而FCS的内容即采用CRC检错技术自动生成。根据不同协议的要求，一般的FCS所占的二进制位为16位或32位。虽然冗余位较多，但在实际使用中发送端FCS的生成和接收端的CRC检验都是用硬件完成的，处理速度很快，不会延误数据的传输。

3.3　PPP协议

当通信线路质量较差，数据链路层应提供可靠的数据传输。能实现可靠数据传输的协议如HDLC协议（High-level Data Link Control）。目前，对于点对点链路的场合，PPP（Point-to-Point）协议简单很多。

PPP协议由SLIP协议改良而成，适用于点对点链路中两端设备的连接和通信。它用于早期的电话拨号上网，用户使用调制解调器通过电话线拨号接入远端设备后，可以在物理线路上建立一条虚电路，使个人计算机接入到互联网上。

PPP协议由三个部分组成：①协议的封装方式，即将IP数据报封装到串行链路的方法，PPP协议既支持异步链路，也支持面向比特的同步链路；②建立、配置和测试数据链路连接时的过程和方法，即链路控制协议LCP；③为了支持不同的网络层协议（如IP、DECnet、AppleTalk）所采用的一套网络控制协议NCP。

3.3.1 PPP 协议的帧格式

PPP 的帧格式如图 3.4 所示。PPP 帧的首部和尾部分别为四个字段和两个字段。

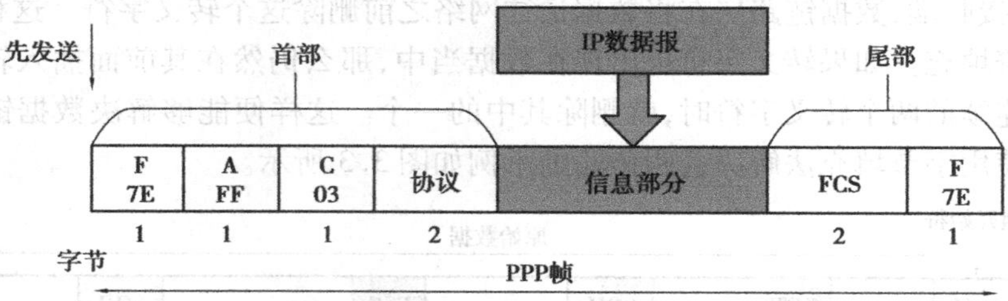

图 3.4 PPP 协议的帧格式

首部的第一个字段和尾部的第二个字段都是帧的定界符,规定为 0x7E(0x 为十六进制数的标志,而十六进制数 7E 的二进制表示为:01111110),表示一个帧的开始或结束。连续两帧之间只需要有一个定界符,如果出现连续的两个定界符,就表示为一个空帧,接收端会丢弃空帧。

首部中的地址字段 A 规定为 0xFF(即 11111111),控制字段 C 规定为 0x03(即 00000011)。PPP 首部的第四个字段是两个字节的协议字段。当协议字段为 0x0021 时,帧的数据部分就是 IP 数据报。当协议字段为 0xC021 时,帧的数据部分为 PPP 链路控制协议 LCP 的数据,若为 0x8021 时,表示为网络层的控制数据。

帧的数据部分长度是可变的,其总长度也是可变的,但总长度不能超过 1 500 个字节。

尾部的第一个字段(2 个字节)是使用 CRC 的帧检验序列 FCS。

(1)字节填充

当信息字段中出现和定界符一样的比特(0x7E)组合时,就必须采取一定的措施使数据透明传输。当 PPP 协议使用异步传输时,解决透明传输的方法为字节填充。它将转义字符规定为 0x7D(即 01111101),具体填充办法如下:

①将信息字段中出现的每一个 0x7E 字节转变成为 2 字节序列(0x7D,0x5E)。

②若信息字段中出现一个 0x7D 字节,则将其转变成为 2 字节序列(0x7D,0x5D)。

③若信息字段中出现 ASCII 码的控制字符(即数值小于 0x20 的字符),则在该字符前面要加入一个 0x7D 字节,同时将该字符的编码加以改变。

由于在发送端进行了字节填充,因此,在链路上传送的帧的字节数超过了原来信息字节数,但接收端收到数据后再进行与发送端填充字节时相反的变换,就可以正确地恢复出原来的信息。

(2)零比特填充

PPP 协议用在 SONET/SDH 链路中,是使用同步传输(一连串的比特连续传送),这时 PPP 协议采用零比特填充方法来实现透明传输。

零比特填充的具体做法是:在发送端,只要发现有五个连续"1",则立即填入一个"0",这样就可以保证在帧的数据部分不会出现连续的六个"1"。接收端接收数据时,对帧中的比特流进行扫描。每当发现五个连续"1"时,就将这五个连续"1"后的一个"0"删除,还原为原来的比特流,这样便保证了透明传输,不会引起对帧的边界的判断错误。

【例 3.1】　在异步传输方式中，PPP 帧字节填充方式解决透明传输问题。假设一个 PPP 帧的数据部分（用十六进制表示）是 7D 5E 46 5E 89 65 7D 10 7D 5D 65 7D 5E，试问真正的数据是什么（用十六进制表示）？

【解析】　根据字节填充办法，将数据还原过程：

7D	5E	46	5E	89	65	7D	10	7D	5D	65	7D	5E
7E		46	5E	89	65	10		7D		65	7E	

【答案】　真正的数据为：7E 46 5E 89 65 10 7D 65 7E

3.3.2　PPP 协议的链路状态

PPP 协议在进行数据通信前需要建立一条 PPP 链路。当用户拨号接入 ISP 后，就建立了一条从用户 PC 到 ISP 的物理连接。这时，用户 PC 向 ISP 发送一系列的链路控制协议 LCP 分组，建立 LCP 连接。这些分组及其响应选择了将要使用的一些 PPP 参数；接着进行网络层配置，网络控制协议 NCP 给新接入的用户 PC 分配一个临时的 IP 地址，用户 PC 就成为互联网上的一个有 IP 地址的主机了。当用户通信完毕，NCP 释放网络层连接，收回原来分配出去的 IP 地址；接着 LCP 释放数据链路层连接，最后释放物理层的连接。

PPP 协议的起始和终止状态称为链路静止状态，此时，用户 PC 和 ISP 的路由器之间不存在物理连接。当用户 PC 拨号后，在用户 PC 与路由器间便建立了物理层的连接，此时的链路状态称为链路建立。当 LCP 开始协商一些配置选项时，另一端会发送相关的响应帧（如配置确认帧、配置否认帧、配置拒绝帧），协商后的链路便进入了鉴别的状态。若鉴别失败，则转到链路终止状态；若鉴别成功，则进入网络层协议状态。在网络层协议状态，PPP 链路两端的网络控制协议 NCP 根据网络层的不同协议互相交换网络层特定的网络控制分组。当网络层配置完毕后，链路就进入链路打开状态，此时可以进行数据的通信。数据传输结束后，可以由一端发出终止请求分组，终止链路连接，使链路转到链路终止状态，当调制解调器的载波停止后，回到链路静止状态。PPP 协议的链路状态及其转换如图 3.5 所示。

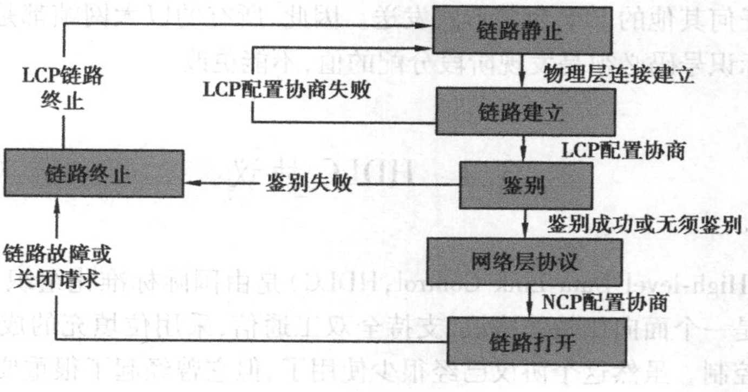

图 3.5　PPP 协议链路状态转换

在建立链路后链路打开前，PPP 协议所进行身份验证（鉴别）中主要支持两种验证协议：密码验证协议（Password Authentication Protocol，PAP）和质询-握手验证协议（Challenge Handshake Authentication Protocol，CHAP）。

PAP 提供了一种简单的方法，可以使对端使用两次握手建立身份验证。链路建立阶段完成后，对端不停地发送 ID/Password 对给验证者，一直到验证被响应或连接终止。PAP 不是一个健全的身份验证方法,它对回送、重复验证和错误攻击没有保护措施。

CHAP 针对 PAP 的不安全性进行了改进,使用三次握手验证。链路上不再以明文方式直接发送认证信息,而是增加一个“Challenge”口令字符串通过 MD5 单向哈希算法对其加密。而且这个“Challenge”字符串每一次验证时都是不同的,以随机方式生成。在验证过程中,为了避免第三方假冒被验证方进行非法攻击行为,使用 CHAP 的验证方将不定时地向被验证方重复发送“Challenge”口令。由于验证端上存有被验证端的明文密码记录,所以服务器可以复现哈希加密操作,进而将复现结果与被验证方返回加密后的口令进行对比,结果一致则认证通过,否则,连接终止。

PPP 协议为在点对点连接上传输多种协议数据包提供了一个标准方法。除了 IP 协议以外,PPP 协议还可以携带其他协议。

3.3.3 PPP 协议的改进——PPPoE

目前,在家庭宽带中常使用 PPPoE 协议(PPP over Ethernet,以太网的点对点协议),是以太网协议和点对点协议的组合,用于在以太网环境中的链路建立点对点连接,传输 PPP 数据帧。PPPoE 协议与以太网、点对点协议的认证、管理和控制功能、点对点协议的可扩展性相结合,为以太网中的多台主机连接提供一条逻辑上的点对点连接,以此实现对每台主机的安全控制、认证计费等功能。

简单地讲,PPPoE 的报文就是在 PPP 报文的前面加上以太网的报文头部,使得 PPPoE 协议的报文可以通过简单二层桥接设备连入远端的接入设备。从协议的工作过程来看,PPPoE 主要有发现阶段和会话阶段,这两个阶段组成了 PPPoE 协议的整个工作期。发现阶段主要选定 PPPoE 服务器并向服务器申请一个会话标识号码,主要过程可以描述为:用户主机以广播方式寻找所连接的所有接入集中器(或交换机),并获得其以太网 MAC 地址,然后选择需要连接的主机,并确定所要建立的 PPP 会话标识号码;会话阶段实质是 PPP 的协商,用户主机与接入集中器根据在发现阶段所协商的 PPP 会话连接参数进行 PPP 会话,一旦 PPPoE 会话开始,PPP 数据就能以任何其他的 PPP 封装形式发送。因此,所有的以太网帧都是单播的,并且 PPPoE 会话的会话标识号码必须是发现阶段分配的值,不能更改。

3.4 HDLC 协议

HDLC 协议(High-level Data Link Control,HDLC)是由国际标准化组织(ISO)制定的数据链路层协议。这是一个面向比特的协议,支持全双工通信,采用位填充的成帧技术,以滑动窗口协议进行流量控制。虽然这个协议已经很少使用了,但它曾经起了很重要的作用,而且便于理解数据链路层的主要功能,以及数据链路层如何规定帧及其格式来实现这些功能。

HDLC 协议的产生及使用过程,要追溯到 20 世纪 70 年代的计算机网络标准化时期。1974 年,IBM 公司推出了著名的体系结构 SNA。在 SNA 的数据链路层采用了面向比特的同步链路控制(Synchronous Data Link Control,SDLC)协议。所谓“面向比特”,即帧首部的控制信息不是由字符组成,而是由首部中各比特的值来决定。由于比特的组合多种多样,因此,首部中的控制信息可以得出很多不同的功能,满足了各种用户的不同需求。后来,ISO 将 SDLC 修改后称为高级链路控制协议(即 HDLC),作为国际标准 ISO 3309。原 CCITT 则将 HDLC 再修改后称为链路接入协议(Link Access Procedure, LAP),并作为 x.25 建议书的一部分。不久,HDLC 的新版本 LAP 又被改为 LAPB。

HDLC 的帧格式如图 3.6 所示。从网络层传递下来的分组,变成数据链路层的信息字段。数据链路层在信息字段的头尾各加上 3 个字节的控制信息,这样即构成了一个完整的 HDLC 帧。

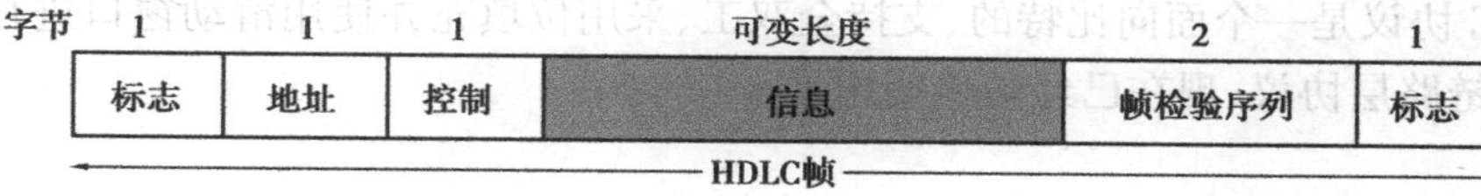

图 3.6　HDLC 的帧格式

①HDLC 的标志字段,是一个由 6 个连续“1”加上两边各一个“0”的 8 个位的字节组成。在接收方,只要识别标志字段,便能定位一个帧的开始和结束。

②HDLC 采用零比特填充法实现透明传输(PPP 协议的零比特填充法即来源于此)。

③地址字段是 8 位。全“1”地址是广播地址,而全“0”地址是无效地址。因此,HDLC 可用于一点对多点的通信(PPP 协议没有这种功能)。

④控制字段占用 8 位,是最复杂的字段。HDLC 的许多重要功能都靠控制字段实现。根据其前两位的取值,可将 HDLC 帧分为信息帧、监督帧和无编号帧。在控制字段中有几位用于帧的编号,因此,HDLC 可用于连续 ARQ 协议或选择重传 ARQ 协议,实现可靠传输。

⑤帧检验序列字段共 16 位,采用 CRC - CCITT 生成多项式,检验的范围是从地址字段的第一位起,到信息字段的最后一位为止。

目前通信信道的可靠性有了很大的改进,没有必要在数据链路层采用很复杂的协议实现可靠传输,因此,可靠传输的任务便落到了传输层 TCP 协议上。

小　结

本章讨论的问题是点对点数据链路层所涉及的问题。点对点信道的数据链路层通信过程相对简单,但也涉及数据链路层所涉及的三个基本问题的处理方式:封装成帧、透明传输和差错检测。除了这三个主要功能外,数据链路层还可提供链路管理、流量控制等功能。本章的主要内容可概括如下:

①数据链路层建立在物理层之上,将比特流转换成帧,从而实现物理地址寻址、数据校验等功能。数据链路层的主要功能包括帧的定界、透明传输、差错检测、链路管理及流量控制。链路管理针对面向连接的服务,对数据链路建立、维持和释放实施管理。流量控制不是数据链路层的特有功能,但它可以控制相邻结点间的数据流量。

②数据链路层的协议有很多,如 PPP 协议、以太网协议、HDLC 协议、帧中继协议、ATM 协议等。无论哪种协议,都必须解决三个基本问题:帧的定界、透明传输、差错检测。实际上,任何数据链路层协议都会界定帧的开始和结束标志,由于这种定界符的引入,会带来透明传输的问题,而数据链路层大多数协议中均采用循环冗余检测(CRC)来实现差错控制,在数据帧尾

部，有帧检验序列 FCS 的数据存储。

③PPP 协议是数据链路层使用点对点信道进行数据通信的典型协议。它由 SLIP 协议改良而成，用于早期的电话拨号上网。目前，家庭宽带中常使用的 PPPoE 协议，是在 PPP 协议基础上，结合以太网协议所产生的一种协议标准。PPPoE 协议可以集中管理安全控制、认证计费等功能。PPP 协议采用的定界符为 0x7E，在同步传输方式中采用零比特填充、在异步传输方式中采用字节填充的方式解决透明传输问题。

④HDLC 协议是一个面向比特的、支持全双工、采用位填充并使用滑动窗口进行流量控制的一种数据链路层协议，现在已经很少使用了。

习　题

一、选择题

1. HDLC 协议采用的帧同步方法为(　　)。
   A. 字节计数法　　B. 使用字符填充的首尾定界法
   C. 使用比特填充的首尾定界法　　D. 传输帧同步信号
2. HDLC 是一种(　　)协议。
   A. 面向比特的同步链路控制　　B. 面向字节计数的异步链路控制
   C. 面向字符的同步链路控制　　D. 面向比特流的异步链路控制
3. HDLC 协议采用(　　)标志作为帧定界符。
   A. 10000001　　B. 01111110　　C. 10101010　　D. 10101011
4. PPP 协议是主机连接互联网的一种封装协议，下面关于其描述，错误的是(　　)。
   A. 能够控制数据链路的建立　　B. 能够分配和管理广域网的 IP 地址
   C. 只能采用 IP 作为网络层协议　　D. 能够有效地进行错误检测
5. CHAP 协议是 PPP 链路中采用的一种身份认证协议，这种协议采用(　　)握手方式验证通信对方的身份。
   A. 两次　　B. 三次　　C. 四次　　D. 周期性
6. PPP 协议使用 CHAP 方式进行身份验证，当认证服务器发出一个质询报文时，终端就计算该报文的(　　)并将结果返回给服务器。
   A. 密码　　B. 补码　　C. CHAP 值　　D. HASH 值
7. 以太网中的帧属于(　　)协议数据单元。
   A. 物理层　　B. 数据链路层　　C. 网络层　　D. 应用层

二、简答题

1. 数据链路层的主要功能有哪些？
2. 列举数据链路层的常见协议。
3. 点对点协议的链路都有哪些状态？服务器端与客户端采用 PPP 协议进行身份验证时，可以采用哪些方法？

三、计算题

1. 一个 PPP 帧的数据部分(用十六进制表示)是 7D 5E 27 FE 7D 5D 65 7D 5E,试问真正的数据是什么(用十六进制表示)?

2. PPP 协议使用同步传输技术传送比特串。试问经过零比特填充后,数据“0111011111111000111111”变成怎样的比特串?

第 4 章

局域网

本章主要知识点

- ✧ 局域网的定义和特点。
- ✧ 局域网的介质访问控制方法。
- ✧ 以太网及其相关技术。
- ✧ 传统以太网向高速以太网扩展的相关方法。
- ✧ 虚拟局域网及无线局域网。
- ✧ 常用的其他典型局域网,如令牌环网、FDDI 光纤环网、ATM 局域网。

能力目标

- ✧ 具备认识和掌握局域网特点、介质访问控制方法的能力。
- ✧ 具备认识和掌握以太网实现技术的能力。
- ✧ 具备对虚拟局域网 VLAN 和无线局域网的规划设计能力。
- ✧ 具备对局域网的组建及工程施工能力。

4.1 局域网概述

局域网(Local Area Network,LAN)是一种在相对有限的地理范围内,通过一些网络设备将具有独立功能的计算机及其他各种终端设备互连在一起,实现高速而稳定的数据传输和资源共享的计算机网络系统。

局域网既具有一般计算机网络的特点,又有自己的特征。区别于一般的广域网,局域网通常具备以下特点:

①地理分布范围小。一般为数百米至数千米的区域范围之内,可覆盖一栋大楼、一所校园或一个企业的办公室。

②数据传输速率高、误码率低。早期的数据传输速率为 10 ~ 100 Mbit/s,目前1 000 Mbit/s

的局域网非常普遍，有些快速的可以达到 10 Gbit/s，甚至更高。它可适用于如语音、图像、视频等业务数据信息的高速交换。由于局域网传输距离较近，经过的网络设备也少，因此，误码率低，一般局域网的误码率在 $10^{-11} \sim 10^{-8}$。

③局域网由企业或单位自建、自管、自用，归属单一，网络设计、安装、使用和操作不受公共机构的约束，只要遵循局域网的标准即可。

④局域网协议简单，结构灵活，工作站的数量也是有限的，因而局域网的管理和扩充都方便。

⑤一般以 PC 为主体，还包括终端及各种外设，网络中一般不架设主骨干网系统。

4.1.1 局域网的层次模型

在体系结构上，局域网只涉及物理层和数据链路层两层的功能，是同一个网络中结点与结点之间的数据通信问题，不涉及网络层的路由概念。

对于局域网来说，物理层用来建立物理连接是必要的。物理层的主要作用，即确保在一段物理链路上正确传输二进制信号，完成信号的发送与接收、时钟同步、解码与编码等功能。

数据链路层将数据形成帧来传输，并实现帧的顺序控制、差错控制和流量控制功能。由于局域网的信道大多是共享的，容易出现各个传输信号争用传输介质而产生冲突的问题，因此，数据链路层的重点就是考虑传输介质的访问控制问题。为了使数据链路层不致过于复杂，根据 OSI 参考模型，结合局域网本身的特点，局域网模型将数据链路层分为逻辑链路控制子层和介质访问控制子层两个独立的子层，如图 4.1 所示。

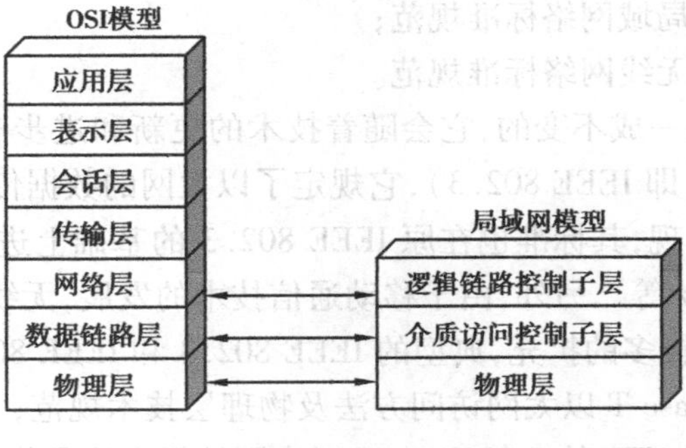

图 4.1 OSI 参考模型与局域网参考模型对比

(1) 逻辑链路控制子层(LLC)

逻辑链路控制子层的功能与介质完全无关，不针对特定的传输介质，对各种类型的局域网都是相同的。该子层用来建立、维持和释放数据链路，提供一个或多个逻辑服务接口向网络层提供服务，完成帧的收发，提供差错控制、流量控制和发送顺序等功能。该子层独立于介质访问控制方法，隐藏了各种局域网技术之间的差别，对高层提供统一的界面。

(2) 介质访问控制子层(MAC)

针对不同类型的局域网(如 Ethernet、Token Bus 和 Token Ring)，介质访问控制子层设计了许多不同的模块，以适应不同网络的要求；同时，该子层还进行信道分配，解决不同信号的信道争用问题。它包含了将信息从源点传送到目的地所需的同步、标志、流量和差错控制的规范，并完成帧的寻址和识别，产生帧检验序列和帧校验功能。

4.1.2 IEEE 802 标准系列

1980 年以来，许多国家和国际标准化组织都积极进行局域网的标准化工作，其中影响最大的是 IEEE 802 标准系列。IEEE 802 已经公布的标准如下所述：

①IEEE 802.1(A) LAN 和 MAN 体系结构；

②IEEE 802.1(B) LAN 的寻址、网络互连及其管理；

③IEEE 802.2 逻辑链路控制(LLC)协议；

④IEEE 802.3 CSMA/CD 访问方法及物理层技术规范；

⑤IEEE 802.4 令牌总线访问方法及物理层技术规范；

⑥IEEE 802.5 令牌环访问方法及物理层技术规范；

⑦IEEE 802.6 城域网 MAN 访问方法及物理层技术规范；

⑧IEEE 802.7 宽带网络访问方法及物理层技术规范；

⑨IEEE 802.8 光纤网络标准：FDDI 访问方法及物理层技术规范；

⑩IEEE 802.9 综合数据/话音 LAN 标准；

⑪IEEE 802.10 可互操作的 LAN 的安全机制；

⑫IEEE 802.11 无线 LAN 访问方法及物理层技术规范；

⑬IEEE 802.12 100Base-VG 高速网络访问方法及物理层技术规范；

⑭IEEE 802.13 交互式电视网规范；

⑮IEEE 802.14 线缆、调制解调器规范；

⑯IEEE 802.15 个人局域网络标准规范；

⑰IEEE 802.16 宽带无线网络标准规范。

这些标准规范并不是一成不变的，它会随着技术的更新和进步有所扩充，例如，对于以太网技术，主要的标准规范（即 IEEE 802.3），它规定了以太网的数据传输及处理过程，随着快速以太网和高速以太网的出现，其标准也在原 IEEE 802.3 的基础上进行了一定的扩充，出现了 IEEE 802.3u、IEEE 802.3z 等。另外，由于移动通信技术的发展，无线局域网也迅速发展起来，IEEE 802.11 标准也有了较多的扩充，典型的 IEEE 802.3 和 IEEE 802.11 的扩充标准如下：

①IEEE 802.3u 100Base-T 以太网访问方法及物理层技术规范；

②IEEE 802.3ab 基于 UTP 的 1 000Base-T 以太网访问方法及物理层技术规范；

③IEEE 802.3ac 虚拟局域网 VLAN 以太网扩展协议；

④IEEE 802.3z 基于光缆和短距离铜介质的 1 000Base-X 访问方法及物理层技术规范；

⑤IEEE 802.3ae 10 Gbit/s 以太网技术规范；

⑥IEEE 802.11a 工作在 5 GHz 频段，传输速率为 54 Mbit/s 的无线局域网标准；

⑦IEEE 802.11b 工作在 2.4 GHz 频段，传输速率为 11 Mbit/s 的无线局域网标准；

⑧IEEE 802.11g 工作在 2.4 GHz 频段，传输速率为 54 Mbit/s 的无线局域网标准。

IEEE 802 系列标准为局部区域和都市区域的数据通信网络提供了建立公共接口和协议的技术规范。它定义了几种介质访问技术规范，用一种逻辑链路控制标准与之相联系，在逻辑链路控制标准之上又定义了一个网络互联标准，与之上下相适配，如图 4.2 所示为 IEEE 802 系列标准之间的关系。

【例 4.1】 IEEE 802.11g 标准支持最高数据速率可达________Mbit/s。

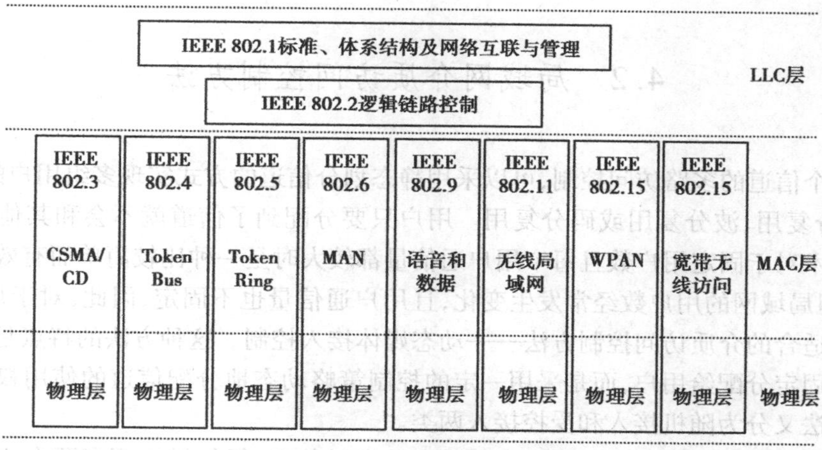

图 4.2 IEEE 802 标准之间的关系

【解析】 2003 年 7 月 IEEE 802.11 工作组批准了 IEEE 802.11g 标准。IEEE 802.11g 标准使用了 IEEE 802.11a 的 OFDM 调制技术，与 IEEE 802.11b 一样运行在 2.4 GHz 的 ISM 频段内，理论速度可达 54 Mbit/s。

【答案】 54 Mbit/s

4.1.3 局域网的拓扑结构

计算机网络的拓扑结构给出了各个设备结点间是如何连接的，因此，建设局域网的第一步，就是确定其网络拓扑结构，这也是实现各种网络协议的基础。局域网的网络拓扑结构对网络的性能、系统可靠性和通信费用都有很大的影响。

局域网的物理拓扑结构一般有 4 种类型：总线型拓扑结构、环形拓扑结构、星形拓扑结构和全连接的网状拓扑结构。

总线型拓扑结构由一条共享的通信线路将所有结点连接起来，这条共享的通信线路可以是一根同轴电缆。这种结构的特点就是结构简单，易于组网，建设成本相对低廉，但当线路某一处损坏，便会引起多个结点通信故障。

环形拓扑结构也是由一条共享的通信线路将所有结点连接在一起，不同的是，环形拓扑结构的网络共享线路是闭合的，每个站点只与两个邻居直接相连，若一个站点想要给另一个站点发送信息，该报文必须经过它们之间的所有站点。环状信道采用令牌控制方式协调各结点计算机发送和接收消息。这种结构的优点是一次数据在网中传输的最大传输延迟是固定的，传输控制机制简单、实时性强；它的缺点是环中任何一个结点出现故障都可能会终止全网运行，因而可靠性较差。

星形拓扑结构的中间是一个枢纽（网络交换设备），所有结点都被连接到这个枢纽上，最终形成一个星状。这种结构简单，组网方便，当一个结点出现故障时，不影响其他结点，在网络维护中较容易定位故障点；但在网络建设初期，投入成本相对要高一些。

全连接的网状拓扑结构就是网络中的任何结点彼此之间都会有一根物理通信线路相连。这种结构的特点是，网络中任何结点出现故障，都不会影响其他结点间的通信；但采用这种方式的网络布线比较麻烦，而且网络建设成本较高，控制方法也很复杂，在现实中很少见到这种网络。

4.2 局域网介质访问控制方法

对于单个信道的多路访问控制,可以采用静态划分信道的方式实现多组用户的通信,如频分复用、时分复用、波分复用或码分复用。用户只要分配到了信道就不会和其他用户发生冲突。这种技术对于固定用户数且每个用户通信量都较大时是一种比较简单而有效的信道访问控制策略;但局域网的用户数经常发生变化,且用户通信量也不固定,因此,对于局域网来说,应该采用更适合的介质访问控制方法——动态媒体接入控制。这种方法的特点是信道不是在用户通信时固定分配给用户,而是采用一定的控制策略动态地分配信道的使用权。动态媒体接入控制方法又分为随机接入和受控接入两类。

对于随机接入,其特点是:所有用户可随机地发送信息,但如果恰巧有两个或更多的用户在同一时刻发送信息,那么在共享媒体上就要产生碰撞(即发生了冲突),使得这些用户的发送都失败。因此,必须有解决碰撞的网络协议。

对于受控接入,其特点是:用户不能随机地发送信息,必须服从一定的控制(如获得某类控制权)才能发送信息。这种方式的典型代表有分散控制的令牌环局域网和集中控制的多点线路探询(轮询)。

4.2.1 CSMA/CD 介质访问控制方法

CSMA/CD(Carrier Sense Multiple Access/Collision Detected),即载波监听多路访问/冲突检测,是一种常用的局域网介质访问控制方法,属于争用型访问方式,是以太网的核心技术,适合总线型的拓扑结构。所谓载波侦听,是指网络上各个结点发送数据前都要检测传输介质上是否有数据传输。若有数据传输,则不发送数据;若无数据传输,立即发送准备好的数据。多路访问的意思是网络上所有结点都使用同一条总线收发数据,且发送数据是广播式的。冲突也称为碰撞,即若有两个或两个以上的结点同时在传输介质上发送数据,信号就会产生叠加,从而发生信号的混合,使得任何站点都不能辨别出真正的数据。为了避免冲突的发生,结点在发送数据的过程中还要不停地检测自己所发送的数据,是否在传输的过程中与其他结点的数据发生冲突,即冲突检测。

CSMA/CD 的工作原理可以概括为:发送端发送数据时,首先检测传输介质的空闲情况,若传输介质空闲,则可发送数据,且一边发送数据一边检测冲突;若传输介质忙,则等待一段随机时间继续尝试发送数据;若检测到有冲突发生,则即刻终止发送数据。结点检测冲突发生的具体方法为:将发送结点发出的信号波形与从总线上接收的信号波形进行比较,若总线上同时出现两个或多个发送信号,则它们重叠的结果波形与原结点发送的波形不同,说明冲突已经产生。若从总线上接收到的信号波形与原结点发送的波形相同,则说明冲突未产生。CSMA/CD 协议的工作过程如图 4.3 所示。

CSMA/CD 协议在检测传输介质忙或闲的状态时,是采用将信号发送到传输介质上并判断其波形从而得出结论。实际上,由于电磁波在总线上总是以有限的速率传播,而发送端和接收端总是有一定的距离相隔,这便会出现——结点收到检测信号后已经判断该信道为“空闲”而实际信道可能处于“忙”的状态——判断结果与实际信道状态不符合。这种情况与开讨论会是类似的,在多人讨论会中,发言规则一般是,只要会场安静,就立即发言;即使如此,也还是会偶尔发生几个人同时抢着发言而产生冲突的情况。

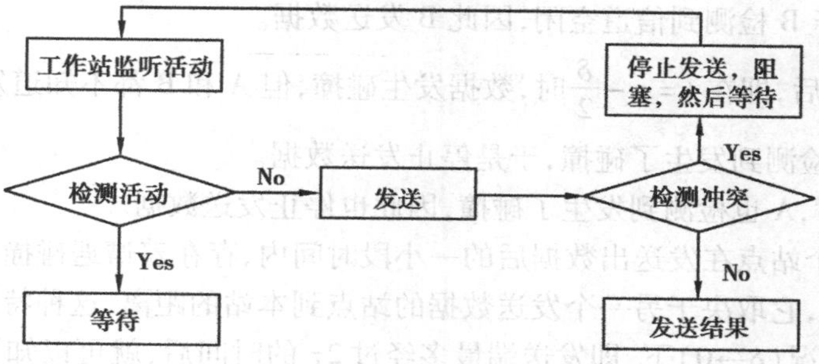

图 4.3 CSMA/CD 协议工作过程

为了在 CSMA/CD 协议中更好地解决冲突现象,需要明确冲突产生的时刻与信号传播距离的关系。由于信号传播的速率是确定的,因此信号传播距离与传播时间具有同等讨论价值。为了讨论方便,这里统一以时间作为讨论标准。假设在局域网的数据传输过程中,收发两端相距 1 km,用同轴电缆相连,电磁波在 1 km 电缆的传播时延约为 5 μs。因此,A 向 B 发送的数据在约 5 μs 后才能传送到 B。若 B 在这段时间内发送自己的数据(由于 B 未检测到有数据传送),则必然会在某个时间与 A 发送的数据相碰撞,碰撞的结果使得两个数据都变得无用。在局域网的分析中,常将总线上的单程端到端传播时延记为 τ,发送端发送数据后,最迟要经过多长时间才能知道自己发送的数据和其他站发送的数据有没有发生碰撞呢?从图 4.4 不难看出,这个时间最多是两倍的总线端到端的传播时延 2τ,或总线端到端往返传播时延。由于局域网上任意两个站点之间的传播时延有长有短,因此局域网必须按照最坏情况设计,即取总线两端的两个站点之间(这两个站点之间距离最大)的传播时延为端到端传播时延。传播时延对载波监听的影响如图 4.4 所示。

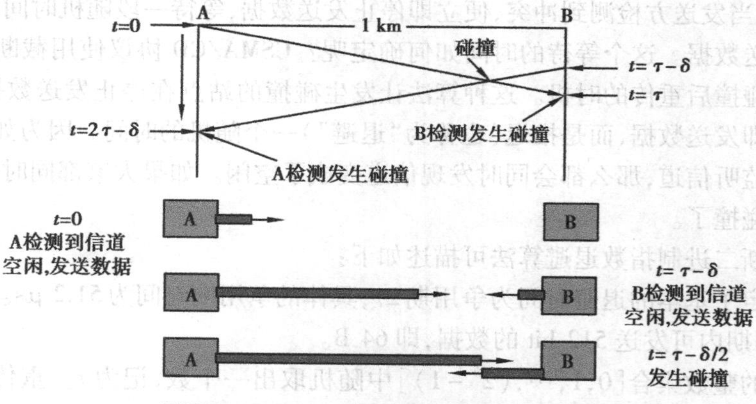

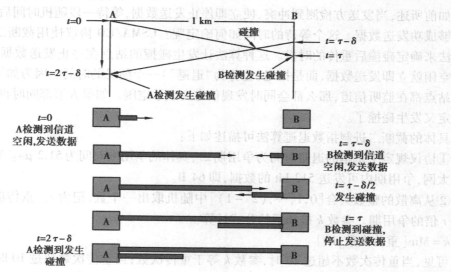

图 4.4 传播时延对载波监听的影响

下面是图 4.4 中一些重要的时刻:

在 $t=0$ 时，A 发送数据，B 检测到信道为空闲。

在 $t=\tau-\delta$ 时（这里 $\tau-\delta>0$，$\delta/2$ 为 B 开始发送数据到发生碰撞的时间），A 发送的数据还没有到达 B，由于 B 检测到信道空闲，因此 B 发送数据。

经过时间 $\delta/2$ 后，即在 $t=\tau-\frac{\delta}{2}$ 时，数据发生碰撞，但 A 和 B 都不知道发生了碰撞。

在 $t=\tau$ 时，B 检测到发生了碰撞，于是停止发送数据。

在 $t=2\tau-\delta$ 时，A 也检测到发生了碰撞，因此也停止发送数据。

由此可见，每个站点在发送出数据后的一小段时间内，存在着遭遇碰撞的可能性。这一小段时间是不确定的，它取决于另一个发送数据的站点到本站的距离，这种特性称为发送的不确定性。考虑最坏情况（$\delta\to 0$）下，即发送端最多经过 2τ 的时间后，就可以知道所发送的数据是否遭受了碰撞，这个时间称为端到端的往返时间，也称为争用期，又称为碰撞窗口。一个站点发送完数据后，只有通过争用期的“考验”，即经过争用期这段时间还没有检测到碰撞，才能肯定这次发送不会发生碰撞，才能放心地将一帧数据顺利发送完毕。

接收数据时，当网上的结点发现有数据到来，则接收，得到数据帧；再分析和判断该数据帧的接收地址是否为本结点地址；如果是，则复制接收该帧；否则，丢弃该帧。由于这种方式的数据发送具有广播性的特点，因此对于具有组地址或广播地址的数据帧，可以同时被多个结点复制和接收。

【例 4.2】 一个运行 CSMA/CD 协议的以太网，数据速率为 1 Gbit/s，网段长为 1 km，信号传输速率为 200 000 km/s，则此以太网的最短有效帧长是多少？

【解析】 根据 CSMA/CD 的工作原理，最短有效帧长即在端到端往返时间内（即争用期 2τ）所传出的二进制位数。故有如下计算方式：

最短有效帧长 = 2 ×（网段长度/信号传输速率）× 数据速率

= 2 ×（1/200 000）× 1 Gbit = 10 000 bit

如前所述，当发送方检测到冲突，便立即停止发送数据，等待一段随机时间后，继续尝试是否能够成功发送数据。这个等待的时间如何确定呢？CSMA/CD 协议使用截断二进制指数退避算法来确定碰撞后重传的时机。这种算法让发生碰撞的站点在停止发送数据后，不是等待信道空闲就立即发送数据，而是推迟（也称为“退避”）一个随机的时间。因为如果几个发生碰撞的站点都在监听信道，那么都会同时发现信道变成了空闲。如果大家都同时再发送数据，那么肯定又发生碰撞了。

具体的截断二进制指数退避算法可描述如下：

①协议规定了基本的退避时间为争用期 2τ，具体的争用期时间为 51.2 μs。对于10 Mbit/s 的以太网，争用期内可发送 512 bit 的数据，即 64 B。

②从离散的整数集合 $[0,1,\cdots,(2^k-1)]$ 中随机取出一个数，记为 r。重传应推后的时间就是 r 倍的争用期。参数 k 按如下的公式计算：

$k=\mathrm{Min}[$重传次数$,10]$

可见，当重传次数不超过 10 时，参数 k 等于重传次数；当重传次数超过 10 时，k 就不再增大而一直等于 10。

③当重传达到 16 次仍不能成功时，则丢弃该帧，并向高层报告。

例如，在第一次重传时，$k=1$，随机数 r 从整数 $\{0,1\}$ 中选一个数。因此，重传的站点选择的重传推迟时间是“0”或“2τ”。

若再发生碰撞，则在第二次重传时，$k=2$，随机数 r 从整数$\{0,1,2,3\}$中选一个数。因此，重传的推迟时间是在 $0,2\tau,4\tau,6\tau$ 这四个时间中随机选取一个。

若连续多次发生冲突，则表明可能有多个站点参与争用信道。使用退避算法可使重传推迟的平均时间随重传次数而增大，从而减小发生碰撞的概率，有利于整个系统的稳定。

由上述过程可知，在采用 CSMA/CD 协议的局域网中，如果在争用期（共发送了 64 个字节）没有发生碰撞，则后续发送的数据就一定不会发生冲突。若发生冲突，就一定在发送的前 64 个字节之内。由于检测到冲突就立即终止发送，这时已经发送的数据一定小于 64 个字节，因此，凡是长度小于 64 个字节的数据帧都是由于冲突而异常终止的无效帧，接收端对这种帧应该立即将其丢弃。

4.2.2 令牌介质访问控制方法

与“争用型”的 CSMA/CD 完全不同的另外一种介质访问控制方法是令牌技术。它采用对各站点进行轮流访问的方式占用共享信道，类似于“击鼓传花”的游戏，这种技术最早使用在环形网络的拓扑结构中。在环形网络的信道中维持一个称为令牌的特殊帧，令牌沿着环形总线在入网结点计算机间依次传递。当环上结点空闲时，令牌绕环进行。当有结点要发送信息时，必须等待，直到令牌到达此结点计算机，使其获得令牌后，该结点计算机便发送数据。当数据帧在环上循环一周后再回到发送结点，由发送结点将数据帧从环上取下，释放令牌（将令牌置为“闲”的状态）。当有数据在环中进行传输时，其他站点必须处于等待的状态。

令牌实际上是一个特殊格式的数据帧，本身不包含信息，只负责控制信道的使用，确保在同一时刻只有一个结点独占信道。令牌在工作中有“闲”和“忙”两种状态。“闲”表示令牌没有被占用，即网中没有计算机在传送信息；“忙”表示令牌已被占用，即网中有信息在传送。由于环上只维持一个令牌，只有获得令牌的站点，才能获得数据的发送权，因此，这种方法解决了传输介质的争用问题，不可能产生任何冲突。

令牌技术不仅能用在环形网络的拓扑结构中，还能应用在总线型网络的拓扑结构中，称为令牌总线。这种方法及物理层的技术规范被 IEEE 定义为 IEEE 802.4 标准。从物理结构上看，令牌总线网是一种总线型拓扑结构，各个站点共享总线传输信道；但从逻辑上看，它又组成了一种环形结构。连接在总线上的各个站点组成一个逻辑环，这种逻辑环通常按照工作站地址的递增（或递减）的顺序排列，与站点的物理位置并无固定关系。换句话说，这种结构的网络，可以维持一个逻辑环，而网络中的令牌传递，是按照逻辑环进行，数据的传输可以按照物理结构在两站点之间直接进行。因此，令牌总线网络与令牌环网络相比，由于后者传递数据必须按环路进行，前者传输数据有直接的通路，所以令牌总线网延迟时间较短。

除总线型拓扑结构的网络可以组成逻辑环用令牌方式进行介质的访问和控制外，星形拓扑结构、树形拓扑结构的网络都可以组成逻辑环，这样的网络有时也称为逻辑环状网。

令牌访问控制方法有许多优点，如不存在信道竞争，不会出现冲突，负载大小对网络影响不大；令牌运行时间确定，实时性好，适合对时间要求较高的场合；可以对结点设置优先级，便于集中管理和控制。缺点是令牌访问控制的管理机制较为复杂，令牌有可能损坏、丢失或者出现多个令牌，因此，需要在网络中配置监控站点，负责错误检测和恢复及令牌状态检测的功能，花费的系统代价较大。

【例4.3】 在下面关于CSMA/CD访问控制的网络与令牌访问控制的网络,关于性能的描述正确的是( )。

A. 在重负载时,CSMA/CD访问控制的网络比令牌访问控制的响应速度快

B. 在轻负载时,令牌访问控制比CSMA/CD访问控制的网络的利用率高

C. 在重负载时,令牌访问控制比CSMA/CD访问控制的网络的利用率高

D. 在轻负载时,CSMA/CD访问控制的网络比令牌访问控制的响应速度慢

【解析】 CSMA/CD协议采用争用型的策略访问共享信道。当负载比较轻、站点数比较少时,CSMA/CD访问控制的网络响应速度比较快;但当负载比较重、站点数量多时,冲突发生的概率将急剧上升,从而会造成退避时间较长,响应速度下降,利用率低。

在令牌访问控制中,采取"轮询"方式访问共享信道。无论网络负载如何,令牌都是依次通过各个工作站。在轻负载的情况下,令牌大部分时间在网内空转,传输效率比较低;当重负载时,每个站都有大量数据要发送,当某个站发送完数据后释放令牌,则该站的后继站便可抓住令牌发送数据,令牌便在站中缓慢移动,每个站都有机会发送数据,因而传输效率比较高。

【答案】 C

【例4.4】 如图4.5所示为四种可能的令牌环与CSMA/CD两种局域网的线路利用率与平均传输延迟的关系,其中表达正确的是( )。

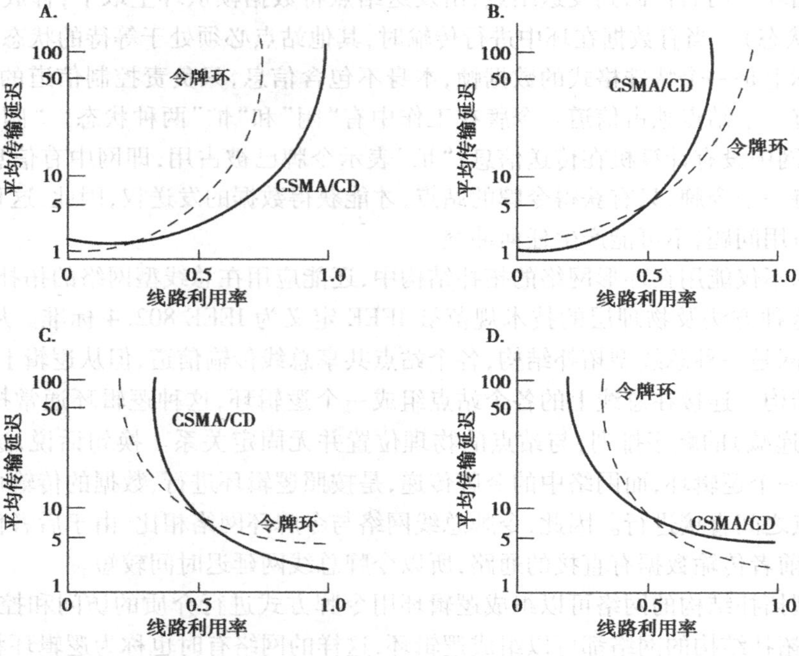

图4.5 线路利用率与平均传输时延关系

【解析】 对于CSMA/CD,线路利用率越高,意味着网络中的数据量大,由于采用的是争用型的共享介质访问方式,因此,网络中数据间可能产生冲突的概率越高,平均传输延迟就越大;平均传输延迟的增加速度远高于线路利用率的提高速度,即网络达到一定的线路利用率,平均传输时延会急速增加。

对于令牌环，线路利用率提高也意味着网络中的数据量增大，但由于其采用的是轮询的共享介质访问方法，虽然也会造成平均传输延迟的提高，但其影响程度较 CSMA/CD 小。

【答案】 B

4.3　以太网

以太网是一种典型的局域网技术，它最早是 1975 年由美国 Xerox（施乐）公司研制成功，数据传输速率为 2.94 Mbit/s，采用历史上表示传播电磁波的以太命名该网络。1981 年，Digital、Intel、Xerox 三家公司合作提出了以太网规约，次年又修改成第二版（即 DIX Ethernet V2），是世界上第一个局域网产品规约。以此为基础，802.3 工作组于 1983 年制定了第一个以太网标准 IEEE 802.3，其数据传输速率为 10 Mbit/s。因此，目前以太网流行着两种标准，即 DIX Ethernet V2 和 IEEE 802.3。由于这两个标准只在 MAC 帧格式存在细微差别，因此人们也常将 IEEE 802.3 称为“以太网”。

4.3.1　以太网及其传输介质

以太网使用 CSMA/CD 介质访问控制方式访问共享信道，使用总线型的网络拓扑结构进行组网，采用具有广播特性的点对点通信方式进行通信。也就是说，总线上的任一台计算机以广播方式发送数据，但每台计算机都拥有不同于其他站的地址。发送站在发送数据帧时，帧的首部中附有接收站的目的地址。因此，仅当数据帧中的目的地址与接收站的地址一致时，该计算机才收下这个数据帧，否则将丢弃。以太网采用灵活的无连接方式、对帧不设编号，不要求对方发回确认，它提供的是不可靠交付服务，对于有差错帧的重传处理，则由高层协议决定。

从以太网的传输速率看，可以将以太网分为不同的类型。最开始以太网只有 10 Mbit/s 的传输速度，称为标准以太网或传统以太网；除此之外，还有快速以太网（百兆位以太网）、千兆位以太网、万兆位以太网、光纤以太网和端到端以太网等多种不同的以太网类型。

4.3.2　传统以太网

在 20 世纪 80 年代初至 90 年代初，大约 10 多年的过程中，以太网及其技术在局域网产品中占有很大的优势。但早期的以太网传输速率较低，属于传统以太网的范畴。

以太网在物理层可以使用的传输介质有双绞线、同轴电缆（基带和宽带）及光纤。IEEE 制定了一系列使用相应传输介质的标准，并采用 <数据率> <信令方式> <最大网段长度> 的记法。如 10Base5 表示使用粗缆（直径为 10 mm，特性阻抗为 50 Ω）作为传输介质的以太网，其中，“10”表示信号在电缆上的传输速率为 10 Mbit/s，“Base”表示电缆上传输的是基带信号，“5”表示每一段电缆的最大长度为 500 m。除此而外，这种记法的后面还可以添加传输介质的标识或接口类型（“T”表示双绞线，“F”表示光纤，“BROAD36”表示 CATV 电缆）。这样，便可以通过网络名称了解网络的大致状况。由于传输介质的相关特性，目前以太网大多采用双绞线或光纤两种传输介质组建网络。常见的以太网传输介质标准见表 4.1。

表 4.1 常见以太网传输介质标准

选　项	10Base5	10Base2	10Base-T	10Base-F	10Broad36
传输介质	50 Ω 同轴电缆	50 Ω 同轴电缆	双绞线	光纤	75 Ω 同轴电缆
网段长	500 m	185 m	100 m	2 000 m	1 500 m
段站点数	100	30		33	100
电缆直径	10 mm	5 mm	0.4 ~ 0.6 mm	62.5/125 μm	15 mm
拓扑结构	总线型	总线型	星形	星形	总线型
标准	802.3	802.3a	802.3i	802.3i	802.3b

由表 4.1 可以看到，10Base2 和 10Base5 网络可采用总线型拓扑结构或同轴电缆作为传输介质，而从传输距离方面考虑，则 10Base5 网络要更好一些。

10Base-T 网络采用双绞线作为主要传输介质，采用星形拓扑结构，中间结点是一个集线器，每台联网的计算机通过双绞线集中连接到集线器上。集线器的作用类似于一个转发器，它接收来自一条线路上的信号，然后向其他所有线路转发。尽管从物理上看是星形网络，但在逻辑上仍然是一个总线型网络，各个站点仍然共享逻辑上的总线。因此，采用集线器构建的以太网仍然属于同一个冲突域。这种网络的连接结构如图 4.6 所示。

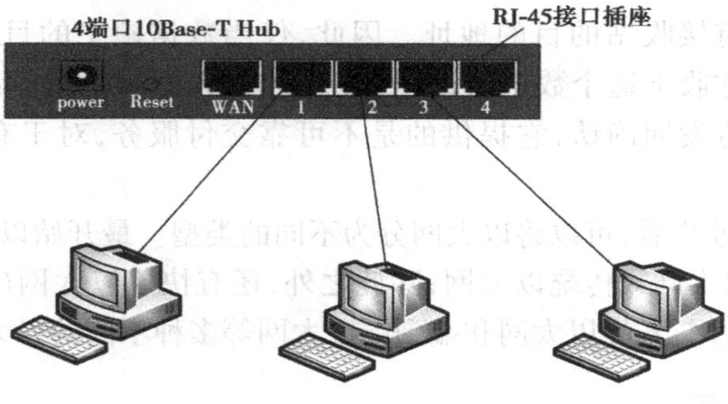

图 4.6　10Base-T 网络的连接结构

由于 10Base-T 网络在数据传输中要检测冲突和传输衰减的原因，其单段网线距离不超过 100 m。与 10Base2 和 10Base5 网络相比，这种网络更适合在已铺设布线系统的办公大楼环境中使用，因为在典型的办公大楼中 95% 以上的办公室与配电室的距离不超过 100 m；同时，它采用与电话交换系统相一致的星状结构，容易实现网络线与电话线的综合布线。

10Base-F 网络指采用光纤介质和基带传输、传输速率为 10 Mbit/s 的以太网。由于光信号单向传输的特点，这种网络的结构呈星状或放射状，如图 4.7 所示。

这种网络的基本组成除计算机外，还有光纤集线器、光纤网卡、光缆。光缆中至少有一对光纤（发送和接收各用一根光纤），接头为 ST 或 SC 接头。光纤与网卡有两种连接方法：一种是将光纤直接通过 ST 或 SC 接头连接到可处理光信号的网卡上；另一种是通过外置光纤收发器连接，即光纤收发器一端通过 AUI 接口连接电信号网卡，另一端通过 ST 或 SC 接头与光纤连接。在组网中，也可采用光-电转换设备将光纤网与其他网络组合在一个网络中。

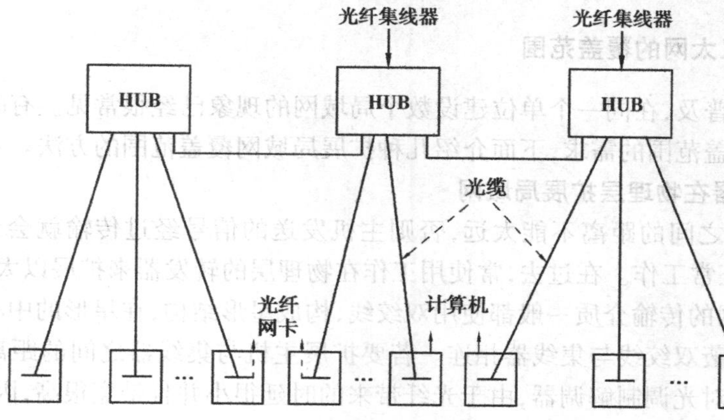

图 4.7　10Base-F 网络的连接结构

4.3.3　提高传统以太网带宽的途径

传统的以太网是以 10 Mbit/s 速率、半双工方式进行数据传输的。随着网络应用的迅速发展,网络的带宽限制已成为进一步提高网络性能的瓶颈。提高传统以太网带宽的方法主要有 3 种:

(1)交换式以太网

以太网使用的 CSMA/CD 是一种竞争式的介质访问控制协议,因此,从本质上说,它在网络负载较低时性能不错,但如果网络负载很大时,冲突会很常见,从而导致网络性能大幅下降。为了解决这一问题,"交换式以太网"应运而生,这种网络的核心是使用交换机代替集线器。交换机的特点是,它的每个端口都分配到全部 10 Mbit/s 的以太网带宽。若交换机有 16 个端口,那么它的带宽至少是共享型的 16 倍。

交换式以太网能够大幅提高网络性能,它将传统共享介质分成一系列独立的网段,每一段上仅连接两台网络设备或终端,从而将大的通信流量分成许多小的通信支流,从根本上消除了共享介质造成的拥塞和瓶颈。交换式以太网的优点:①它保留原有以太网的基础设施,保护了用户的投资;②它提高了每一个站点的平均拥有带宽和网络的整体带宽;③它减少了冲突,提高了网络传输效率。

(2)全双工以太网

全双工技术可以提供双倍于半双工操作的带宽,即每个方向都支持 10 Mbit/s,这样就可以得到 20 Mbit/s 的以太网带宽。当然,这还与网络流量的对称度有关。

全双工操作吸引人的另一个特点是,它不需要改变原来 10Base-T 网络中的电缆布线,可以使用与 10Base-T 相同的双绞线布线系统,不同的是它使用一对双绞线进行发送,而使用另一对进行接收。这个方法是可行的,因为一般 10Base-T 在布线时是有考虑到可扩充性问题,线缆是有冗余的。

(3)高速服务器连接

众多的工作站在访问服务器时可能会在服务器的连接处出现瓶颈,通过高速服务器连接可以解决这个问题。使用带有高速端口的交换机(如 24 个 10 Mbps 端口,1 个 100 Mbps 或 1 000 Mbps高速端口),然后再把服务器接在高速端口上并使用全双工操作,这样服务器就可以实现与网络 200 Mbps 或 2 000 Mbps 的连接。

4.3.4 扩展以太网的覆盖范围

随着局域网的普及,在同一个单位建设数个局域网的现象已经很常见。有时,用户还会有扩展现有局域网覆盖范围的需求,下面介绍几种扩展局域网覆盖范围的方法。

(1)利用集线器在物理层扩展局域网

以太网上主机之间的距离不能太远,否则主机发送的信号经过传输就会衰减,使得 CSMA/CD 协议无法正常工作。在过去,常使用工作在物理层的转发器来扩展以太网的地理覆盖范围。目前,以太网的传输介质一般都使用双绞线,构成星形结构,在星形的中心是集线器,每一个站用两对非屏蔽双绞线与集线器相连。若要扩展主机与集线器之间的距离,最简单的方法是使用光纤和一对光调制解调器,由于光纤带来的时延很小并且带宽很高,因此可以很容易地使主机与集线器之间的距离扩大到数千米之远。

利用集线器扩展局域网通常采用堆叠式集线器,即将多个集线器堆叠在一起通过级联使用。但这种多级结构的局域网存在一些问题,主要有:所有用户共享带宽,每一个用户的可用带宽随接入用户数的增加而减少,它不允许多个接口同时工作,不能增加局域网的总吞吐量;其次,如果各局域网使用不同的以太网技术(如数据速率不同),就不能采用集线器将它们互联起来。

(2)利用网桥在数据链路层扩展局域网

在数据链路层扩展以太网主要使用网桥。网桥也称为桥接器,它工作在数据链路层,是连接两个局域网的存储转发设备。它可以截获所有的网络信息,并读取每个帧的目的 MAC 地址,并根据目的地址对收到的帧进行转发和过滤。当网桥收到一个帧时,首先检查此帧的地址,建立已知目标的地址表,如果帧的目的地址和源地址在同一个网段上,就没必要转发该帧,网桥就会删除该帧;如果帧的目的地址在另一个网段上,它就只向这个网段发送帧;如果网桥不知道目的网段,则网桥会将该帧广播到所有的网段。

网桥一般由接口、缓冲区、接口管理软件、网桥协议实体和转发表等组成。其中,接口的数量随网桥的复杂程度而定。网桥的工作原理及内部结构如图 4.8 所示。

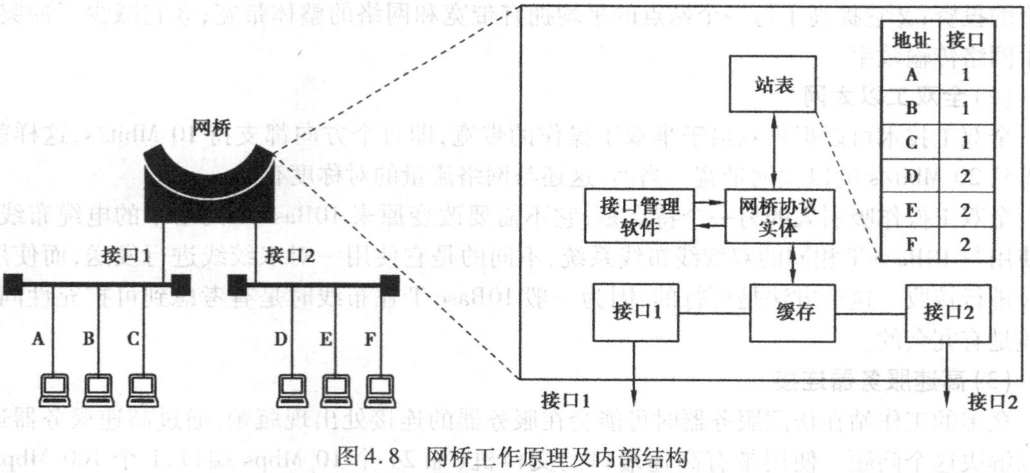

图 4.8 网桥工作原理及内部结构

通常情况下,网桥依据转发表来转发帧。转发表也称为转发数据库,它记录着 MAC 地址、接口号以及接收到帧进入该网桥的时间。假设,有六个用户使用网桥组成了局域网(如图 4.9

所示)，在此局域网的拓扑结构下，网桥转发帧的大致工作过程描述为：若网桥从接口1收到A发给E的帧，则查找转发表，并将这个帧送到接口2转发到另一个网段，使得E能够收到这个帧；若网桥从接口1收到A发给B的帧，就丢弃这个帧，因为转发表指出，转发给B的帧应当从接口1转发出去，而现在正是从接口1收到的帧，这说明B和A处在同一个网段上，B能够直接收到这个帧而不需要借助于网桥转发。

网桥依据转发表转发帧时，转发表中的记录即为帧的路由，而当网桥刚刚连接到以太网时，其转发表是空的。网桥可以根据自学习算法处理收到的每一个帧，从而逐步建立其转发表，并且按照转发表将帧转发出去。

网桥的自学习算法主要的依据有两点：第一，若从某一个站A出发的帧从接口X进入了某网桥，那么从这个接口出发沿相反方向一定可以将一个帧传送到A。网桥只要收到一个帧，就进行自学习，在转发表中记下其源地址和进入网桥的接口，作为转发表的一项。

下面利用图4.9，以A向B、E向C以及B向A发送帧的三种情况为例来说明自学习算法建立转发表的具体过程。

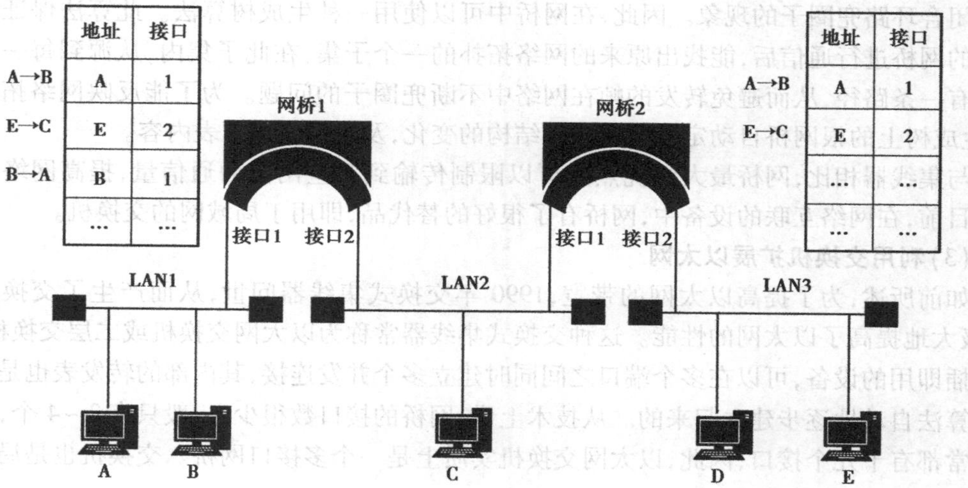

图4.9 网桥存储转发数据过程

1)站A向站B发送帧

此时站B和网桥1都能收到站A发送的帧。网桥1从接口1收到此帧后，先查找转发表，由于转发表中没有A的地址，则将地址A和接口1写入转发表中。接着转发此帧，即按照目的地址B查找转发表，由于在转发表中没有地址为B的项，于是以洪泛法将该帧转发至除接口1以外的所有接口。这样，网桥2也收到了此帧。网桥2收到此帧后，也以同样的方式处理收到的帧，即网桥2首先根据自学习算法将转发表中的内容增加一项，然后将此帧以洪泛法转发至各个接口。

2)站E向站C发送帧

网桥2收到从接口2转发的帧后，按源地址E查找转发表，因转发表中没有E的地址，就将地址E和接口2写入转发表中。再按目的地址C查找转发表，也没有站C的地址，则通过洪泛法转发此帧。此时，站C和网桥1都能收到此帧，网桥1以同样的方式处理，将地址E和接口2写入转发表，并且从接口1转发此帧。

3）站 B 向站 A 发送帧

站 A 直接收到这个帧。但网桥 1 从接口 1 收到此帧，先按源地址站 A 查找转发表，因为表中没有站 B，就将站 B 和接口 1 写入转发表中。接着按目的地址站 A 查找转发表，因为此时转发表中已经可以查到站 A，其转发接口是 1，与写入网桥的接口相同，因此将此帧丢弃不再转发。这样，网桥 1 的转发表增加了一个表项，但因为网桥 1 不转发，因此网桥 2 的转发表中没有增加表项。

由上述过程可知，只要网络上的每一个站发送过帧，网桥就可以将它们记录在转发表中，这样就逐渐建立起了网桥的转发表中的各表项。

在转发表中，除了地址和接口之外，还有一项是帧进入网桥的时间，这是考虑到网络状态会经常发生变化而采取的措施。表中的"帧进入网桥的时间"项可使网络保持最新的状态信息。例如，可以利用接口管理软件，周期性地扫描转发表，删除某日期之前的表项，这样转发表中的项即为网络的最新状态。

在一对局域网之间可以使用多个网桥，以提高网络的可靠性，但此时应避免帧在传送过程中沿闭合环路兜圈子的现象。因此，在网桥中可以使用一种生成树算法。此算法保证互联在一起的网桥进行通信后，能找出原来的网络拓扑的一个子集，在此子集内，从源到每一个目的都只有一条路径，从而避免转发的帧在网络中不断兜圈子的问题。为了能反映网络拓扑的变化，生成树上的根网桥自动定期检查拓扑结构的变化，及时更新转发表内容。

与集线器相比，网桥最大的优点是可以限制传输到某些网段的通信量，提高网络通信效率。目前，在网络互联的设备中，网桥有了很好的替代品，即用于局域网的交换机。

（3）利用交换机扩展以太网

如前所述，为了提高以太网的带宽，1990 年交换式集线器问世，从而产生了交换式以太网，极大地提高了以太网的性能。这种交换式集线器常称为以太网交换机或二层交换机，是一种即插即用的设备，可以在多个端口之间同时建立多个并发连接，其内部的转发表也是通过自学习算法自动地逐步建立起来的。从技术上讲，网桥的接口数很少，一般只有 2～4 个，而交换机通常都有十几个接口，因此，以太网交换机实质上是一个多接口网桥。交换机也是局域网中使用得较多的网络设备。

在使用以太网交换机时，假如每一个接口到主机的数据率是 10 Mbit/s，由于一个用户在通信时是独占而不是和其他用户共享传输介质带宽，因此，对拥有 N 对接口的交换式以太网而言，其总容量应为 $N\times10$ Mbit/s，这是以太网的优点之一。除此之外，这种结构还有如下三个颇具吸引力的特点：

①从共享式局域网转换成交换式局域网，不需要对所有接入设备的软件和硬件作任何改动。也就是说，所有接入设备可继续使用 CSMA/CD 协议。

②交换式局域网的扩充非常容易，通过增加交换机的容量，就可以接入新的设备。

③以太网交换机一般都具有多种速率（如 10 Mbit/s，100 Mbit/s，1 Gbit/s）的接口，可满足各种不同类型用户的需要。

4.3.5　以太网的帧格式

常用的以太网帧格式有两种标准：一种是 DIX Ethernet V2 标准（即以太网 V2 标准），另一种是 IEEE 802.3 标准。这里只介绍使用得最多的以太网 V2 的 MAC 帧格式。以太网 V2 数据帧包含的字段有前导码、目的地址、源地址、数据类型、发送的数据以及帧校验序列等，这些字段中除了数据字段变长以外，其余字段的长度都是固定的。除前导码外，其他字段长度如图4.10所示。

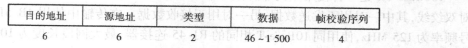

目的地址	源地址	类型	数据	帧校验序列
6	6	2	46 ~ 1 500	4

图4.10 以太网帧格式

①目的地址和源地址字段都是占用6个字节的长度，均使用MAC地址。目的地址用于标识接收站点的地址，它可以是单个地址，也可以是组地址或广播地址，当地址中最高字节的最低位设置为“1”时，表示该地址是一个多播地址，用十六进制数可表示为“01:00:00:00:00:00”，假如全部48位都是“1”，该地址表示是一个广播地址。源地址用于标识发送站点的地址。

②类型字段占用2个字节，表示数据的类型，例如，“0x0800”表示其后的数据字段中的数据包是一个IP包，而“0x0806”表示ARP数据包，“0x8137”表示该帧由Novell IPX发过来。

③数据字段占用46～1 500个不等长的字节数。以太网要求最少要有46字节的数据，如果数据不够长度，必须在不足的空间插入填充字节来补充。

④帧校验序列字段是32位(4个字节)的循环冗余码。

在以太网上传送数据是以帧为单位，各帧之间必须有一定的间隙。因此，在以太网帧格式中，不需要帧的结束定界符，只要从帧的开始处连续到达的比特流都属于同一个数据帧。

4.4 快速及高速以太网

4.4.1 快速以太网

为了使传统以太网在改动很小的情况下升级到100 Mbit/s甚至更高，人们采用了很多方法。1995年3月IEEE批准的802.3u就是快速以太网的标准，其主要规范见表4.2。

表4.2 快速以太网规范

标　准	传输介质	特　性	网段长/m
100Base-TX	2对五类UTP	100 Ω	100
	2对STP	150 Ω	100
100Base-FX	1对单模光纤	8/125 μm	4 000
	1对多模光纤	62.5/125 μm	2 000
100Base-T4	4对三类UTP	100 Ω	100
100Base-T2	2对三类UTP	100 Ω	100

(1)100Base-T4规范

100Base-T4是一种可使用三、四、五类非屏蔽双绞线或屏蔽双绞线的快速以太网技术。它使用4对双绞线，3对用于传送数据，1对用于检测冲突信号。在传输中使用8B/6T编码方式,信号频率为 125 MHz,使用同 10Base-T 相同的 RJ-45 连接器,最大网段长度为 100 m。

(2)100Base-TX 规范

100Base-TX 是一种使用 5 类非屏蔽双绞线或屏蔽双绞线的快速以太网技术。它使用 2 对双绞线,其中一对用于发送数据,另一对用于接收数据。在传输中使用 4B/5B 编码方式,信号频率为 125 MHz,使用同 10Base-T 相同的 RJ-45 连接器,最大网段长度为 100 m,支持全双工的数据传输。

(3)100Base-FX 规范

100Base-FX 是一种使用光纤作为传输介质的快速以太网技术,可使用单模或多模光纤(62.5 μm 或 125 μm)。在传输中使用 4B/5B 编码方式,信号频率为 125 MHz。它使用 MIC/FDDI 连接器、ST 连接器或 SC 连接器。最大网段长度为 150、412、2 000 m 或更长至 10 km,支持全双工的数据传输,适合于有电气干扰的环境、较大距离的连接或高保密环境等情况。

快速以太网中的 100Base-T 规范是从 10Base-T 发展而来,其应用十分广泛。它是通过降低冲突域直径的方式提高速率的。因为以太网的最小帧长度为 64B(512 bit),在争用期(51.2 μs)的时间内,冲突域直径约为 2 500 m。如果以太网的传输速率提高到原来的 10 倍,传输一个 512 bit 的帧时间就降低为原来的 1/10,变为 5.12 μs。在不改变帧大小的情况下,如果让冲突域直径降低为原来的 1/10,即从 2 500 m 降到 250 m,即使发生了冲突,发送方也能检测到。通过这种方式,可以将传输速率提高。另外,100 Mbit/s 以太网和 10 Mbit/s 以太网的 MAC 帧结构、长度和错误检测机制均相同;介质访问控制方式相同,都采用 CSMA/CD 协议,组网方式相同。但帧间间隔由 9.6 μs 调整为 0.96 μs;快速以太网提供自适应功能,能够在网络设备之间进行自动协商,实现 10 Mbit/s 和 100 Mbit/s 两种网络的共存和平滑过渡;这样,很容易实现从传统的以太网升级到快速以太网。

4.4.2 千兆位以太网

1998 年以太网发展史上又树起一座里程碑,千兆位以太网有了上市产品,其技术标准 IEEE802.3z 也逐步完善。千兆位以太网是在以太网技术的改进和提高的基础上,再次将 100 Mbit/s 的快速以太网的数据传输速率提高了 10 倍,使其达到了每秒千兆位的网络系统。

与快速以太网不同,为了能够将数据传输速率提高到 1 000 Mbit/s 的水平,千兆位以太网必须对物理层规范作很大改动。但为了确保以太网的兼容性,千兆位以太网沿用 IEEE802.3 规范所采用的 CSMA/CD 技术,同时在数据链路层以下,融合了 IEEE802.3 以太网和光纤通道两种不同的网络技术,这样不仅能够充分利用光纤通道所提供的高速物理接口技术,而且保留了 IEEE802.3 以太网帧的格式,在技术上可以相互兼容,同时还能够支持全双工或半双工模式,使得千兆位以太网成为高速、宽带网络应用的战略性选择。

千兆位以太网标准分成两个部分:IEEE802.3z 和 IEEE802.3ab。

IEEE802.3z:定义的传输介质为光纤和宽带同轴电缆,链路操作模式为全双工操作。其中,光纤系统支持多模光纤和单模光纤。多模光纤的传输距离为 500 m,单模光纤的传输距离为 2 000 m;宽带同轴电缆由短距离的铜介质构成,其传输距离为 25 m。

IEEE802.3ab:定义的传输介质为五类 UTP 电缆,信息沿 4 对双绞线同时传输,传输距离为 100 m,链路操作模式为半双工操作。

千兆位以太网物理层包括编码/译码、收发器和网络介质三个部分。不同的收发器对应不同的传输介质类型，如长波多模光纤(1000Base-LX)、短波多模光纤(1000Base-SX)、一种高质量的平衡双绞线对的屏蔽铜缆(1000Base-CX)，以及五类非屏蔽双绞线(1000Base-T)。

(1)1000Base-LX

这是一种使用长波激光作为信号源的网络介质技术，在收发器上配置波长为1 270～1 355 nm(一般为1 300 nm)的激光传输器，既可以驱动多模光纤，也可以驱动单模光纤。1000Base-LX所使用的光纤规格：62.5 μm多模光纤、50 μm多模光纤、9 μm单模光纤。其中，使用多模光纤时，在全双工模式下，最长传输距离可以达到550 m；使用单模光纤时，全双工模式下的最长有效距离为5 000 m，连接光纤所使用的SC型光纤连接器与快速以太网100Base-FX所使用的连接器型号相同。

(2)1000Base-SX

这是一种使用短波激光作为信号源的网络介质技术，收发器上所配置的波长为770～860 nm(一般为800 nm)的激光传输器不支持单模光纤，只能驱动多模光纤。具体包括两种：62.5 μm多模光纤和50 μm多模光纤。使用62.5 μm多模光纤全双工模式下的最长传输距离为275 m；使用50 μm多模光纤，全双工模式下最长有效距离为550 m。1000Base-SX所使用的光纤连接器与1000Base-LX一样也是SC型连接器。

(3)1000Base-CX

这是使用铜缆作为网络介质的千兆以太网技术，它使用一种特殊规格高质量平衡双绞线对的屏蔽铜缆，最长有效距离为25 m，适合于交换机之间的短距离连接，尤其适合千兆位主干交换机和主服务器之间的短距离连接。以上连接往往可以在机房配线架上以跨线方式实现，不需要再使用长距离的铜缆或光纤。

(4)1000Base-T

这是一种使用五类UTP作为网络传输介质的千兆以太网技术，最长有效距离与100Base-TX一样可以达到100 m。用户可以采用这种技术，在原有的快速以太网系统中实现向千兆位以太网的平滑升级。1000Base-T不支持8B/10B的编码/译码方案，需要采用专门的更加先进的编码/译码机制。

总之，千兆位以太网提供了一种高速主干网的解决方案，以改变交换机与交换机之间以及交换机与服务器之间的传输带宽，是对现有主干网(如ATM、交换式快速以太网)或FDDI等解决方案的有力补充。因此，向千兆位以太网升级的方案中，一种简单的方案，即将交换机与交换机之间的链路传输速率由100 Mbit/s升级到1 000 Mbit/s。这种升级方案需要在相应的交换机上安装千兆位以太网的网络端口模块，并通过这些模块实现千兆链路连接；另一种升级方案，即将企业网中的超级服务器迁移到交换机的千兆位以太网端口上，使链路传输速率升级到1 000 Mbit/s。这种升级方案需要在交换机和服务器上分别安装千兆位以太网网络端口模块和千兆位以太网网卡，以实现1 000 Mbit/s的链路连接。也可以通过一个带高速缓存的分配器来支持多台服务器。升级后的网络可以增加服务器的吞吐量，为用户提供更快速的信息访问。

4.4.3 万兆位以太网

以太网主要在局域网中占绝对优势，很长一段时期，人们认为以太网不能用于城域网，特别是汇聚层以及骨干层，主要原因在于以太网技术如传统以太网与快速以太网带宽低，传输距离过短。当时认为最有前途的城域网技术是FDDI和DQDB(Distributed Queue Dual Bus，分布式队列双总线),随后的几年里ATM技术成为热点,人们认为ATM将成为统一局域网、城域网和广域网的唯一技术。

快速以太网作为城域网骨干带宽是不够的,即使为了提高网络带宽,采用多个链路绑定技术,其数据传输速率对多媒体业务仍然心有余而力不足。千兆位以太网出现后,以太网技术逐渐延伸到城域网的汇聚层,它通常用作小区用户汇聚到城域接入点(Point of Presence,PoP),或将汇聚设备连接到骨干层。虽然如此,其带宽仍显勉强,作为骨干链路,数据传输速率更是力所不及。

传输距离也曾是以太网无法作为城域网骨干层汇聚层链路技术的一大障碍。由于信噪比、碰撞检测、可用带宽等原因,五类双绞线传输距离都是100 m,而使用光纤传输时距离则受以太网使用的主从同步机制制约。如前所述,1000Base-LX接口使用多模光纤最长传输550 m,使用单模光纤传输5 km。而5 km的传输距离在城域网的范围内还远远不够,虽然基于厂商的千兆接口实现已经能达到80 km传输距离,但毕竟是非标准地实现,不能保证所有厂商该类接口的互联互通。

万兆位以太网技术的出现,上述两个问题基本已得到解决。万兆位以太网只工作在全双工模式,不存在争用问题,也不使用CSMA/CD协议,因此,它的传输距离大大提高了。为了使用户更好地在已有以太网中进行升级,万兆位以太网的帧格式与传统以太网、快速以太网、千兆位以太网的帧格式保持完全一致。2002年7月IEEE通过了万兆位以太网标准IEEE802.3ae规范。10 Gbit/s以太网包括10GBase-X、10GBase-R和10GBase-W。10GBase-X使用一种特紧凑包装,含有一个较简单的WDM器件、四个接收器和四个在1 300 nm波长附近以大约25 nm为间隔工作的激光器,每一对发送器/接收器在3.125 Gbit/s速度下工作。10GBase-R是一种使用64B/66B(不是在千兆位以太网中所用的8B/10B)编码的串行接口。10GBase-W是广域网接口,与SONET OC-192兼容,其时钟为9.953 Hz。

4.5 虚拟局域网

虚拟局域网VLAN(Virtual LAN)是指在局域网交换机里采用网络管理软件所建立起来的可跨越不同网段、不同网络、不同位置的端到端的逻辑工作组。VLAN是一个在物理网络上根据用途、工作组、应用等进行逻辑划分的局域网络,是一个广播域,与用户的物理位置没有关系。

4.5.1 VLAN概述

VLAN中的网络用户是通过局域网交换机来通信的,一个VLAN中的成员看不到另一个VLAN中的成员,即同一个VLAN中的成员均能收到同一个VLAN中其他成员发来的广播包,但收不到其他VLAN中成员发来的广播包。因此,不同VLAN成员间不能直接通信,需要通过路由支持才能通信,同一VLAN中的成员通过VLAN交换可以直接通信。同一个VLAN中的所有成员共同拥有一个VLAN ID,组成一个虚拟局域网络。

(1)VLAN的功能

VLAN有如下的主要功能:

1)提高管理效率

传统以太网中相当大一部分网络管理工作是由于增加、删除、更改网络用户引起的。每当一个新的站点加入局域网,会有一系列端口分配、地址分配和网络设备重新配置等网络管理任务发生。使用 VLAN 技术后,这些任务都可以简化。也就是说,VLAN 技术可以简化由于网络中站点的移动所带来的网络分配和调试工作,提高管理效率。

2)控制广播风暴

通过划分 VLAN,网络被分割成多个逻辑的广播域,广播数据能被有效隔离,即 VLAN 内成员共享广播域,VLAN 间的广播被隔离。这样,减少了网络的通信流量,节约了带宽,控制了广播风暴,提高了网络的传输效率。

3)增强网络的安全性

通过将网络划分为一个个的 VLAN 逻辑组,可以将广播流量限制在 VLAN 内部,内部站点间的通信不会影响到其他 VLAN 站点,减少了数据被窃听的可能性。另外,VLAN 之间站点的访问可以得到很好的控制,限制了成员或计算机对网络资源的访问,增强了网络的安全性。

4)实现虚拟工作组

VLAN 可以按应用或功能来进行划分,可以将一个物理局域网划分成若干个逻辑子网,而不必考虑具体的物理位置,即 VLAN 能够实现虚拟工作组,对网络中的资源进行访问和控制。

(2) VLAN 划分方法

VLAN 划分方法指的是在一个 VLAN 中包含哪些站点。VLAN 划分的方法如下:

1)基于交换端口号划分 VLAN

这种方法是将交换设备端口进行分组来划分 VLAN。例如,一个交换设备上的端口 2、4、6、8 所连接的客户工作站可以构成 VLAN A,而端口 1、3、5、7 则构成 VLAN B 等。目前,按端口划分 VLAN 仍然是构造 VLAN 的一个最常用的方法,这种方法比较简单并且非常有效。但这种方法的缺点是,如果某用户离开了原来的端口,到了一个新的交换机端口,则网络管理人员必须对 VLAN 成员进行重新配置,否则该站点无法进行通信。

2)基于 MAC 地址划分 VLAN

这种方法由网络管理人员指定属于同一个 VLAN 中的主机 MAC 地址,即对每个 MAC 地址的主机都配置它属于哪一个组。由于 MAC 地址是固化在网卡中的,因此移动主机至其他 VLAN 后 VLAN 成员的身份仍然保持不变,网络管理人员无须对 VLAN 进行重新配置。另外,这种方式可以使同一个 MAC 地址处于多个 VLAN 中。这种方式的缺点是,初始化时,所有的用户都必须被配置到(手工方式)至少一个 VLAN 中,如果有几百个甚至上千个用户的话,对网络管理员而言工作相当繁重。

3)基于第三层协议划分 VLAN

VLAN 还可以根据网络层的数据包格式(即第三层协议)来划分,网络层协议可分为 IP、IPX、DECnet、AppleTalk 等。这种按网络层协议来划分 VLAN 的方法,对于那些需要根据具体应用和服务来组织用户的网络配置问题非常具有吸引力,而且用户可以在网络内部自由移动,但 VLAN 成员身份保持不变。另外,在第三层上定义 VLAN 不需要在数据链路层附加帧标签来识别 VLAN,从而可以消除因在交换设备之间传递 VLAN 成员信息而花费的开销,减少网络的通信量。

这种方法最大的缺点就是性能问题,对报文中的网络地址进行检查将比对帧中的 MAC 地址进行检查开销更大。一般的交换机芯片都可以自动检查网络上数据包的以太网帧头,但要让芯片能检查 IP 帧头,需要更高的技术,同时也更费时。正是由于这个原因,使用第三层信息进行 VLAN 划分的交换设备一般比使用第二层信息的交换设备更慢。同时,在第三层上所定义的 VLAN 对于 TCP/IP 特别有效,但对于其他协议(如 IPX 或 Apple)则要差一些,并且对于那些不可进行路由选择的一些协议(如 NetBIOS),在第三层上实现 VLAN 划分将特别困难,因为使用这种协议的机器是无法相互区分的。

4)IP 组播 VLAN

这种方法本身也是一种 VLAN 的定义方式,认为一个 IP 组播组就是一个 VLAN,一个 IP 组播组实际上是用一个 D 类地址来表示,当向一个组播组发送一个 IP 报文时,此报文将被传送到此组中的各站点处;同时,各站点也可以自由地动态决定参加到哪一个或者哪一些 IP 组播组中。这种方法具有很强的动态性,并将 VLAN 扩大到了广域网,具有更大的灵活性;容易通过路由器进行扩展,适合于不在同一地理范围的局域网用户组建 VLAN 的要求。

5)基于策略的 VLAN

基于策略组成的 VLAN 能实现多种分配方法的组合,以满足特定的需求。通过上面列出的策略将设备指定给 VLAN,当一个策略被指定到一个交换机时,该策略就在整个网络上应用,而设备被置入 VLAN 中。从设备出发的帧总是经过重新计算,以使 VLAN 成员身份能随着设备产生的流量类型而改变。

6)按用户定义与非用户授权划分 VLAN

这种方式是指为了适应特别的 VLAN 网络,根据特殊网络用户的特殊需求来定义和设计 VLAN,而且可以让非 VLAN 群体用户通过提供用户和密码的方式访问 VLAN。

(3)VLAN 之间的通信方式

当 VLAN 交换机从客户站点接收到数据后,会对数据的部分内容进行检查,并与一个 VLAN 配置数据库中的内容进行比较,然后确定数据的去向。如果数据要发往一个 VLAN 设备,一个 VLAN 标识或标签就被加到这个数据上,据此就可以将数据转发到适当的目的地。目前,VLAN 间的通信主要有以下四种方式:

1)MAC 地址静态登记方式

这种方式是预先在 VLAN 交换机中设置一张地址列表,这张表包含有工作站点的 MAC 地址及 VLAN 交换机的端口号、VLAN ID 等信息。当工作站第一次在网络上发广播包时,交换机就将这张表的内容一一对应起来,并对其他交换机广播。这种方式使得网络管理员不断修改和维护 MAC 地址静态条目列表,且大量的 MAC 地址静态条目列表的广播信息容易导致主干网络拥塞。

2)帧标签方式

这种方式是给每个数据包都加上一个标签,用来标明数据包属于哪一个 VLAN。这样,VLAN 交换机就能够将来自不同 VLAN 的数据流复用到相同的 VLAN 交换机上。帧标签方式需要为每个数据包加上标签,使得网络负载增加。

3)虚连接方式

两个网络用户第一次通信时,会发送 ARP 广播包,VLAN 交换机将学习到的 MAC 地址和所连接的 VLAN 交换机端口号保存到动态条目 MAC 地址列表中,当发送端有数据要传送时,VLAN 交换机从其端口收到的数据包中识别出目的 MAC 地址,查询动态条目 MAC 地址列表,得到目的站点所在的 VLAN 交换机端口，这样两个端口间就建立起一个虚拟连接，数据包就可以从源端口转发到目的端口。数据包一旦转发完毕，虚拟连接即被撤销。这种方式很好地利用了带宽资源，提高了 VLAN 交换机效率。

4）路由方式

按 IP 划分的 VLAN，可以将交换功能和路由功能都融合在 VLAN 交换机中，既达到了控制广播风暴的基本目的，又不需要外接路由器。这种方式的缺点是，VLAN 成员间的通信速度不是很理想。

4.5.2 VLAN 的实现

当一个网桥或交换机接收到来自某个计算机工作站的数据帧，它将给这个数据帧加上一个标签来标识这个数据帧来自哪个 VLAN。而网桥或交换机给数据帧加标签的方法有很多种，例如，可以根据数据帧来自网络设备的端口，也可以根据数据帧的源地址或基于数据帧的多个字段组合等。为了能够使用任意一种方法给数据帧加标签，网桥必须有一个不断升级更新的数据库，即过滤数据库。这个数据库包含了本网络中全部 VLAN 之间的映射以及它们使用哪个字段作为标签。例如，如果通过基于端口的方式来加标签，该数据库应该记录哪个端口属于哪个 VLAN。网桥必须能够维护这样一个数据库，并且保证所有在这个 LAN 中的网桥在它们的过滤数据库中包含有同样的信息。

（1）IEEE 802.1Q 协议

IEEE 802.1Q 协议是一套 VLAN 协议，它定义了基于端口的 VLAN 模型，提供一种标识带有 VLAN 标签的以太网帧的方法，从而允许在局域网中实现定义、运行及管理 VLAN 拓扑结构的操作。

IEEE 802.1Q 协议通过在传统以太网帧中增加 4 个字节的 VLAN 标签，来指明发送该帧的计算机属于哪一个 VLAN。插入 VLAN 标签得出的帧称为 802.1Q 帧。802.1Q 帧的数据格式如图 4.11 所示。

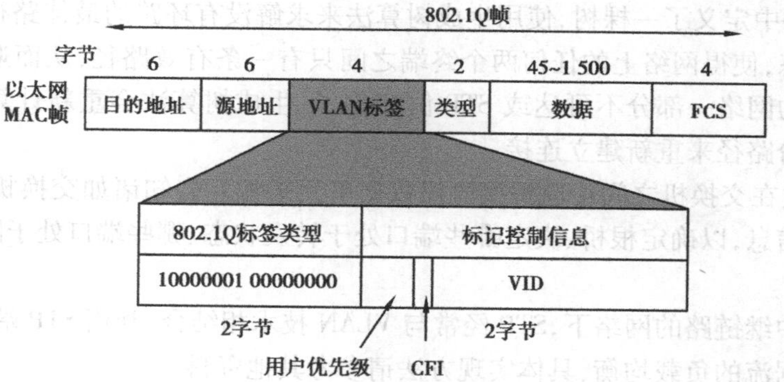

图 4.11 802.1Q 帧的数据格式

VLAN 标签插入在原以太网 MAC 帧的源地址字段和类型字段之间。VLAN 标签的前两个字节总是设置为 0x8100（十六进制），称为 IEEE 802.1Q 标签类型。

当数据链路层检测到 MAC 帧的源地址字段后面的两个字节值为 0x8100 时，就知道现在插入了 4 个字节的 VLAN 标签，于是就接着检查后面两个字节的内容。在后面两个字节中，前

3位是用户优先级字段,接着的1位是规范格式指示符CFI(Canonical Format Indicator),最后的12位是VLAN标识符VID(VLAN ID),它唯一地标志了这个以太网帧属于哪一个VLAN。

(2)ISL协议

交换链路内(Inter-Switch Link,ISL)协议与802.1Q协议的功能相同,只是所采用的帧格式不同。它是Cisco公司的私有协议,主要用于维护交换机和路由器间的通信流量等VLAN信息。

ISL帧标签采用一种低延迟机制为单个物理路径上的多VLAN流量提供复用技术,来实现交换机、路由器以及各结点之间的连接操作。为支持ISL功能特征,每台连接设备都必须采用ISL配置。ISL所配置的路由器支持VLAN内通信服务。非ISL配置的设备,则用于接收由ISL封装的以太帧,通常情况下,非ISL配置的设备认为这些帧非法并丢弃。

(3)VTP协议与STP协议

VTP(VLAN Trunking Protocol)即VLAN中继协议,也被称为虚拟局域网干道协议,是思科私有协议,主要用于管理在同一个域的网络范围内VLAN的建立、删除和重命名。VTP在系统级管理VLAN的增加、删除、调整时,自动地将信息向网络中其他的交换机广播,从而保持VLAN配置的统一性。

在同一个VTP域内,VTP通过中继端口在交换机之间传送VTP信息,从而使一个VTP域内的交换机能够共享VLAN信息。同时,通过这种中继端口,也可以使属于不同VLAN的数据帧继续进行传输来完成不同VLAN间客户站点的数据通信。

VTP协议定义交换机可以具有三种模式:服务端模式允许定义VLAN信息,并将信息广播给客户端使用;客户端模式,只能接收并使用来自服务端的VLAN设置信息;透明模式,接收并转发来自服务端的VLAN设置信息,但自己不使用,是交换机的默认配置。

STP(Spanning Tree Protocol)即生成树协议。当网络中存在冗余的VLAN中继线路时,就会因网络环路的问题而引起广播风暴,降低网络的可靠性。STP是为克服冗余网络中透明桥接的问题而创建的,是一个既能够防止环路又能够提供冗余线路的第二层管理协议。

STP在网络中定义了一棵树,使用生成树算法来求解没有环路的最佳路径,使一些备用路径处于阻塞状态,使得网络上的任何两个终端之间只有一条有效路径,从而避免了环路问题。如果生成树中的网络一部分不可达或STP值变化了,生成树算法会重新计算生成树拓扑,并且通过启动备份路径来重新建立连接。

STP是通过在交换机之间传递桥接协议数据单元来相互告知诸如交换机的桥ID、链路性质、根桥ID等信息,以确定根桥、决定哪些端口处于转发状态、哪些端口处于阻断状态,以免引起网络环路。

在有冗余中继链路的网络下,STP经常与VLAN技术相结合,利用STP端口权值和路径值来实现网络数据流的负载均衡,具体实现方法请参考其他资料。

4.5.3 VLAN的配置

在支持VLAN的交换机上都可以配置VLAN,以太网交换机的生产厂家很多,各自的配置命令不同,但基本原理都是相同的。在交换机产品中,Cisco公司的交换机具有代表性,不少厂家的交换机配置命令和Cisco交换机的配置命令基本相同,下面在Cisco模拟器下,以Cisco交换机为例介绍VLAN的基本配置。

(1)Cisco 交换机结构及接口

与个人计算机类似,路由器、交换机等网络设备为了能够完成路由选择或数据交换功能,需要有 CPU、内存等硬件设备,也需要有相关软件(如操作系统等)。与路由器硬件不同,交换机有很大带宽的背板和较多的 RJ-45 以太网接口(端口)。例如,在 Cisco Catalyst 2950 交换机上有 24 个 10/100 Mbit/s 的 RJ-45 以太网接口 FastEthernet0/1~0/24,有两个1 000 Mbit/s 的 RJ-45 以太网接口 GigabitEthernet0/1~0/2。

(2)Cisco 交换机的工作模式

IOS(Internetwork Operating System,网际操作系统)用于对思科交换机或路由器进行操作,类似运行在个人计算机上的 Windows(例如 Windows 7)操作系统。这两种操作系统的不同之处为:Windows 7 操作系统为图形化界面的使用方式,而 IOS 采取命令行界面对路由器和交换机进行操作。

为了更好地操作网络设备,需要熟悉和理解 IOS 的操作模式及模式间转换需要使用的命令。IOS 的部分操作模式及模式间的转换命令见表 4.3。

表 4.3 Cisco 交换机的工作模式及转换命令

模式名称	进入模式命令	模式提示	可进行的操作
用户模式	开机进入	Switch >	查看交换机状态
特权模式	Switch > enable	Switch#	查看交换机配置
全局配置模式	Switch#config terminal	Switch(config)#	配置主机名、密码、创建 VLAN 等
接口配置模式	Switch(config)#Interface 接口	Switch(config-if)#	网络接口参数配置
数据库配置模式	Switch#vlan database	Switch(vlan)#	创建 VLAN
VLAN 配置模式	Switch(config)#vlan n	Switch(vlan)#	VLAN 配置
返回上一级	Switch(config-if)#exit	Switch(config)#	退出当前模式

(3)基于端口号的 VLAN 划分

如前所述,VLAN 的划分有多种方法,这里以基于交换端口号划分 VLAN 的方式为例,介绍在交换机上 VLAN 的配置步骤及实现方法。

VLAN 的划分一般需要在交换机上创建 VLAN 及将交换机端口指定到 VLAN 两个步骤:

1)在交换机上创建 VLAN

可以在全局配置模式下创建 VLAN,并进行 VLAN 的命名。

全局配置模式下创建 VLAN 的相关命令如下:

Switch(config)#vlan *n* ;创建一个 VLAN,并进入 VLAN 配置模式。

Switch(config-vlan)#

注意:VLAN 编号 *n* 的取值可以是 2~1 001。如果该 VLAN 已经存在了,就不再创建,而是进入 VLAN 配置模式,配置 VLAN 的名称。

例如,在全局配置模式下创建编号为 20 的 VLAN,其命令如下:

Switch(config)#vlan 20

全局配置模式下配置 VLAN 名称的命令如下:

Switch(config-vlan)#name *VLAN 名称*

Switch(config-vlan)#

VLAN 名称主要用于 VLAN 管理,例如,VLAN 名称是 chinese,则看到此名字的 VLAN,就知道它对应哪一个部门。VLAN 名称也可以不配置,此时,使用"VLAN + 序号"的默认名称。一般情况下,VLAN 名称不能使用汉字。

也可以在数据库配置模式下完成创建 VLAN,并对其命名的操作。

数据库配置模式下创建 VLAN 及对 VLAN 命名的命令如下:

Switch(vlan)#vlan *n* name *VLAN 名称* ;创建一个 VLAN,并对 VLAN 进行命名

Switch(vlan)#

无论在哪种方式下创建的 VLAN,都可以根据实际需要将其删除。若要进行 VLAN 的删除,只需要在相应的创建 VLAN 的命令前加"no"即可。例如,在全局配置模式下删除已经创建好的编号为 20 的 VLAN,命令如下:

Switch(config)#no vlan 20

2)将交换机端口指定到 VLAN

在全局配置模式下将交换机端口划分给某个 VLAN 的命令如下:

Switch(config)#interface *端口名称* ;进入端口配置模式

Switch(config-if-range)#switchport mode access ;配置端口为 access 模式

Switch(config-if-range)#switchport access vlan *n* ;将端口划分到 vlan 号为 *n* 的 VLAN 下

也可以一次为 VLAN 指定多个端口,配置命令如下:

Switch(config)#interface range *端口范围* ;指定端口范围

Switch(config-if)#switchport mode access ;配置所有端口为 access 模式

Switch(config-if)#switchport access vlan *n* ;将端口范围内的所有端口都指定到 VLAN 下

其中,端口范围通常用"-"来界定,例如,对于以太网端口号 3 至 7 的四个端口范围,可以表示为"Fa0/3 -7"。

从 VLAN 中删除一个或多个接口,其命令只需要在相应的指定命令前加"no"即可。

(4)网络实验现象的查看

对网络设备配置后,通常可以在特权模式下采用显示命令查看所获得的网络实验现象。可以查看当前运行的配置文件,也可以查看端口状态、MAC 地址表等信息。在特权模式下,Cisco 交换机常用的显示命令如下:

Switch#show running-config ;显示当前运行的配置文件

Switch#show startup-config ;显示 NVRAM 中的配置文件

Switch#show interface *端口名称* ;显示端口状态

Switch#show mac-address-table ;显示 MAC 地址表

Switch#show vlan ;显示 VLAN 的配置

(5)vlan 配置举例

下面以配置两个 vlan(vlan 10 和 vlan 20)为例,说明交换机的配置过程。这里,vlan 名称采用系统默认名称,vlan 10 中包括的端口号为 Fa0/1 ~0/2(FastEthernet 简写为"Fa"),vlan 20 中包括的端口号为 Fa0/3 ~0/6。配置过程如下:

Switch >enable ;进入特权模式

```
Switch#config terminal                ;进入全局配置模式
Switch(config)#vlan 20                ;创建 vlan 20
Switch(config-vlan)#exit
Switch(config)#vlan 10                ;创建 vlan 10
Switch(config-vlan)#exit
Switch(config)#interface Fa0/1
Switch(config-if)#switchport mode access          ;配置端口 Fa0/1 的端口类型
Switch(config-if)#switchport  access vlan 10      ;将端口指定到 vlan 10 下
Switch(config-if)#exit
Switch(config)#interface Fa0/2
Switch(config-if)#switchport mode access
Switch(config-if)#switchport  access vlan 10
Switch(config-if)#exit
Switch(config)#interface range Fa0/3-6            ;配置端口 Fa0/3—6 的四个端口
Switch(config-if-range)#switchport mode access
Switch(config-if-range)#switchport access vlan 20     ;将四个端口同时指定到 vlan 20 下
Switch(config-if-range)#exit
```

配置完成后,在特权模式下查看 VLAN 的信息:

```
Switch#show vlan
```

得到的实验现象如图 4.12 所示:

```
Switch#show vlan

VLAN Name                             Status    Ports
---- -------------------------------- --------- -------------------------------
1    default                          active    Fa0/7, Fa0/8, Fa0/9, Fa0/10
                                                Fa0/11, Fa0/12, Fa0/13, Fa0/14
                                                Fa0/15, Fa0/16, Fa0/17, Fa0/18
                                                Fa0/19, Fa0/20, Fa0/21, Fa0/22
                                                Fa0/23, Fa0/24, Gig1/1, Gig1/2
10   VLAN0010                         active    Fa0/1, Fa0/2
20   VLAN0020                         active    Fa0/3, Fa0/4, Fa0/5, Fa0/6
1002 fddi-default                     act/unsup
1003 token-ring-default               act/unsup
1004 fddinet-default                  act/unsup
1005 trnet-default                    act/unsup

VLAN Type  SAID       MTU   Parent RingNo BridgeNo Stp  BrdgMode Trans1 Trans2
---- ----- ---------- ----- ------ ------ -------- ---- -------- ------ ------
1    enet  100001     1500  -      -      -        -    -        0      0
10   enet  100010     1500  -      -      -        -    -        0      0
20   enet  100020     1500  -      -      -        -    -        0      0
1002 fddi  101002     1500  -      -      -        -    -        0      0
1003 tr    101003     1500  -      -      -        -    -        0      0
1004 fdnet 101004     1500  -      -      -        ieee -        0      0
1005 trnet 101005     1500  -      -      -        ibm  -        0      0
```

图 4.12 VLAN 配置后的实验现象

从图 4.12 可以看到,交换机创建了 VLAN 10 和 VLAN 20,VLAN 10 中有两个端口(Fa0/1、FA0/2),VLAN 20 中有四个端口(Fa0/3、Fa0/4、Fa0/5、Fa0/6)。

4.5.4 VLAN 间路由

在大多数情况下,划分 VLAN 的主要目的是隔离广播、方便网络管理及增强网络安全性。为了使不同 VLAN 内的用户能够相互通信,必须提供 VLAN 间能够通信的策略。采用路由器或将交换机连接到具有路由功能的三层交换机上,并进行路由配置,能够实现 VLAN 间的数据通信;使用 Cisco 公司的私有协议 VTP(VLAN Trunk Protocol)即帧中继协议,并进行相应的配置,能够实现跨交换机的 VLAN 划分及 VLAN 间数据的通信。

(1)使用三层交换机实现 VLAN 间路由

一般交换机工作在数据链路层,即二层交换机。虽然二层交换机分组转发效率高,但对于不同网络的报文不能进行转发。三层交换机是在交换机功能上增加了路由功能的交换机,主要用于局域网的快速交换和网络间的路由。路由器主要用于广域网和局域网连接,路由器比三层交换机具有更多的网络功能,应用场合有所不同。

1)在三层交换机上需要进行的配置命令

①禁止端口交换功能

Switch(config-if)#no switchport

说明:3 层交换机默认为交换端口,必须禁止端口的交换功能之后才能配置 IP 地址。

②为端口指定 IP 地址

Switch(config-if)#ip address *IP 地址 子网掩码*

例如,配置某个端口的 IP 地址为 10.1.1.254/24 的命令为:

Switch(config-if)#ip address 10.1.1.254 255.255.255.0

③启动端口

Switch(config-if)#no shutdown

④启动路由功能

Switch(config)#ip routing

Switch(config)#exit

⑤查看路由

Switch#show ip route

2)在三层交换机上实现 VLAN 间路由的常用命令

①配置三层交换机的 Trunk 端口

Switch(config)#interface *端口名称*

Switch(config-if)#switchport trunk encapsulation dot1q ;封装 802.1Q 协议

Switch(config-if)#exit

说明:交换机端口可以配置成两种:接入端口和中继端口。接入端口类型表示为 Access,只能传输以太网帧,只能属于一个 VLAN。中继端口类型表示为 trunk,也称为干道接口,trunk 端口用于传输多个 VLAN 的报文。为了区别在同一条线路上不同 VLAN 的数据帧,需要在以太网中添加 VLAN 标记。添加标记的方案有两种:交换机间链路(ISL)协议和 IEEE 802.1Q 协议,目前比较流行的为第二种方式。

②在三层交换机上配置虚端口地址

Switch(config)#interface vlan *n*

Switch(config-if)#ip address *IP 地址 子网掩码*

Switch(config-if)#no shutdown

Switch(config-if)#exit

Switch(config)#

说明:在三层交换机上配置 VLAN 间路由需要使用 VLAN 虚接口,即不能为某个交换端口配置 IP 地址,需要为每个 VLAN 配置 IP 地址。VLAN 的 IP 地址就是 VLAN 网络的默认网关地址。

(2)配置实例

下面以将4台计算机划分至两个 VLAN(VLAN 10、VLAN20)并实现 VLAN 间的数据通信为例,说明具体的配置过程。两个 VLAN 所在的网络地址分别为192.168.1.0/24 和192.168.2.0/24。

一种方法是二层交换机上的每个 VLAN 使用一个端口连接到三层交换机上,其连接方式如图4.13 所示。

在图4.13 中,二层交换机的1号、2号、3号端口划分为 VLAN 10,其中3号端口和三层交换机的11号端口相连;二层交换机的19号、20号、21号端口划分为 VLAN 20,其中21号端口和三层交换机的13号端口相连。

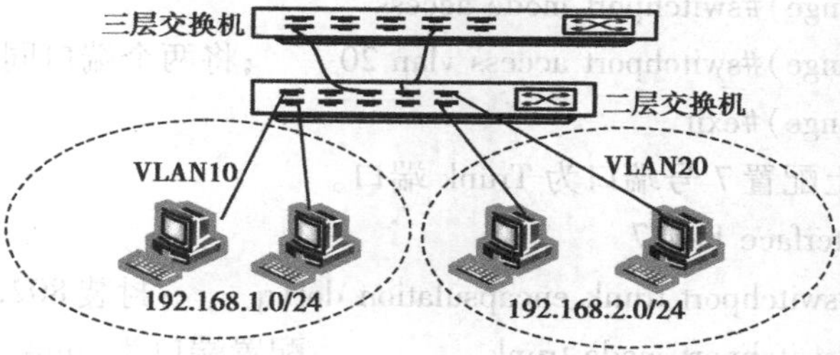

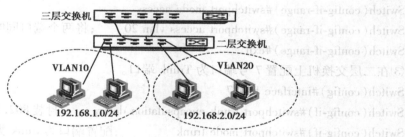

图4.13 多端口连接实现 VLAN 间通信

在这样的连接中,相当于两个局域网连接到了三层交换机。这时,只要禁止三层交换机11号和13号端口的交换功能,分配IP地址,启动路由功能就能实现VLAN间的互通。或者在三层交换机上也创建 VLAN 10 和 VLAN 20,将11号端口指定给 VLAN 10,将13号端口指定给 VLAN 20,然后为 VLAN 10 和 VLAN 20 分配 IP 地址,也一样能实现 VLAN 间的互通。

但实际工程中,因为这种方法很浪费交换机的端口和线路,所以一般不采用这种方式。一般使用 trunk 端口类型实现不同 VLAN 间数据的通信。连接方式如图4.14 所示。这种方式下二层交换机与三层交换机采用一个 trunk 端口相连,端口及线路较节约。在三层交换机上启用路由功能,也能实现 VLAN 间的互通。

图4.14 中实现 VLAN 路由的主要配置步骤如下:

①在二层交换机上创建 VLAN 10 和 VLAN 20。

Switch > enable ;进入特权模式

Switch#config terminal ;进入全局配置模式

Switch(config)#vlan 10 ;创建 vlan 10

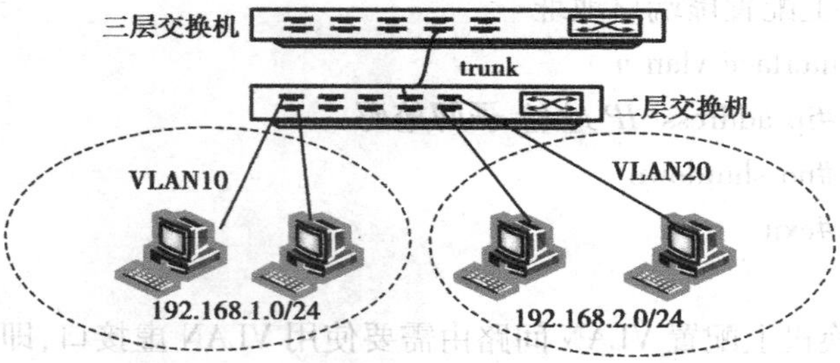

图 4.14　trunk 端口实现 VLAN 间通信

Switch(config-vlan)#exit

Switch(config)#vlan 20　　　　　　;创建 vlan 20

Switch(config-vlan)#exit

②将 1 号、2 号端口指定给 VLAN 10,19 号、20 号端口指定给 VLAN 20。

Switch(config)#interface range Fa0/1-2　　;配置端口 Fa0/1-2 的两个端口

Switch(config-if-range)#switchport mode access

Switch(config-if-range)#switchport access vlan 10　　;将 2 个端口同时指定到 vlan 10 下

Switch(config-if-range)#exit

Switch(config)#interface range Fa0/19-20　　;配置端口 Fa0/19-20 的两个端口

Switch(config-if-range)#switchport mode access

Switch(config-if-range)#switchport access vlan 20　　;将两个端口同时指定到 vlan 30 下

Switch(config-if-range)#exit

③在二层交换机上配置 7 号端口为 Trunk 端口。

Switch(config)#interface Fa0/7

Switch(config-if)#switchport trunk encapsulation dot1q　　;封装 802.1Q 协议

Switch(config-if)#switchport mode trunk　　;配置端口为 trunk 类型

Switch(config-if-range)#exit

④在三层交换机上创建 VLAN 10、VLAN 20。

Switch(config)#vlan 10　　　　　　;创建 vlan 10

Switch(config-vlan)#exit

Switch(config)#vlan 20　　　　　　;创建 vlan 20

Switch(config-vlan)#exit

⑤在三层交换机上配置 1 号端口为 Trunk 端口。

Switch(config)#interface Fa0/1

Switch(config-if)#switchport trunk encapsulation dot1q　　;封装 802.1Q 协议

Switch(config-if)#switchport mode trunk　　;配置端口为 trunk 类型

Switch(config-if-range)#exit

⑥配置 VLAN 虚端口地址。

Switch(config)#interface vlan 10

Switch(config-if)#ip address 192.168.1.254 255.255.255.0

```
Switch(config-if)#no shutdown
Switch(config-if)#exit
Switch(config)#
Switch(config)#interface vlan 20
Switch(config-if)#ip address 192.168.2.254 255.255.255.0
Switch(config-if)#no shutdown
Switch(config-if)#exit
Switch(config)#
```

⑦启动路由功能。

```
Switch(config)#ip routing
Switch(config)#exit
Switch(config)#
```

⑧配置PC机地址,进行网络测试。

将VLAN 10中PC机的默认网关地址配置为192.168.1.254,将VLAN 20中PC机的默认网关地址配置为192.168.2.254,两个VLAN间就可以通信了。

4.6 无线局域网

近年来,无线蜂窝电话通信技术飞速发展,在全世界使用移动电话的人数已经远远超过了使用固定电话的人数,人们也喜欢这种无线的网络接入方式。无线局域网(Wireless Local Area Networks,WLAN)已经是人们很熟悉的名词,在生活中人们也经常会使用Wi-Fi技术连接到计算机网络获取信息;另一方面,在计算机硬件市场中,无线局域网的各种设备种类繁多,大多数主流品牌机(包括桌面机或笔记本计算机等)都提供了无线网络适配器,使无线局域网的使用越来越普及。目前,许多商家、单位或学校都建设了规模或大或小的无线局域网络系统,与原有的有线局域网络系统一起,为人们提供网络服务。由于无线局域网的灵活性和便捷性,它已经成为有线网络有效的延伸和灵活的扩展。

4.6.1 概述

无线局域网主要运用射频技术取代原来局域网系统中必不可少的有线传输介质(如双绞线、同轴电缆等)来完成数据信号的传送任务。它与有线网络无本质不同,只是由于传输介质的差异,在硬件架设、空间使用限制的弹性、使用的机动性、便利性等都要比传统的有线局域网更具优势,在网络建设的成本上,它还可以节省网络布线的费用。

一般地,架设无线局域网需要的基本设备就是一些无线网卡和一个像基站一样能够通过无线收发数据的AP(Access Point,又称"基站")。AP的功能类似于有线局域网系统的网桥等设备,首先,AP可以管理有限地理范围内的多个无线网络设备,并使其相互进行无线通信;其次,AP也可以是传统有线局域网与无线局域网之间通信的桥梁,它使无线终端设备可以通过AP这个数据中转站点去访问有线局域网甚至广域网;最后,AP本身也具备一些网络管理和网络控制功能,例如,可以通过配置AP的访问控制表,来控制某些授权的无线网卡登入AP,而另一些未授权的无线网卡则被拒绝登入,从而避免了非相关人员随意登录网络,窃取网络中重要资源。

无线网络所能覆盖的范围与环境的开放程度有关,若没有外接天线,覆盖范围约 250 m;若属于半开放性空间,中间有障碍物的区域环境,则覆盖范围 35 ~ 50 m;如果加上外接天线,距离可以更远些。

4.6.2 无线局域网的拓扑结构

WLAN 主要有两种拓扑结构,即自组织型网络(对等网络或 Ad-Hoc 网络)、基础结构型网络。

(1)自组织型网络

自组织型网络是由若干个无线终端组成,这些无线终端均配有无线接口卡,并以相同的工作组名、扩展服务集标识号和密码等相互直连,在局域网覆盖范围内进行点对点或一点对多点的对等通信。

自组织型网络的建立是为了满足暂时性需求,它不需要增加任何网络基础设施,仅需要移动结点并在其上配置一种普通协议即可完成网络的组建。在这种结构中,不需要有中央控制器的协调,因此,这种网络使用非集中式的 MAC 协议,如 CSMA/CA。但由于该协议所有结点具有相同的功能,因而实施复杂并且造价昂贵。

(2)基础结构型网络

基础结构型网络是指有固定基础设施的无线局域网,固定基础设施指预先建立的、能覆盖一定地理范围的一批固定基站。在这种拓扑结构中,由一批固定基站组成无线骨干传输网络,移动结点在这些基站的协调下接入无线信道,完成无线数据通信。

IEEE 802.11 标准规定无线局域网的最小构件是基本服务集 BSS(Basic Service Set)。基本服务集由一个接入点 AP 和若干个移动站组成的。本 BSS 内的移动站可以相互通信,但与本 BSS 以外的移动站通信必须通过基站才能实现。当网络管理员安装 AP 时,必须为该 AP 分配一个不超过 32 字节的服务集标识符 SSID(Service Set IDentifier)和一个信道。基础结构型网络的拓扑结构如图 4.15 所示。

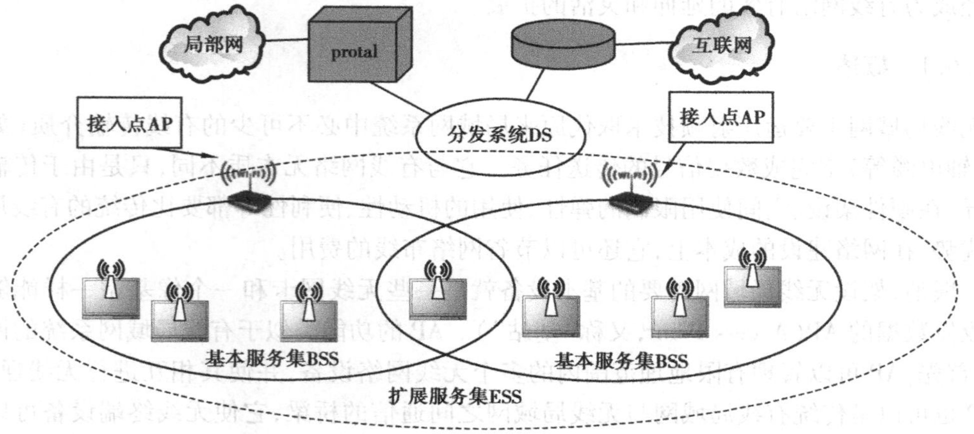

图 4.15　无线局域网中基础结构型网络的拓扑结构

4.6.3 IEEE 802.11 系列标准

IEEE 802 委员会为无线局域网开发了一组标准，即 IEEE 802.11 标准。该标准首先规定了无线局域网的基本模型，例如，基础结构型网络的组成及基本构件。此标准还规定了在数据链路层所使用的介质访问控制技术。无线局域网的介质访问控制技术与 IEEE 802.3 协议类似，需要提供在一个共享媒体之上多个用户访问的机制，发送者在发送数据前需要先进行网络的可用性检查，信道空闲才允许发送数据。然而，在冲突解决方面，由于无线传输信号的性质决定了无法通过电压变化来检测冲突，因此无线局域网设计了 CSMA/CA（Carrier Sense Multiple Access with Collision Avoidance，载波侦听多路访问/冲突避免）协议。CSMA/CA 协议的工作要点如下：

①送出数据前，检测信道或媒体的状态，若信道空闲，维持一段时间后才送出数据。CSMA/CA 采用能量检测、载波检测等方式检测信道状态。由于每个设备采用的随机时间不同，所以可以降低冲突产生的机会。

②送出数据前，先发送一段开销较小的请求传送报文给目的站点，等待目的站点的确认后才开始传送。实际上，CSMA/CA 协议采用 RTS-CTS（Request to Send-Clear to Send）握手机制，站点会以短消息方式通知邻接站点即将进行数据接收的状况，可以确保数据在传输时不会发生碰撞。由于 RTS 及 CTS 报文很小，可以使传送的无效开销变小，这种显式的确认机制在处理无线问题时比较有效。

无线局域网的站点间进行通信，存在隐藏站问题和暴露站问题。假设有 3 个无线通信站进行通信，其中，B 站在 C 站的无线电波范围内，但 A 站不在 C 站的无线电波范围内。若某个时刻，C 站正在向 B 站发送数据，而 A 站也试图向 B 站传递数据。A 站检测不到 C 站的信号，而导致 A 站向 B 站发送了数据，这时会造成信号的冲突。这个问题即为隐蔽站问题，其中，C 站是 A 站的隐蔽站。若某个时刻，B 站正在向除了 C 站以外的其他站点发送数据，同时，C 站希望向 A 站发送数据，但 C 站会错误地认为信道是忙的状态，而导致数据传递过程失败。这个问题即为暴露站问题，其中 B 站是 C 站的暴露站。由于 CSMA/CA 协议采用消息握手交换，可以通知邻居结点数据通信状态，因此，可以解决无线局域网的隐藏站问题和暴露站问题。

IEEE 802.11 工作组还提供了另外一种介质访问控制技术——中央访问控制协议，其核心为“由中央决策者进行访问和协调”，这种访问控制协议可以用于那些具有时间敏感数据或者高优先权数据的网络中。协议的具体过程请参阅其他资料，这里不再详述。

【例 4.5】 IEEE 802.11 采用了类似于 CSMA/CD 协议的 CSMA/CA 协议，之所以不采用 CSMA/CD 协议的原因是（ ）。

A. CSMA/CA 协议的效率更高　　B. CSMA/CD 协议的开销更大
C. 为了解决隐蔽终端问题　　D. 为了引进其他业务

【解析】 CSMA/CA 是 IEEE 802.11 无线局域网的 MAC 子层协议，主要用于解决无线局域网的信道共享访问问题。在传统以太网中，MAC 子层采用 CSMA/CD 协议。这两种协议都针对网络中共享信道如何分配的问题，但它们的工作原理却有所不同。最明显的区别是：CSMA/CA 是在冲突发生前进行冲突处理，而 CSMA/CD 是在冲突发生后进行冲突处理。导致这种不同的根本原因是，无线局域网所采用的传输介质和传统局域网所采用的传输介质有着本质的区别。CSMA/CA 可以解决隐藏站问题和暴露站问题。

【答案】 C

IEEE 802.11 标准规定了物理层的相关规范,如使用的传输介质、信号占用的频段及数据传输速率等。典型的物理层标准有 IEEE 802.11a、IEEE 802.11b 和 IEEE 802.11g。IEEE 802.11a 工作在 5 GHz 的频段上,使用 OFDM(Orthogonal Frequency Division Multiplexing,正交频分复用技术)调制技术可支持 54 Mbit/s 的传输速率,但是价格相对较高。

1999 年通过的 IEEE 802.11b 标准可以支持最高 11 Mbit/s 的数据速率,运行在 2.4 GHz 的 ISM 频段上,采用的调制技术是 CCK(Complementary Code Keying,补码键控)。IEEE 802.11b 标准的网络虽然比较低廉,但是数据传输速率却不能很好地满足许多应用的要求;而且 IEEE 802.11a 与 IEEE 802.11b 工作在不同的频段上,不能工作在同一 AP 的网络里,因此,两者互不兼容。

为了进一步推动无线局域网的发展,2003 年出台了 IEEE 802.11g 标准。它在 2.4 GHz 频段使用 OFDM 调制技术,使数据传输速率提高到 20 Mbit/s 以上;IEEE 802.11g 标准能够与 802.11b 的 Wi-Fi 系统互相连通,共存在同一 AP 的网络里,保证了向后兼容性。

无线局域网通过无线方式发送和接收数据,减少了对固定线路的依赖,发展十分迅速。由于医院、会议中心、机场、酒店等场所不适合综合布线,人们经常利用无线局域网提供数据服务。无线局域网的出现,可以使计算机具有移动能力,能够真正意义上实现移动办公环境,在网络覆盖范围内实现计算机漫游。随着开放办公的流行和手持设备的普及,人们对移动访问的需求越来越多,无线局域网的应用也会越来越广。

4.7 其他典型局域网介绍

4.7.1 令牌环网

令牌环网是 IBM 公司在 1985 年推出的环形基带网络,现在这种网络比较少见,主要用于早期的 IBM 系统。在老式的令牌环网中,数据传输速率为 4 Mbit/s 和 16 Mbit/s 两种,新型的快速令牌环网速度可达 100 Mbit/s,这种网络主要采用令牌环介质访问控制方式进行数据的传输和控制。

一般的令牌环网可采用同轴电缆作为传输介质,然后使用“T”形连接器、BNC 头等连接件将同轴电缆与网卡相连,其组网的物理连接如图 4.16 所示。

令牌环网也可以采用其他传输介质,如屏蔽双绞线(STP)、非屏蔽双绞线(UTP)或光纤,由于传输介质自身的特性,大多情况下采用 STP 进行组网。采用双绞线组建令牌环网时,需要使用专门的令牌环集线器、RJ-45 等连接件与令牌环网网卡相连,从而构成环形网进行令牌的传递和控制,来达到数据传输的功能。如图 4.17 所示给出了一个令牌环网组网方式。

这种网络外表上为星形拓扑结构,其中心是一个被称为介质访问单元(Media Access Unit,MAU)的集线装置(即令牌环集线器)。MAU 有增强信号的功能,它可以将前一个结点的信号增强后再送至下一个结点,从而稳定信号在网络中的传输。虽然该网络在外表上呈现星形结构,但从 MAU 内部看,令牌环网集线器上的每个端口实际上是用电缆连在一起,即当各站点与令牌环网集线器连接起来后,就形成了一个网环。因此,令牌环网实质上仍然是环形结构,或者说它采用的是一个物理环的结构。

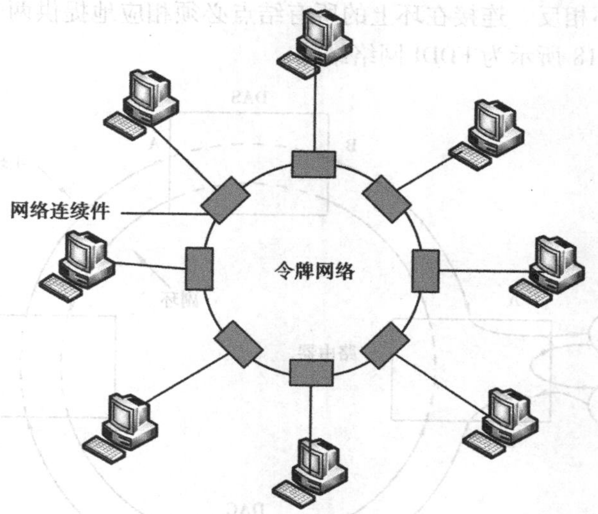

图 4.16 令牌环网物理连接

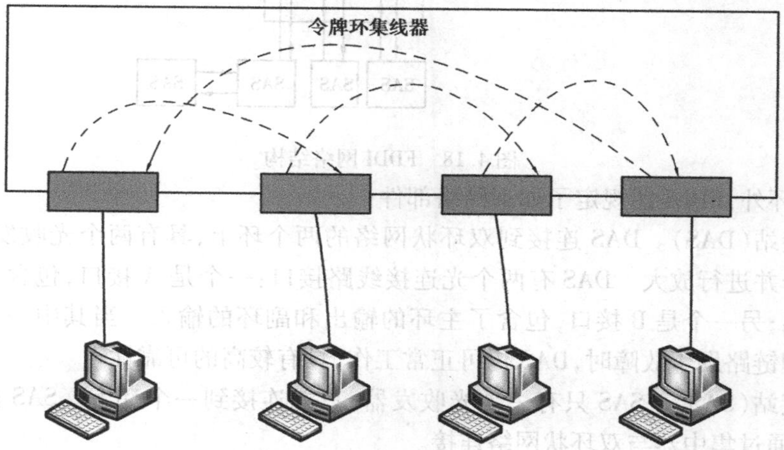

图 4.17 令牌环网组网方式

由于令牌环网的数据传输特性，其网络覆盖范围没有限制，但站点数不能太多，当使用STP的传输介质时，可连接2 ~260台设备，而使用UTP时只能连接2 ~72台设备。同时，单段网络距离也有一定的限制，使用STP组建令牌环网时，计算机和集线器的最大距离可达100 m；使用UTP时，距离仅为45 m。

4.7.2 FDDI光纤环网

光纤分布式数据接口（Fiber Distributed Data Interface，FDDI）是一个高性能的光纤令牌环网标准，该标准于1989年由美国国家标准（ANSI）制定。FDDI以光纤作为传输介质，地理覆盖范围可达几千米，既可以用于园区局域网的互联，也可以作为智能大厦的主干网络。

FDDI基本结构是由两根光纤同时将网上所有结点串接成两个封闭的环路，其中一个称为主环,另一个称为副环。数据在主环上单方向依次传递给相邻的下游结点,副环则作为主环的备份,数据方向与主环相反。连接在环上的所有结点必须相应地提供两个连接端口,分别连接主环和副环。如图 4.18 所示为 FDDI 网络结构。

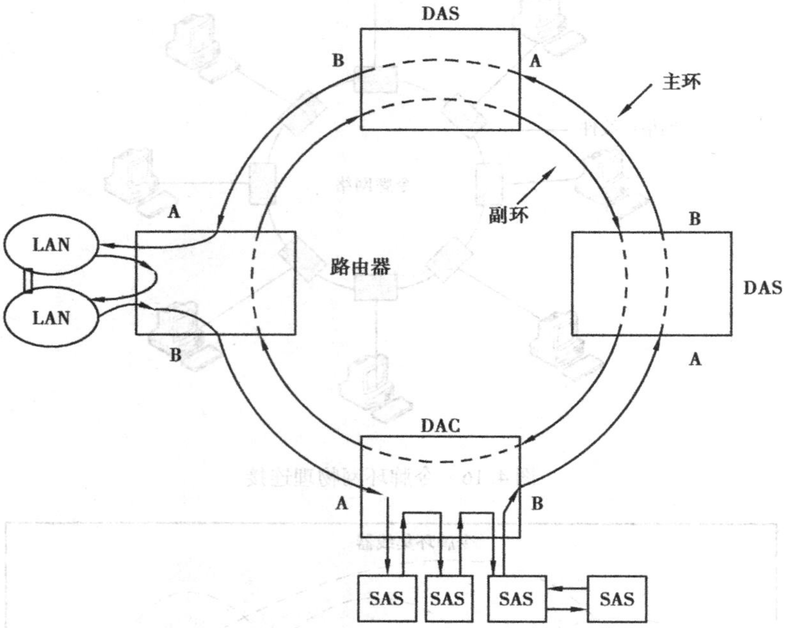

图 4.18　FDDI 网络结构

除主、副环外,FDDI 还规定了如下网络部件:

①双连接站(DAS)。DAS 连接到双环状网络的两个环上,具有两个光收发器,可在两个环上接收信号并进行放大。DAS 有两个光连接线路接口:一个是 A 接口,包含了主环的输入和副环的输出;另一个是 B 接口,包含了主环的输出和副环的输入。当其中一个光收发器失灵或一条物理链路发生故障时,DAS 仍可正常工作,具有较高的可靠性。

②单连接站(SAS)。SAS 只有一个光收发器,只能连接到一个环上。SAS 的物理接口称为从口,必须通过集中器与双环状网络连接。

③集中器(Concentrator)。连接到双环上的集中器称为双环集中器(DAC),通过 DAC 连接到单环上的集中器称为单环集中器(SAC)。集中器提供的附加口称为主口,用于将 SAS 连接到双环网络上。集中器接收来自主环上的数据;然后依次转发到主口所连接的设备上;在最后一个主口收到数据后,再转发到主环上。当集中器所连接的设备发生故障或主口空闲时,有关链路在其内部旁路,使环状网仍能保持连接。

集中器采用内部旁路机制来绕开故障,而 DAS 则采用短路方式来绕开故障。在短路情况下,DAS 上正常工作的一侧得到的输入信号将直接送到同一侧的输出光纤上。此外,在故障一侧相邻的 DAS 也要进行短路处理,从而绕开故障。这时,双环变成单环。如果同时出现两个短路情况,则双环网络将被分隔成两个不相连的子网,当故障消除后,网络将会自动恢复到原始双环状态,这种旁路自愈功能使 FDDI 可靠性大大提高。

由于 FDDI 采用了光纤作为传输介质,同时又增加了容错处理能力,因此,具有很多的优越性。概括起来主要有如下三个方面：

①较长的传输距离。光纤具有其他传输介质所不具备的低损耗特性，这使得传输线路的无中继传输距离变长，多模光纤可达 2 km，单模光纤可达 100 km，网络环线长可达 200 km。因此，FDDI 的覆盖范围远远超过传统局域网所定义的范围，达到城域网的组网规模要求。

②较高的系统可靠性。由于在 FDDI 网络中采用了双环结构，使得网络的可靠性大为提高，这种连接方式可使网络系统即使在多重故障环境下仍可自行重构，并保证系统的安全可靠运转。另外，光纤技术还避免了信号传输过程中的电磁干扰和射频干扰现象，因此，FDDI 可在多种恶劣环境下使用，并能保证系统的可靠性。

③较大的传输带宽。FDDI 充分利用了光纤通信技术带来的高带宽，以 125 MHz 的时钟频率实现 100 Mbit/s 的传输速率，比传统的局域网提高了 10 倍的数据处理能力。同时，由于其传输距离特性，使得 FDDI 经常作为主干网出现在校园网、企业网及一些政府部门间局域网的互联中。

近年来，由于数据存储技术的发展，FDDI 还经常作为后端网络，应用于计算中心环境。这种计算中心环境的数据具有大容量的特点，数据传输可靠性要求高，数据传输速率也有一定的要求。而 FDDI 虽然起源于令牌环，但又结合了时间片环的设计思路，采用了令牌释放技术，因此，FDDI 环中允许同时有多个数据帧传输。这样，即使环路处于满负荷的工作状态，FDDI 网络仍能保持很高的带宽利用率，真正做到大容量数据传输。这种大容量数据传输的特性使得 FDDI 作为后端网络，在计算中心环境中起到高速局域网的作用。

4.7.3 ATM 局域网

异步传输模式 ATM（Asynchronous Transfer Mode）是一种采用具有固定长度分组（信息元）的网络交换和复用技术，是信息元中继的一种标准实施方案，也是实现宽带综合业务数字网（B-ISDN）的核心技术之一。

ATM 是一种面向连接的、通过建立虚电路进行数据传输。ATM 在进行数据通信时，需要在通信双方建立连接，通信结束后再由信令拆除连接。ATM 采用异步时分复用技术，收发双方的时钟可以不同，从而更有效地利用带宽。ATM 信息元结构由 53 个字节组成，即 5 个字节的信息头部和 48 个字节的被称为载荷的信息部分。数据可以是实时视频、高质量语音、图像等。ATM 技术具有如下特点：实现网络传输有连接服务，实现服务质量保证（QoS）；交换吞吐量大、带宽利用率高；具有灵活的组网拓扑结构和负载均衡能力，伸缩性、可靠性高。ATM 是现今唯一可同时应用于局域网、广域网这两种网络应用领域的网络技术，它将局域网与广域网统一了起来。

ATM 局域网就是以 ATM 为基本结构的局域网，即以固定数据报大小传递数据，并通过各种 ATM 接入设备将各种用户业务接入到 ATM 网络。由于 ATM 技术本身的优势，即宽带交换、面向连接以及可靠的业务质量保证，使得人们考虑将 ATM 技术应用到局域网上来。现阶段，ATM 局域网与传统局域网互联的结构如图 4.19 所示。

想一想：

ATM 局域网的主要工作原理是什么？与以太网的区别是什么？如何实现传统以太网与 ATM 网络的互通和兼容？

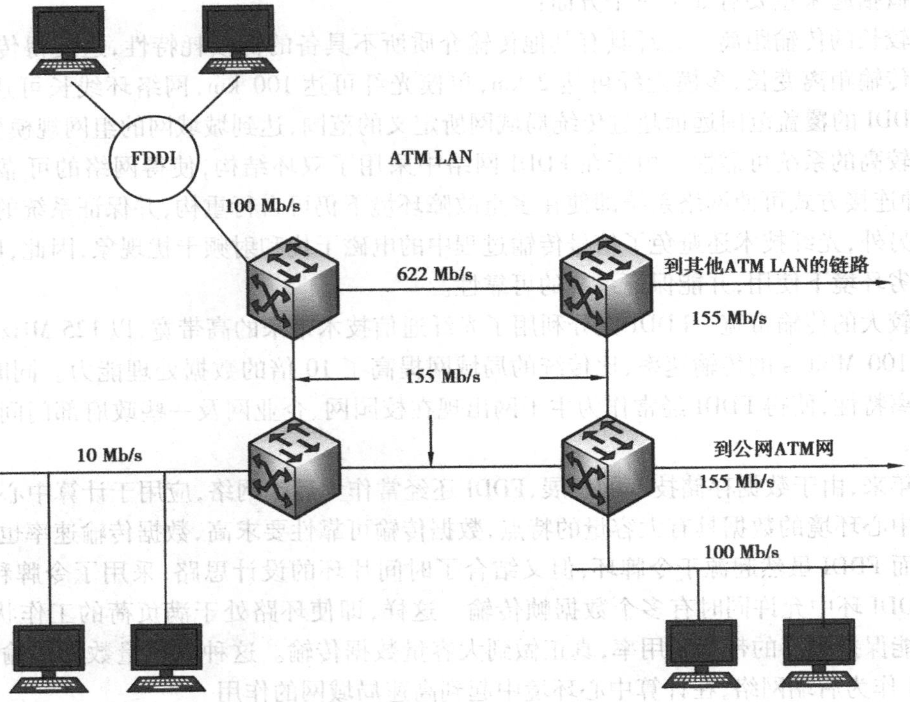

图 4.19 ATM 局域网与传统局域网互联的结构

4.8 工程应用案例分析

【案例描述】

某公司有两栋楼(A 楼和 B 楼),A 楼中有行政部 20 台计算机、销售部 50 台计算机、研发部 50 台计算机以及一台服务器,B 楼中有生产部 500 台计算机,公司领导交给小李的任务是:为公司设计合理的网络拓扑结构,能够在有限资金情况下保证网络的正常运行,同时给出选取通信介质的建议。

【案例分析及解决方案】

网络规划设计是网络工程的一个重要内容,对于网络的运行具有重要意义。对于局域网或企业网的设计,一般可采取层次化的网络拓扑设计,即将企业网设计为核心层、汇聚层、接入层三个层次。核心层为网络提供骨干组件或高速交换组件;汇聚层可完成数据包过滤、寻址、策略增强和其他数据处理;接入层实现终端用户接入网络,可建立独立的冲突域,建立工作组与汇聚层连接。为了保证网络的可靠性,可以对核心层进行冗余设计,如链路冗余或设备冗余。若考虑资金的有限,可在网络的扩展期实现冗余加强网络的可靠性。

综上分析,对此企业网的网络拓扑结构设计,可采用树形结构,其拓扑规划如图 4.20 所示。

整个网络的设计采用树形结构连接各个网络设备和主机,形成企业网的三级结构。

在通信介质的选择方面,双绞线成本较低且安装简单,在资金有限的情况下作为首选传输介质。对于接入层,由于设备间距离不超过 100 m,可以选择非屏蔽双绞线,如五类 UTP;若网络设备之间距离较远,可选择多模光纤作为传输介质,例如,A 楼与 B 楼之间的传输介质便可选择多模光纤,防火墙出口处可采用光纤专线接入互联网。

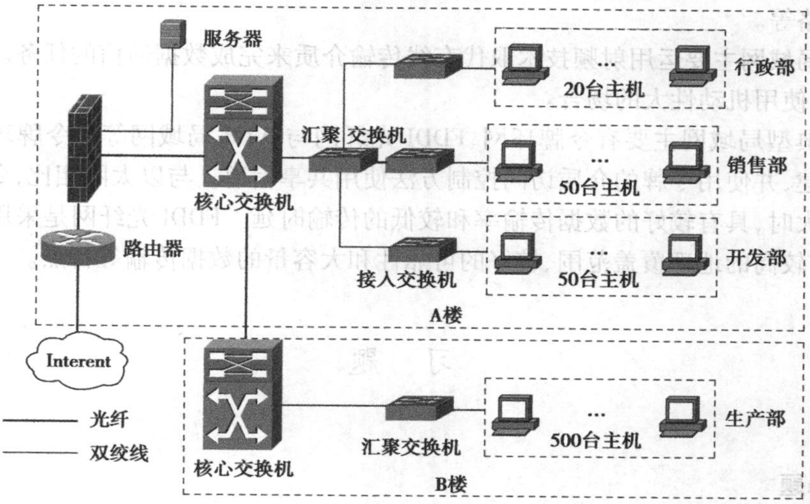

图 4.20　某公司网络拓扑规划

小　结

本章讨论的问题是具有地理覆盖范围小、数据传输速率高等特点的局域网,在进行数据通信时所涉及的各种情况。局域网技术是计算机网络技术中最常见、最显著、应用最广泛的技术之一。局域网的传输介质、网络拓扑结构及介质访问控制方法是决定局域网好坏的关键因素。本章的主要内容可概括如下:

①局域网具有地理覆盖范围小、传输速率高、由专门的机构筹建并供其专用的特点。局域网的传输介质、网络拓扑结构及介质访问控制方法决定了局域网的好坏。为了降低局域网数据链路层的复杂性,将数据链路层分为逻辑链路控制子层和介质访问控制子层。IEEE 802 标准系列是国际标准化组织对于局域网建设的主要成果。

②CSMA/CD 是一种随机访问控制方法,各站点地位相等,要发送信息的站点即遵循 CSMA/CD 规则竞争共享信道的传输介质,不可避免会有冲突产生。令牌介质访问控制方法维护一个令牌,利用令牌对各站点进行轮流访问,使得站点获得共享信道的使用权,这种方式不存在信道竞争,不会出现冲突,负载大小对网络影响不大。

③以太网是一种特殊的局域网,大多以太网采用总线型拓扑结构、双绞线进行组网。随着技术的发展,光纤也成为局域网组建中重要的可选传输介质。大多数以太网采用的介质访问控制方法是 CSMA/CD 协议。

④从传统以太网可以升级到快速以太网及高速以太网,可以采取使用交换式以太网、全双工以太网或高速服务器连接等方式提高传统以太网的带宽。在扩展以太网覆盖范围方面,可以使用网络设备(如网桥、交换机等)进行地理覆盖范围的扩大。

⑤虚拟局域网 VLAN 的主要作用是能够根据用途、工作组、应用等的不同来逻辑上划分局

域网，使物理位置不同的多个计算机能够形成逻辑组，从而控制网络广播风暴、加强网络安全性及方便网络管理。VLAN 的划分方法有基于端口号、基于 MAC 地址、基于第三层协议、IP 组播及基于策略等。

⑥无线局域网主要运用射频技术取代有线传输介质来完成数据通信的任务。它适合应用于空间有限、使用机动性大的场合。

⑦其他典型局域网主要有令牌环网、FDDI 光纤网与 ATM 局域网等。令牌环网采用环型拓扑结构组建，并使用令牌的介质访问控制方法使用共享信道。与以太网相比，令牌环网在网络通信量较大时，具有较好的数据传输率和较低的传输时延。FDDI 光纤网是采用光纤作为传输介质，具有较高的地理覆盖范围、较好的可靠性和大容量的数据传输等特点。

习　题

一、选择题

1. 从介质访问控制这个角度来考虑，下列(　　)方法不是局域网的所采用的方法。

A. CSMA/CD　　B. 红外线　　C. 令牌环　　D. 令牌总线

2. 一般认为决定局域网特性的主要技术有三个，它们是(　　)。

A. 传输媒体、差错检测方法和网络操作系统

B. 通信方式、同步方式和拓扑结构

C. 传输媒体、拓扑结构和媒体访问控制方法

D. 数据编码技术、媒体访问控制方法和数据交换技术

3. 以太网链路聚合技术是将(　　)。

A. 多个逻辑链路聚合成一个物理链路　C. 多个逻辑链路聚合成一个逻辑链路

B. 多个物理链路聚合成一个物理链路　D. 多个物理链路聚合成一个逻辑链路

4. 采用 CSMA/CD 协议的传统以太网，若段长为 1 000 m，中间没有中继器，信号的传播速率为 200 m/μs，为了保证在发送期间能够检测到冲突，则该网络上的最短有效帧长为(　　)比特。

A. 50　　B. 100　　C. 150　　D. 200

5. 局域网的协议结构一般不包括(　　)。

A. 物理层　　B. 数据链路层　　C. 网络层　　D. 介质访问控制层

6. 以太网 100Base-TX 标准规定的传输介质是(　　)。

A. 三类 UTP　　B. 三类 UTP　　C. 单模光纤　　D. 多模光纤

7. 在下面关于 VLAN 的描述中，不正确的是(　　)。

A. VLAN 将交换机划分成多个逻辑上独立的交换机

B. 主干链路可以提供多个 VLAN 之间通信的公共通道

C. 由于包含了多个交换机，所以 VLAN 扩大了冲突域

D. 一个 VLAN 可以跨越多个交换机

8. 可以采用静态或动态方式来划分 VLAN，下面属于静态划分的方法是(　　)。

A. 按端口划分　　B. 按 MAC 地址划分
C. 按协议类型划分　　D. 按逻辑地址划分

9. 100Base-FX 采用的传输介质是(　　)。
A. 双绞线　B. 光纤　C. 无线电波　D. 同轴电缆

10. 在 VLAN 中,每个虚拟局域网络组成一个(　　)。
A. 区域　B. 组播域　C. 冲突域　D. 广播域

11. 如果一个 VLAN 跨越多个交换机,则属于同一个 VLAN 的工作站要通过(　　)互相通信。
A. 应用服务器　B. 主干线路　C. 环网　D. 本地交换机

12. 在缺省配置的情况下,交换机的所有端口＿(1)＿。连接在不同交换机上的、属于同一 VLAN 的数据帧必须通过＿(2)＿传输。
(1) A. 处于直通状态　　B. 属于同一 VLAN
C. 属于不同 VLAN　　D. 地址都相同
(2) A. 服务器　B. 路由器　C. Backbone 链路　D. Trunk 链路

13. 以太网中如果发生介质访问冲突,按照二进制指数后退算法决定下一次重发的时间,使用二进制后退算法的理由是(　　)。
A. 这种算法简单
B. 这种算法执行速度快
C. 这种算法考虑了网络负载对冲突的影响
D. 这种算法与网络的规模大小无关

14. 下面关于交换机的说法中,正确的是(　　)。
A. 以太网交换机可以连接运行不同网络层协议的网络
B. 从工作原理上讲,以太网交换机是一种多端口网桥
C. 集线器是一种特殊的交换机
D. 通过交换机连接的一组工作站形成一个冲突域

15. 在层次化网络设计中,(　　)不是核心层交换机的设备选型策略。
A. 高速数据转发　　B. 高可靠性
C. 良好的可管理性　　D. 实现网络的访问策略控制

16. IEEE 802.1q 协议的作用是(　　)。
A. 生成树协议　　B. 以太网流量控制
C. 生成 VLAN 标记　　D. 基于端口的认证

二、简答题

1. 局域网有哪些主要特点？为什么局域网采用广播通信方式而广域网不采用呢？
2. 局域网的体系结构中数据链路层是如何划分的？各自的作用如何？
3. 以太网使用的 CSMA/CD 协议是以争用方式接入到共享信道,这与传统的时分复用 TDM 相比,有哪些优缺点？
4. 交换式以太网和共享式以太网有什么区别？
5. 什么是 VLAN？主要功能是什么？

6. Wi-Fi 和 WLAN 是完全相同的意思吗？请简单说明一下。

三、工程应用题

阅读以下说明，回答问题 1 至问题 5，将解答内容填入对应的解答栏内。

【说明】某学校有三个校区，校区之间最远距离达到 61 km，学校现在需要建设校园网，具体要求为：校园网通过多运营商接入互联网，主干网采用千兆以太网将三个校区的中心结点连接起来，每个中心结点都有财务、人事和教务三类应用。按应用将全网划分为三个 VLAN，每个中心都必须支持三个 VLAN 的数据转发。路由器用光纤连到校区 1 的中心结点上，距离不超过 500 m，网络结构如图 4.21 所示。

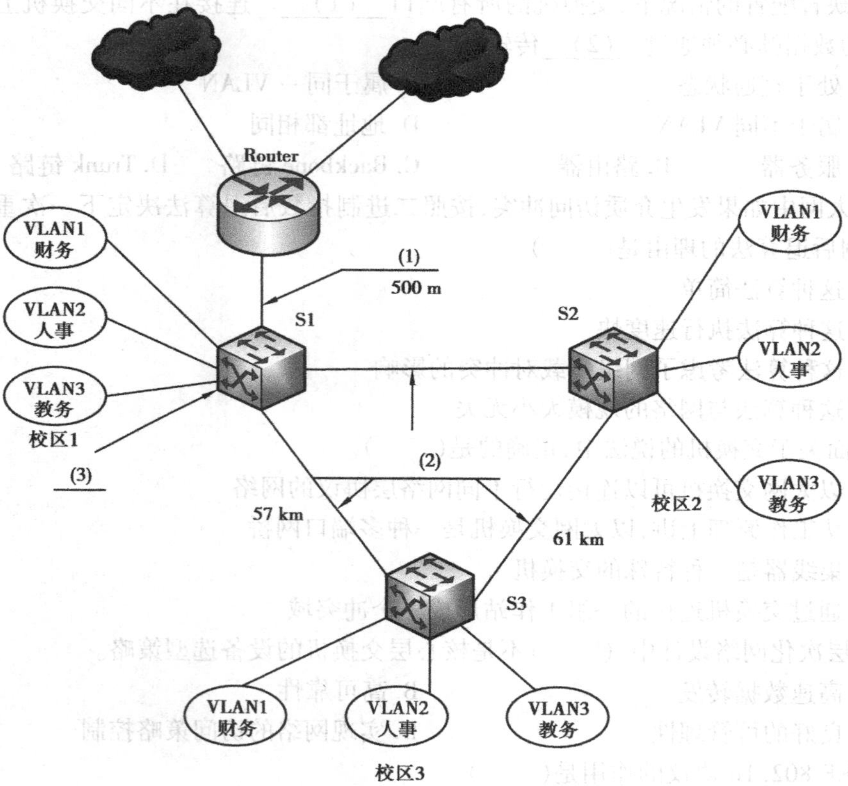

图 4.21　某学校网络拓扑结构

【问题 1】

根据题意和图，从经济性和实用性出发填写网络拓扑图中所用的传输介质和设备。(1) ~ (3)的备选答案：

A. 三类 UTP　　B. 五类 UTP　　C. 六类 UTP　　D. 单模光纤

E. 多模光纤　　F. 千兆以太网交换机

G. 百兆以太网交换机　　H. 万兆以太网交换机

【问题 2】

如果校园网中办公室用户没有移动办公需求，采用基于(　　)的 VLAN 划分方法比较合理;如果有的用户需要移动办公,采用基于(　　)的 VLAN 划分方法比较合适。

【问题 3】

图 4.21 中所示的交换机和路由器之间互联的端口类型全部为标准的 GBIC 端口,表 4.4 列出了互联所用的光模块参数指标,请根据组网需求从表中选择合适的光模块类型满足合理的建网成本,路由器与 S1 之间用(　　)互联,S1 和 S2 之间用(　　)互联,S1 和 S3 之间用(　　)互联,S2 和 S3 之间用(　　)互联。

表 4.4　光模块的参数指标

光模块	标　准	波长/nm	光纤类型/μm	备　注
模块 1	1000BaseSX	850	62.5/125 50/125	多模,价格便宜
模块 2	1000BaseLX/1000BaseLH	1 310	62.5/125 50/125 9/125	单模,价格稍贵
模块 3	1000BaseZX	1 550	9/125	单模,价格昂贵

【问题 4】

如果将路由器和 S1 之间互联的模块与 S1 和 S2 之间的模块互换,路由器和 S1 以及 S1 和 S2 之间的网络是否能连通?

【问题 5】(拓展、综合类)

若 VLAN3 的网络用户因为业务需要只允许从 ISP1 出口访问互联网,在路由器上需进行基于(　　)的策略路由配置。其他 VLAN 用户访问互联网资源时,若访问的是 ISP1 上的网络资源,则从 ISP1 出口;若访问的是其他网络资源,则从 ISP2 出口,那么在路由器上需进行(　　)的策略路由配置。

第 5 章

广域网

本章主要知识点

- ✧ 广域网的构成及分组转发机制。
- ✧ 公共网技术，如 ISDN 网、X.25 网、DDN 网等。
- ✧ 接入网技术，如 DSL 接入、HFC 接入、光纤接入、高速以太网接入等。

能力目标

- ✧ 具备掌握广域网的构成及分组转发机制原理的能力。
- ✧ 具备了解常见的公共网技术的能力。
- ✧ 具备认识接入网技术的能力。

5.1 广域网的概念

当两台相互通信的主机相距较远时，局域网便无法完成其通信任务，这时就需要另一种结构的网络，即广域网。广域网是在传输距离较长的前提下发展的相关技术集合，用于将大区域范围内的各种计算机设备和通信设备互联起来，组成一个资源共享的通信网络。

与局域网不同，广域网的显著特点即为数据传输的距离长，通常是跨越城市甚至是连通全球的远距离数据传输，同时，广域网还具有低速率、高成本、传输介质多样等特点。因此，广域网不能使用多点接入技术及其相关协议完成数据通信，广域网中各结点之间应该采取点到点的连接方式，并使用网络层的协议实现路由选择与存储转发。广域网的造价较高，一般由国家或较大电信公司出资建设，完成长距离的主机发送数据任务。

5.1.1 广域网的构成

广域网由一些结点交换机以及连接这些交换机的链路组成。结点交换机负责将分组存储转发。结点间采用点对点的连接方式，使用网络层协议完成路由选择和分组转发功能。广域网的结点交换机在网络中为骨干交换机，具有背板带宽大、包交换速率高、转发性能强等特点。这种交换机一般具有三层或者更高层的功能，也称为多层交换机。

广域网与互联网不同，互联网虽然覆盖范围也很大，但它强调的是不同网络的“互联”，因此，必须使用路由器来连接各网络设备。广域网指的是使用结点交换机连接各主机的单个网络。广域网是互联网的一部分，是互联网的组成构件。结点交换机与路由器的工作原理相似，区别是，结点交换机在单个网络中转发分组，而路由器是在多个网络构成的互联网中转发分组。由局域网和广域网组成的互联网如图5.1所示。

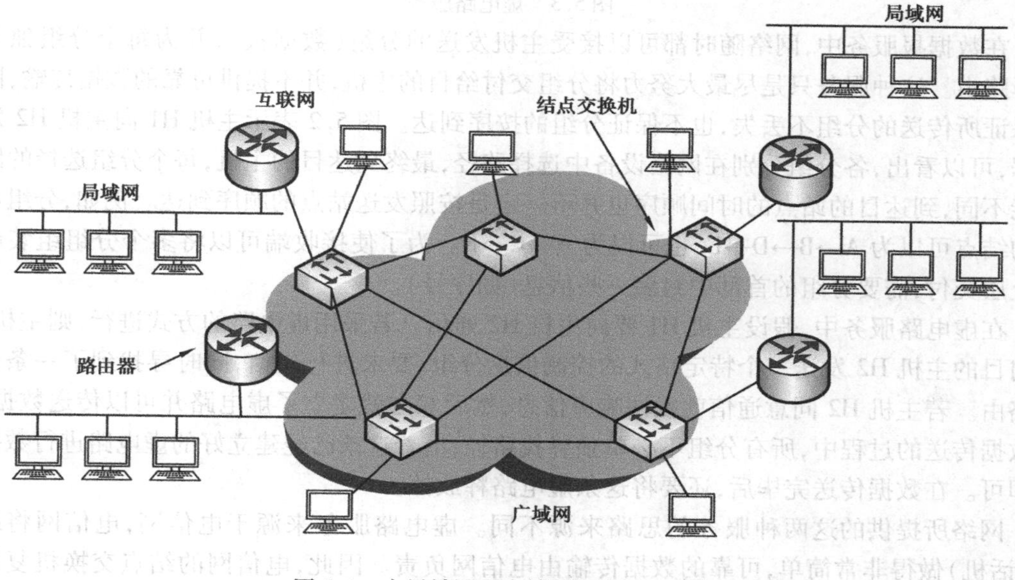

图5.1　由局域网和广域网组成的互联网

广域网与局域网有一个共同特点：连接在一个广域网或局域网上的主机在该网内进行通信时，只需要使用其网络的物理地址即可。

5.1.2　数据报和虚电路

从体系结构上看，广域网涉及三个层次：物理层、数据链路层和网络层。广域网可以在最高层（即网络层）看数据的流向。网络层可以为连接在网络上的设备提供两种服务：无连接的网络服务——数据报服务、面向连接的网络服务——虚电路服务。

如图5.2和图5.3所示分别给出了这两种服务的主要特点。

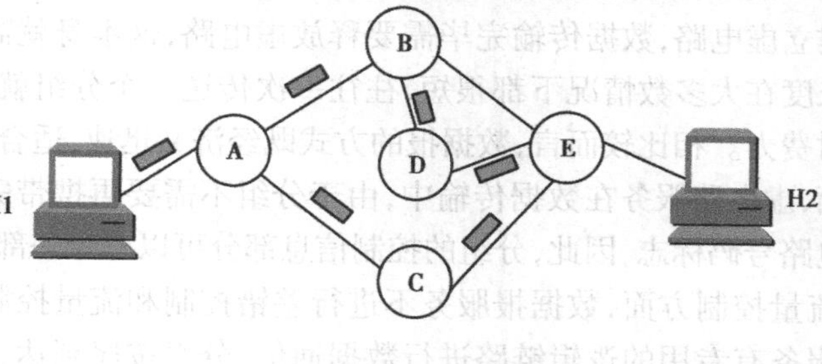

图5.2　数据报服务

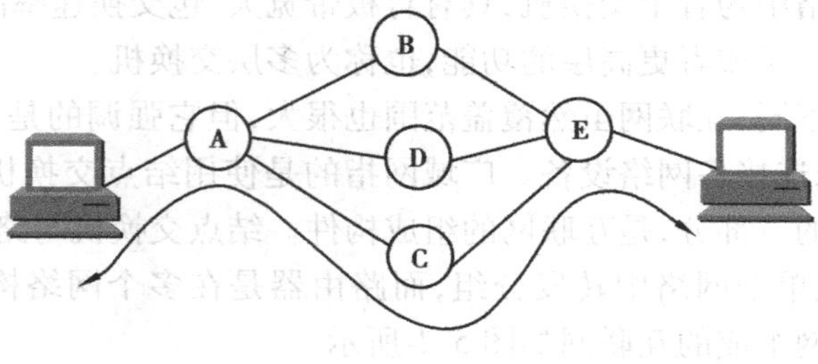

图 5.3 虚电路服务

在数据报服务中,网络随时都可以接受主机发送的分组(数据报),并为每个分组独立地选择路由。这种服务只是尽最大努力将分组交付给目的主机,并不提供可靠的数据传输,网络不保证所传送的分组不丢失,也不保证分组的按序到达。图 5.2 表示主机 H1 向主机 H2 发送数据,可以看出,各分组分别在网络设备中选择路径,最终到达目的主机,每个分组选择的路径可能不同,到达目的站点的时间顺序也并不一定是按照发送站点的顺序到达。例如,分组可经过的结点可以为 A→B→D→E,也可以为 A→C→E。为了使接收端可以将多个分组组装起来向上层交付,需要分组的首部中封装一些信息(如序号)。

在虚电路服务中,假设主机 H1 要向主机 H2 通信。若采用虚电路的方式进行,则主机 H1 先向目的主机 H2 发送一个特定格式的控制信息分组,要求进行通信,同时寻找到了一条合适的路由。若主机 H2 同意通信就发回响应信息,然后双方就建立了虚电路并可以传送数据了。在数据传送的过程中,所有分组不必单独寻找路径,沿着这条已经建立好的虚电路进行数据传送即可。在数据传送完毕后,还要将这条虚电路释放掉。

网络所提供的这两种服务的思路来源不同。虚电路服务来源于电信网,电信网将终端(电话机)做得非常简单,可靠的数据传输由电信网负责。因此,电信网的结点交换机复杂而昂贵。

数据报服务要求使用较复杂且有一定智能性的主机作为终端,这样可靠通信便可以由主机中的软件(如 TCP 协议)来保证。采用这种设计思路的观点是,无论用什么方法设计网络,网络提供的服务并不可能做得非常可靠,用户主机仍要负责端到端的可靠性。只要让网络提供数据报服务,就能完成基本通信功能,并能大大简化网络层的结构。虽然数据传输的差错处理需要两端的主机来处理,带来了一定的时延,但技术的进步使得网络传输出错的概率越来越小,能够使网络为用户提供更多的服务。互联网能够发展到今天的规模,充分说明了在网络层提供不可靠的数据报服务是非常成功的。

除了上述的主要区别外,数据报服务和虚电路服务还各自有一些优缺点。由于虚电路服务在传输分组时需要建立虚电路,数据传输完毕需要释放虚电路,这本身就需要耗费网络资源;而网络上传送的报文长度在大多数情况下都很短,往往一次传送一个分组就够了,从这方面考虑,使用虚电路服务费时费力。相比较而言,数据报的方式既经济又迅速,适合具有突发特点的网络传输数据。另一方面,虚电路服务在数据传输中,由于分组不需要再携带完整的目的地址信息,只需要有简单的虚电路号码标志,因此,分组的控制信息部分可以减少一部分开销。

在差错控制和流量控制方面,数据报服务不进行差错控制和流量控制,主机承担端到端的可靠传输。虚电路服务有专用的逻辑链路进行数据通信,分组按序到达,能够进行差错控制和流量控制。

表5.1归纳了虚电路服务与数据报服务的主要区别。

表5.1　虚电路服务与数据报服务的主要区别

对比项	虚电路服务	数据报服务
思路	可靠通信由网络来保证	可靠通信由主机保证
连接的建立	必须有	不要
目的站地址	仅在连接建立阶段使用,建立虚电路后每个分组仅使用短的虚电路号	每个分组都必须携带目的站的地址
分组的转发	分组按照同一路由进行转发	每个分组独立选择路由进行转发
当结点出故障时	虚电路上的所有结点均不能传输数据,必须重新建立虚电路才能继续通信	出故障的结点可能会丢失分组,其他结点的路由信息可能改变,但仍能传输数据
分组的顺序	按序到达	不一定按序到达
端到端的差错处理和流量控制	由网络负责,也可由主机负责	由主机负责

5.1.3　广域网中的分组转发机制

网络的核心部分收到分组后,会依据自己转发表的内容进行转发。转发指交换结点收到分组后根据其目的地址查找转发表,并给出应从结点的哪一个接口将分组发送出去。与转发的概念相对应的是路由选择,路由选择是构建路由表的过程。路由表的构建要根据一定的路由选择算法得到,路由表体现了网络的拓扑结构。转发表是根据路由表构建的。

总之,路由选择协议负责搜索分组从某个结点到目的结点的最佳传输路由,目的是构造路由表。从路由表再构造出转发分组的转发表(转发表比路由表简单些)。分组是通过转发表进行转发的。有时为了讨论方便,没有严格区分转发表和路由表(例如,在转发分组时不是说"查找转发表",而说"查找路由表"),这并不影响对问题实质的理解。

(1)结点交换机转发表的内容

如前所述,为了能够将分组转发出去,结点交换机的转发表必须存储到达每一个主机的路由,但这样做会造成查找转发表时间较长的问题。为了减少转发表的长度,在广域网中一般采用层次型的地址结构来标识源主机或目的主机的地址。

一种最简单的层次型结构地址的表示方式,即将一个用二进制表示的主机地址分为分组交换机的编号与分组交换机的端口号两部分,如图5.4所示。

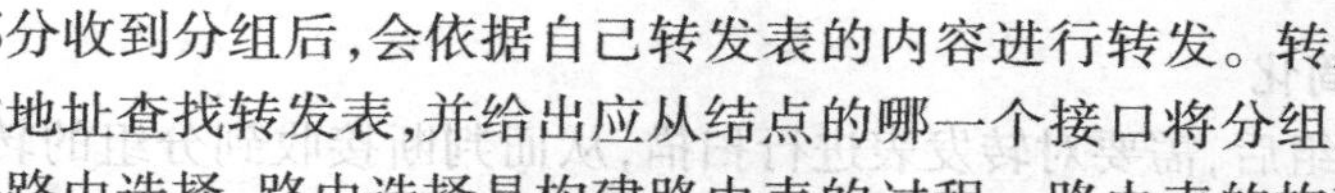

图5.4　广域网中主机地址的组成

分组可以这种地址方式表示目的主机的地址。例如,在图5.5中,交换机1所接入的两个主机的地址可以表示为[1,1]、[1,3]。其中,[1,1]表示连接在标号为1的交换机的1号端口的主机。采用这种方式,广域网中的每一台主机地址一定是唯一的。

下面以图 5.5 为例,讨论结点交换机转发分组的流程。为简单起见,给出结点交换机 2 的转发表中的内容,即目的站与下一跳。

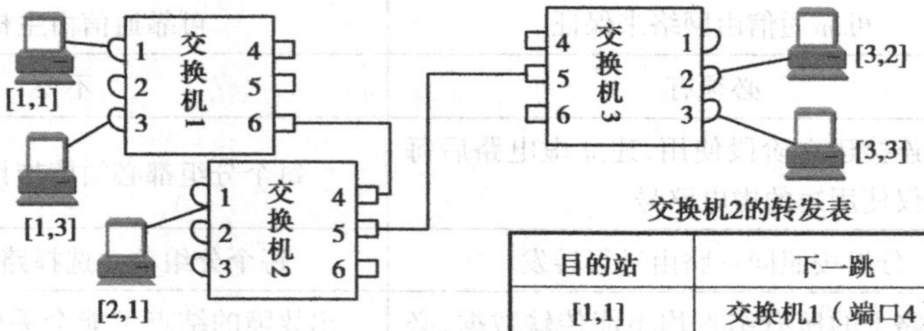

交换机2的转发表

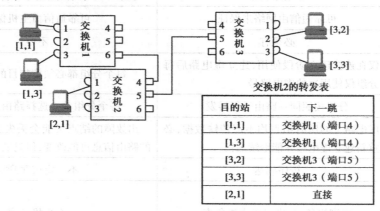

目的站	下一跳
[1,1]	交换机1（端口4）
[1,3]	交换机1（端口4）
[3,2]	交换机3（端口5）
[3,3]	交换机3（端口5）
[2,1]	直接

图 5.5　结点交换机转发分组

例如,有一个分组原主机地址为[1,1],欲发往的目的主机地址为[3,2]。若结点交换机 2 收到这个分组,则首先在此分组的首部提取目的主机地址;然后查找结点交换机 2 的转发表,表中有和目的主机地址[3,2]相同的项,其下一跳为交换机 3,则按照此下一跳转发分组至交换机 3。

(2)转发表的简化

交换机收到分组后,需要对转发表进行扫描,从而判断接收到分组的转发路径。因此,转发表中项的多少直接影响数据转发的效率。转发表的简化对提高转发效率有重要意义。

由于转发表中目的站的交换机号相同,查出的"下一跳"也相同,因此,转发表中不必具有目的站的完整地址,只需要已知交换机号,就能确定转发的路径,故可以将转发表中的"目的站"定义为"目的主机地址的交换机号",使转发表得以简化。例如,交换机 2 的转发表经简化后,由原来的六项压缩为三项,即将交换机号相同的项合并,见表 5.2。

表 5.2　交换机转发表的简化

目的站	下一跳
[1]	交换机 1(端口 4)
[3]	交换机 3(端口 5)
[2]	直接

(3)默认路由

可以根据网络拓扑结构,对转发表做进一步简化。例如,为了去除转发表中重复的项,可以引入"默认路由"将多个具有相同下一跳的项合并。为描述方便,这里将交换机表示为结点,链路表示为两个结点间的连线。

一种可能的网络拓扑结构如图 5.6 所示,则结点 A 的转发表见表 5.3。

不难看出,在这种拓扑结构中,结点交换机 A 无论收到何种目的站的数据包,其下一跳均为交换机 C。因此,交换机 A 的转发表中有下一跳相同的重复项。为了减少重复项,简化转发表,用一个默认路由代替所有具有相同下一跳的项目。默认路由比其他项目的优先级低,若转发分组时找不到明确的项目对应,才使用默认路由。

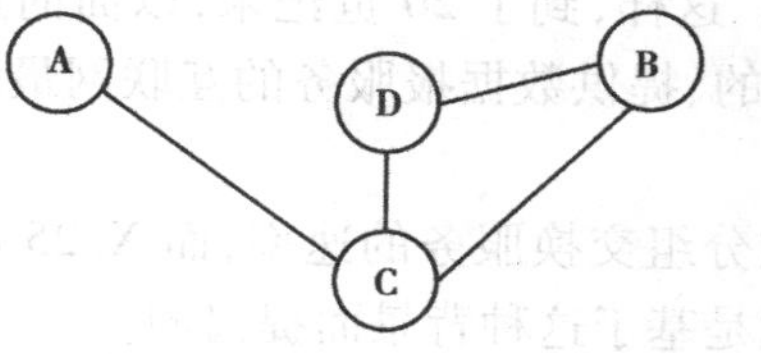

图5.6 结点交换机转发分组

表5.3 图5.6对应的转发表

目的站	下一跳
[B]	交换机C
[C]	交换机C
[D]	交换机C
[A]	直接

在较小的网络中,转发表中重复的项目不多,但较大的广域网转发表就有可能出现很多的重复项,使用默认路由能够简化转发表,减少程序查找转发表的时间,提高转发效率,但默认路由需要网络管理员根据网络拓扑结构进行特殊配置。

如前所述,转发表是结点交换机收到分组后进行数据转发的重要依据,对于简单的网络,稍加观察就能写出所有结点的转发表;但对于大型的广域网,情况就不同了。因此,转发表中各项的写入必须使用合适的路由算法。所谓"路由算法",就是用于产生路由表的算法。

5.2 公用网技术

5.2.1 ISDN网络

电话网在实现了数字传输和数字交换后,形成了电话的综合数字网(Integrated Digital Network,IDN)。在用户线上实现二级双向数字传输,以及将各种话音和非话音业务综合起来处理和传输,实现不同业务终端之间的互通,即将数字技术和电信业务综合起来,就形成了综合业务数字网ISDN。

ISDN采用标准的基本速率接口(Basic Rate Interface,BRI)或基群速率接口(Primary Rate Interface,PRI),使用户能够接入多种业务。ISDN可分为两种:窄带综合业务数字网(N-ISDN)和宽带综合业务数字网(B-ISDN)。N-ISDN常用于家庭及小型办公室,向用户提供两种接口,即基本速率和基群速率。B-ISDN是在N-ISDN基础上发展而来的,这种网络的用户接口连接在所有用户所在地的光缆上,最初速率在150~600 Mbit/s,大大高于N-ISDN。

5.2.2 X.25网络与帧中继FR

X.25网络就是X.25分组交换网,它是40多年前根据CCITT的X.25建议书实现的计算机网络。虽然这种网络现在已经被淘汰了,但它在推动分组交换网发展的过程中做出了很大的贡献。

20世纪70年代,计算机价格昂贵,许多用户只用得起廉价的哑终端,当时通信线路的传输质量还较差,误码率较高。X.25的设计思路是将智能做在网络内。因此,网络层进行数据传输时,不仅需要确认机制,还应使用流量控制机制。X.25网络是以面向连接的虚电路服务为基础进行数据通信，端到端的可靠数据传输由网络层负责，其数据链路层协议和网络层协议十分复杂。

随着技术的不断进步，通信主干线路已大量使用光纤技术，数据传输的误码率大大降低，PC 机的价格急剧下降，哑终端基本退出了市场。这样，到了 20 世纪末，以面向连接为主要思路的 X.25 分组交换网退出了历史舞台，无连接的、提供数据报服务的互联网最终成为世界上最大的计算机网络。

20 世纪 80 年代后期，许多应用都需要增加分组交换服务的速率，而 X.25 网络的体系结构不适合高速交换，帧中继（Frame Relay，FR）就是基于这种背景而提出的。

帧中继为了减少结点处理时间，将差错控制和流量控制机制推到网络的边界，从而实现轻载协议网络。当帧中继交换机收到一个帧的首部时，只要查出帧的目的地址就立即开始转发该帧，因此，在帧中继网络中，一个帧的处理时间比 X.25 网少一个数量级。

帧中继是一种很重要的广域网技术，它采用在通信的站点之间建立虚电路的面向连接技术，提供永久虚电路和交换虚电路两种类型的服务。另外，局域网通过广域网互联时，除了租用专线的方法外，也可以利用帧中继在各交换机之间建立永久虚电路，达到使一个局域网通过广域网与其他局域网进行有效通信的目的。

5.2.3 DDN 网络、SDH 网络与 MSTP

（1）DDN 网络

数字数据网（Digital Data Network，DDN）是将数万、数十万条以光缆为主体的数字电路通过数字电路管理设备，构成一个传输速率高、质量好、网络时延小、全透明、高流量的数据传输基础网络。它利用数字信道来连续传输数据信号，不具备数据交换功能，也不同于报文交换网和分组交换网。它的主要作用是向用户提供永久性和半永久性连接的数字数据传输信道，这种信道既可用于计算机之间的通信，也可用于数字化传真、数字话音、数字图像信号或其他数字化信号的传送。

（2）DDN 网络的结构

DDN 网络是由数字传输电路和相应的数字交叉复用设备组成的。其中，数字传输主要以光缆传输电路为主，数字交叉连接复用设备对数字电路进行半固定交叉连接和子速率的复用。DDN 网络结构如图 5.7 所示。

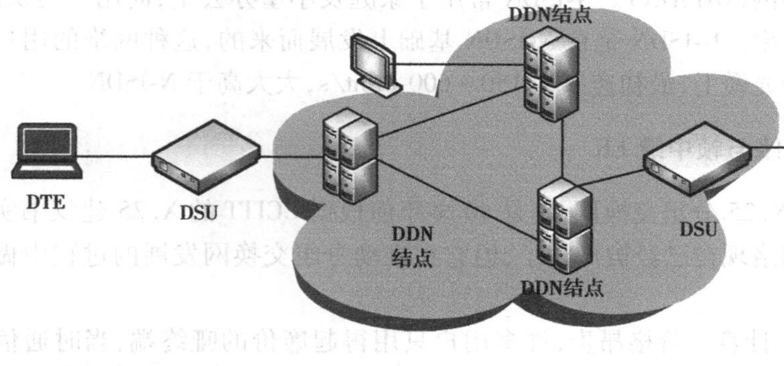

图 5.7　DDN 网络结构

DTE：数据终端设备。接入 DDN 网的用户端设备可以是局域网，通过路由器连至对端，也可以是一般的异步终端或图像设备,以及传真机、电传机、电话机等。DTE 和 DTE 之间是全透明传输。

DSU:数据业务单元。可以是调制解调器或基带传输设备,以及时分复用、语音/数字复用等设备。

DTE 和 DSU 的主要功能是业务的接入和接出。

网管中心可以方便地进行网络结构和业务配置,实时监控网络运行状况,收集并统计报告网络信息、网络结点告警和线路利用情况等。

按照网络的基本功能,DDN 网又可分为核心层、接入层和用户接口层。

①核心层:以 2MB 电路,构成骨干结点核心,执行网络业务的转接功能,包括帧中继业务的转接功能。

②接入层:为 DDN 各类业务提供自速率复用和交叉连接,帧中继业务用户接入和本地帧中继功能,以及压缩话音/G3 传真用户入网。

③用户接口层:为用户入网提供适配和转接功能,如小容量时分复用设备等。

DDN 网络将数据通信技术、数字通信技术、光纤通信技术、数字交叉连接技术和计算机技术有机地结合在一起,形成了一个全透明网络,能够为用户提供多种业务来满足不同需求,应用范围较广。

(3)SDH 网络

SDH(Synchronous Digital Hierarchy,同步数字体系)是一种将复接、线路传输及交换功能融为一体,并由统一网管系统操作的综合信息传送网络。继美国贝尔通信技术研究所提出同步光网络(Synchronous Optical Network,SONET)后,ITU-T 于 1988 年接受了 SONET 概念并重新命名为"SDH",使其成为不仅适用于光纤也适用于微波和卫星传输的通用技术体制。它可实现网络有效管理、实时业务监控、动态网络维护、不同厂商设备间的互通等多项功能,能大大提高网络资源利用率,降低管理及维护费用、实现灵活可靠和高效的网络运行与维护,受到人们的广泛重视。

SDH 网络具有如下特点:

①SDH 有统一的帧结构数字传输标准速率和标准的光路接口,向上兼容性能好,能够容纳各种新的业务信号,形成了全球统一的数字传输体制标准,提高了网络的可靠性。

②SDH 接入系统的不同等级的码流在帧结构净负荷区内的排列非常有规律,而净负荷与网络是同步的,它简化了 DXC,实现了一次复用的特性,改善了网络的业务传送透明性。

③采用较先进的分插复用器(Add-Drop Multiplexer,ADM)、数字交叉连接(Digital Cross Connect,DXC),网络的自愈功能和重组功能非常强大。

④SDH 有多种网络拓扑结构,组网灵活,能增强网络监管,运行管理和自动配置功能,优化了网络性能,使网络安全、可靠,功能齐全和多样化。

⑤SDH 可以在多种介质上传输。

⑥SDH 是严格同步的,从而保证了整个网络稳定可靠,误码少,且便于复用和调整。

(4)MSTP

MSTP(Multi-Service Transfer Platform,多业务传送平台)是指一种基于 SDH 平台同时实现 TDM、ATM、以太网等业务的接入、处理和传送,并提供统一的网络控制和管理的平台。它可以将传统的 SDH 复用器、数字交叉链接器、WDM 终端、网络二层交换机和 IP 边缘路由器等多个独立的设备集成一个网络设备,适合作为网络边缘的融合结点支持混合型业务。

MSTP 具有灵活的带宽配置、按需的工作模式、可配置 QoS、独立运行生成树协议等特点,可以工作在全双工、半双工和自适应模式下,具备 MAC 地址自学习功能,能够在城域网汇聚层实现企业网络边缘结点到中心结点的业务汇聚,是公用网技术的主流技术之一。

MSTP 的实现基础是 SDH 技术对传输业务数据流的恢复能力和较小的延时性能。MSTP 将传送结点与各种业务结点融合在一起,构成业务层和传送层一体化的 SDH 业务结点,即融合的网络结点或多业务结点,主要应用于网络边缘各种应用的集成。

5.3 接入网技术

接入技术可分为有线接入技术和无线接入技术两大类。根据有线接入技术的发展过程,主要包括拨号接入、基于双绞线的 DSL 技术、基于 HFC 网(光纤和同轴电缆混合网)的 Cable Modem 技术、基于五类线的以太网接入技术、光纤接入技术及 SD-WAN 等。

5.3.1 拨号接入

拨号入网是一种利用电话线和公用电话网 PSTN 接入互联网的一种技术。PSTN 最初是一种固定线路的模拟电话网,如今已经实现了完全的数字化,为接入网络提供长距离的基础设施。对于广大用户而言,这种方式已经被 ADSL 和有线电视网等接入方式所替代。

5.3.2 DSL 接入

数字用户线(Digital Subscriber Line,DSL)技术可以分为非对称 DSL(如 ADSL)和对称 DSL(如 SDSL、HDSL)。自从 1989 年“DSL”的概念被提出以来,技术日渐成熟。为更好地推广 DSL 技术,1996 年起各个不同的组织和机构陆续开始制定 DSL 标准,形成 xDSL 标准,其中“x”代表各种数字用户环路技术,包括 HDSL(High-speed DSL,高速率 DSL)、SDSL(Symmetric DSL,对称 DSL)、ADSL、RADSL(Rate Adaptive DSL,速率自适应 DSL)、VDSL(Very-high-bit-rate DSL,超高速 DSL)等。

ADSL(Asymmetric Digital Subscriber Line,非对称数字用户线)是指用户线的上行速率与下行速率不同,上行速率低,下行速率高,因此,ADSL 特别适合传输多媒体信息业务,如视频点播、多媒体信息检索和其他交互式业务。这种接入方式采用 FDM 技术和 DMT 调制技术,在不影响正常电话使用的前提下,利用原有的电话双绞线进行高速数据传输。ADSL 能够向终端用户提供 1 ~ 8 Mbit/s 的下行传输速率和 512 kbit/s ~ 1 Mbit/s 的上行速率,有效传输距离为 3 ~ 5 km。

目前,DSL 技术已经很少使用,而由 PON(Passive Optical Network,无源光网络)技术提供更优质的网络接入服务。

5.3.3 HFC 接入

HFC(Hybrid Fiber-Coaxial),即光纤和同轴电缆相结合的混合网络,通常由光纤干线、同轴电缆支线和用户配线网络三部分组成。一般情况下,这种网络首先将光缆架设到小区,然后通过光电转换,利用有线电视的总线式同轴电缆连接到用户,提供综合服务。

HFC 网络通常包括局端系统(Cable Modem Termination System,CMTS)、用户端系统和 HFC 传输网络三个部分。CMTS 完成数据到射频 RF 转换,并与有线电视的视频信号混合,送入 HFC 中。用户端系统最主要的就是 Cable Modem,它不仅是 Modem,还集成了调谐器、加/解密设备、桥接器、网卡、以太网集线器等设备。现在的 Cable Modem 技术,上行速度通常能够达到 10 Mbit/s 以上,下行则可以达到更高的速度。

5.3.4 光纤接入

光纤接入方式是利用光纤传输技术,直接为用户提供宽带(B-ISDN,宽带综合业务数字网)的双向通道。光纤接入方式具有频带宽、容量大、信号质量好和可靠性高等优点。根据接入网络的室外传输设施中是否含有源设备,光纤接入网分为无源光网络(Passive Optical Network,PON)和有源光网络(Active Optical Network,AON)。有源光网络是指从局端设备到用户分配单元之间采用有源光纤传输设备,即光电转换设备、有源光器件以及光纤等;无源光网络一般指光传输段采用无源器件,实现点对多点拓扑的光纤接入网。目前,光纤接入网几乎都采用 PON 结构,是光纤接入的主要发展趋势。

光纤到家庭是接入网的终极形式,用户网光纤化可以有多种方案,有光纤到路边(Fiber To The Curb,FTTC)、光纤到小区(Fiber To The Zone,FTTZ)、光纤到大楼(Fiber To The Building,FTTB)、光纤到家庭(Fiber To The Home,FTTH)、光纤到桌面(Fiber To The Desktop,FTTD),这些方案统称为 FTTx。

5.3.5 高速以太网接入

传统以太网技术不属于接入网范畴。随着以太网技术的重大突破,高速以太网逐渐兴起,以太网的应用也正向包括接入网在内的公用网领域扩展。基于以太网的宽带接入技术由局侧设备和用户侧设备组成。局侧设备一般位于小区内,用户侧设备一般位于居民楼内;或局侧设备位于商业大楼内,而用户侧设备位于楼层内。局侧设备提供与 IP 骨干网的接口,用户侧设备提供与用户终端计算机相接的 10/100Base-T 接口,局侧设备具有汇聚用户侧设备网管信息的功能。

基于五类线的高速以太网接入是一种好的选择方式。目前,大多数商业大楼和新建住宅楼都进行了综合布线,布放了五类 UTP,将以太网插口布放到了桌边。在局域网中 IP 协议都是运行在以太网上,即 IP 包直接封装在以太网帧中,因此,以太网协议是目前与 IP 配合得最好的协议之一。以太网接入能给每个用户提供 10 Mbit/s 或 100 Mbit/s 的接入速率,完全能满足用户对带宽接入的需求。与其他接入方式相比,以太网接入方式性价比高,符合网络未来发展趋势。

5.3.6 SD-WAN

SD-WAN(Software Defined-WAN,广域软件定义网络)是将 SDN(Software Defined Network)技术应用到广域网场景中所形成的一种服务,这种服务可以用于连接企业网络、数据中心、互联网应用及云服务。实际上,SD-WAN 是一种由大数据、云计算等技术推动的应用,关于 SD-WAN,行业内并没有统一的定义。

一种能够体现SD-WAN核心思路的定义:SD-WAN将SDN技术应用到广域网场景中所形成的一种服务,这种服务用于连接广阔地理范围的企业网络,包括企业的分支机构以及数据中心。SD-WAN的典型特征是将网络控制能力通过软件方式"云化",并向用户提供可感知的网络服务。SD-WAN能够帮助用户降低广域网的开支,提高网络连接的灵活性。

小　结

本章讨论的是在传输距离较长的前提下进行数据传输时广域网的主要工作原理。与局域网不同,广域网由于其远距离传送的特性,使得它速率低、成本高,传输介质也相对多样化。广域网是互联网的组成构件,强调使用结点交换机连接各主机的单个网络。广域网涉及多层交换机、分组转发机制及所提供的网络服务,还涉及公用网及接入技术等。本章的主要内容可概括如下:

①广域网中结点交换机也称为多层交换机,除了具有背板带宽大、转发性能强等特点外,还具有三层路由功能。在结点交换机中,存在路由表和转发表两种数据结构,数据被结点交换机收到后会按照转发表中的表项进行数据转发,交到目的主机。转发表的表项过长,会影响结点交换机查找的效率,因此,可以采取一定的措施对转发表进行简化。如果能够设置默认路由,也能够提高数据转发成功率。

②数据报服务是无连接的网络服务,认为可靠通信可以由主机来保证;而虚电路服务的主要思路为可靠通信可以由网络来负责。

③公用网技术主要有ISDN、X.25、帧中继FR、DDN网络、SDH网络及SD-WAN。

④接入网技术主要有DSL接入、HFC接入、光纤接入及高速以太网接入等。按照接入网技术的产生发展过程,早期使用有线电话进行拨号接入互联网,然后形成数字数据网后,人们使用数字用户线接入,也可以使用光纤和同轴电缆相结合的HFC接入方式。目前较常用的互联网接入方式(如光纤接入或高速以太网接入的形式)都能够使用户方便地接入广域网进行远距离通信。

习　题

一、选择题

1. HDLC协议采用的帧同步方法为(　　)。

A. 字节计数法　　B. 使用字符填充的首尾定界法

C. 使用比特填充的首尾定界法　　D. 传输帧同步信号

2. 路由器的S0端口连接(　　)。

A. 广域网　　B. 以太网　　C. 集线器　　D. 交换机

3. ADSL是一种宽带接入技术,这种技术使用的传输介质是(　　)。

A. 电话线　　B. CATV电缆　　C. 基带同轴电缆　　D. 无线通信网

二、简答题

1. 试比较虚电路和数据报这两种服务的优缺点。
2. 广域网中的主机为什么采用层次结构方式进行编址?
3. ATM 的主要优缺点是什么?
4. 若 ATM 信元采用可变长度,那么会有何优缺点?

三、计算题

设有一个分组交换网,若使用面向连接的虚电路,则每一分组必须有 3 字节的分组首部,而每个网络结点必须为虚电路保留 8 个字节的存储空间来识别虚电路。但若使用无连接的数据报,则每个分组要有 15 个字节的分组首部,而结点就不需要保留转发表的存储空间。设每段链路每传 1 MB 需 0.01 元,而存储器的寿命为 2 年工作时间(每周工作 40 h)。假设一条虚电路的每次平均使用时间为 1 000 s,而此时间内发送 200 分组,每个分组平均要经过 4 段链路。试问采用哪种方案更为经济?相差多少?

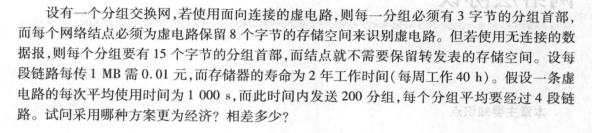

第 6 章

网络层协议

本章主要知识点

✧ 网际协议 IP、ICMP、ARP 和 RARP 的主要内容及作用。
✧ IP 地址的使用方法(分类 IP 地址、子网掩码和 CIDR)。
✧ IPv4 数据报格式及数据报分片与重装配过程。
✧ IPv6 地址表示、数据报首部格式及 IPv4 向 IPv6 过渡的方法。

能力目标

✧ 具备认识及掌握网际协议 IP 的能力。
✧ 具备 IP 地址的使用及分配(包括分类 IP 地址、子网掩码和 CIDR)的能力。
✧ 具备认识和掌握数据报的分片与重装配原理的能力。
✧ 具备对 ARP 工作过程、IP 地址与物理地址的认识和理解能力。
✧ 具备对 IPv4 向 IPv6 过渡方法的理解能力。

互联网的核心内容是网际协议 IP,包括 IP 地址的使用、网络层数据报格式及路由选择,这是整个计算机网络的重点内容。本章重点讨论 IP 地址的使用及网络层数据报格式,包括 IPv4 协议中数据报格式、分片和数据报重装方法、标准 IP 地址分配、子网方式下 IP 地址的使用和 IPv6 协议及其地址表示等。路由选择协议将在下一章中阐述。本章还将讨论网络层的其他协议——地址解析协议 ARP 和逆地址解析协议 RARP——的主要功能。

6.1 网际协议 IPv4

网际协议 IPv4 是 TCP/IP 体系中两个最重要的协议之一,也是互联网设计中最基本的部分。它是一种不可靠、无连接的协议,运行在网络层上,实现异构网络之间的互联互通。

IPVv4 定义了在互联网上数据传输所用的数据单元(也称为“数据报”)的确切格式,规定了 IP 地址的使用方式,IPv4 软件完成路由选择的功能(包括路由器建立路由表的过程、接收到数据报后数据存储转发的处理方式等)。

6.1.1 分类的 IP 地址

为了标识互联网上的每一台主机,IP 协议给每一台主机分配一个唯一的逻辑地址——IP 地址。IPv4 协议中规定的 IP 地址是一个用 32 位的二进制代码表示的标识符。关于 IPv4 协议中 IP 地址的使用,共经历了分类的 IP 地址、子网划分和构成超网这三个历史阶段。分类的 IP 地址是最基本的编址方式。

(1)IP 地址及其表示方法

IP 地址使用长度为 32 的二进制代码进行标识,由互联网名字和数字分配机构 ICANN(Internet Corporation for Assigned Names and Numbers)进行分配。为了提高可读性,常常将 32 位 IP 地址中的每 8 位插入一个空格。为了便于书写,可用等效的十进制数字来表示,并在这些数字之间加上一个点,称为 IP 地址的点分十进制记法。如图 6.1 所示是一个 IP 地址的表示方法。

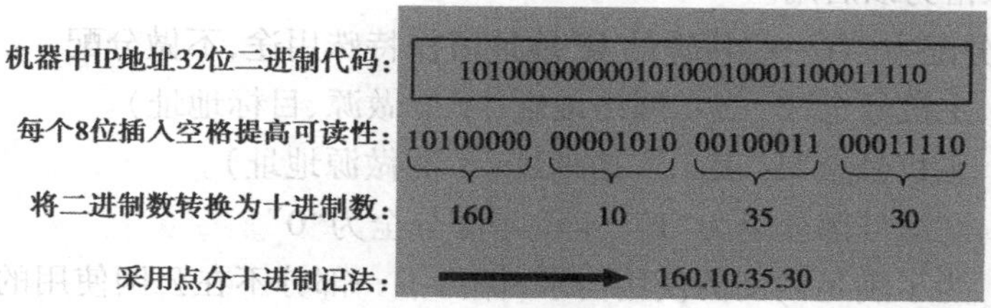

图 6.1 采用点分十进制记法的 IP 地址表示法

(2)分类 IP 地址使用方式

所谓"分类的 IP 地址",是将 IP 地址划分为两个固定长度的字段:第一个字段是网络号,它标志主机(或路由器)所连接到的网络;第二个字段为主机号,它标志该主机(或路由器)。两级的 IP 地址可以记为:

IP 地址::={<网络号>,<主机号>}

将 IP 地址分成两级的好处:第一,IP 地址管理机构在分配 IP 地址时只分配网络号,而剩下的主机号可由得到该网络号的单位自行分配,方便了 IP 地址的管理;第二,路由器仅根据目的主机所连接的网络号来转发分组,不需要根据主机的 IP 地址进行转发,路由器中路由表的项数可以大幅度减少,从而减少了路由表所占的存储空间以及查找路由表的时间。

在设计 IP 地址时,必须确定网络号及主机号所占的二进制位。网络号的位数,直接决定了可以分配的网络数;主机号的位数,则决定了网络中最大的主机数。由于整个互联网所包含的网络规模可能比较大,也可能比较小,因此,在设计 IP 地址时,将 IP 地址分为不同的类别,每一类具有不同的网络号位数和主机号位数,供不同的网络规模使用。IP 地址的前 4 位用来决定地址所属的类别,如图 6.2 所示。

从图 6.2 可以看出:

①A 类、B 类、C 类地址的网络号字段分别为 1 个、2 个和 3 个字节,而在网络号字段的最前面的 1~3 位的类别位,相应的数值分别为 0、10、110。

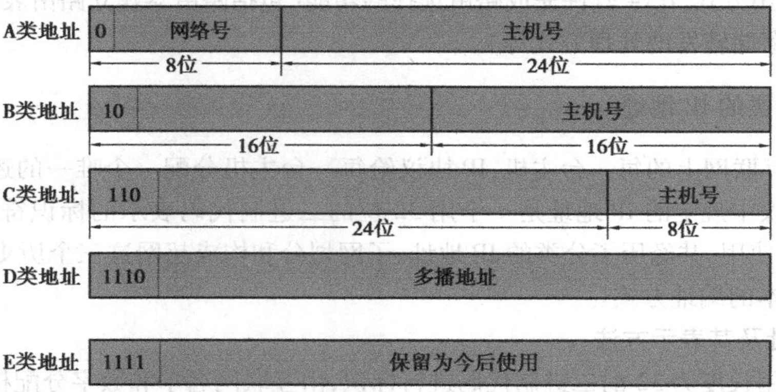

图 6.2　分类的 IP 地址

②A 类、B 类和 C 类地址的主机号字段分别为 3 个、2 个和 1 个字节。

③D 类地址用于多播(一对多通信)。

④E 类地址保留为以后用。

在 IP 地址的分配中,有一些特殊的 IP 地址留作特殊用途,不做分配。

a. 网络地址。主机号全“0”表示网络地址(不能做源、目标地址)。

b. 广播地址。主机号全“1”表示广播地址(不能做源地址)。

c. 子网掩码。网络号部分全为“1”,主机号部分全为“0”。

d. 保留地址。为了满足内网的使用需求,保留了一部分不在公网使用的 IP 地址。保留的私有地址见表 6.1。

表 6.1　私有 IP 地址

类　别	IP 地址范围	网络号	网络数
A	10.0.0.0 ~ 10.255.255.255	10	1
B	172.16.0.0 ~ 172.31.255.255	172.16 ~ 172.31	16
C	192.168.0.0 ~ 192.168.255.255	192.168.0 ~ 192.168.255	255

注意:在实验室进行网络实验时,经常会使用私有 IP 地址,因为网络实验的重点是理解概念和掌握技术,使用什么地址没有关系。在实际工作中,租用到公用 IP 地址后,也会使用公用 IP 地址配置网络。

⑤环回地址。为了方便测试,将 A 类地址中的 127.0.0.0 网络用于测试和本地进程间通信,该网络内的所有地址不能分配给主机使用。目的地址网络号为“127”的报文不会发送到网络上。

在 IP 地址的指派过程中,根据分类 IP 地址的定义可以得出,A 类地址的网络号有 7 位可供使用,可供指派的网络号是 126(即 2^7-2)个。减 2 的原因为:网络号字段全“0”的 IP 地址为保留地址,意思是“本网络”;网络号为“127”的地址(即 01111111)保留作为本地软件环回测试本主机进程之间的通信之用。例如,若主机发送一个目的地址为环回地址(如

127.0.0.1)的IP数据报,则本主机的协议软件就处理数据报中的数据,而不会将数据报发送到任何网络。

A类地址的主机号占3个字节,每个A类网络中的最大主机数为$2^{24}-2$(即16777214)。这里减2的原因为:全“0”的主机号字段表示该IP地址是“本主机”所连接到的单个网络地址,而全“1”的主机号字段表示该网络上的所有主机。B类、C类IP地址的指派方式以此类推,可得出IP地址的指派范围,见表6.2。

表6.2 分类IP地址指派方式

网络类别	最大可指派的网络数	第一个可指派的网络号	最后一个可指派的网络号	每个网络中的最大主机数
A	126(2^7-2)	1	126	16777214
B	16383($2^{14}-1$)	128.1	191.255	65534
C	2097151($2^{21}-1$)	192.0.1	223.255.255	254

在进行IP地址的规划和指派时,IP地址分配原则如下:

1)每个网络接口(连接)应该分配一个IP地址

一台主机通过网络接口连接到网络,连接到网络的接口都需要分配IP地址。一般情况下,计算机只通过一个接口与网络连接,分配一个IP地址,即通常所说的给主机分配IP地址。但有的主机同时连接到两个网络上,这时,该主机就必须同时具有两个相应的IP地址,而这两个IP地址的网络号必须不同。路由器作为网络中的连接设备,每个连接网络的接口都需要分配一个合法的IP地址。

2)合法的IP地址使用

若网络不需要互联,网络内的接口便可以任意使用IP地址,但如果网络需要连接在互联网上,而不是很多的信息“孤岛”,在使用IP地址时就不能随意分配,而应该从上级管理部门处申请获得。在IPv4网络中,如果采用了私有IP地址,还需要进行网络地址转换NAT(后续章节叙述)。

3)同一网络的IP地址网络号须相同而主机号须互斥

在IP地址的使用中,同一网络内的所有IP地址网络号必须相同,表示它们在同一个网络内。不同网络内的网络号是不同的,表示它们处于不同的网络下。在同一个网络内,各个接口IP地址是唯一的,必须各不相同,表示它们可以相互区别。如果一个网络内的IP地址使用了其他网络的网络号,不但会造成IP地址冲突,还会造成网络错误。

【例6.1】 已知三个局域网LAN1、LAN2、LAN3分别用三个路由器R1、R2、R3互联,形成如图6.3所示的拓扑结构。各主机在局域网中的IP地址如图6.3中所标注。请根据分类IP地址的指派原则,为路由器R1、R2、R3对应的端口指定正确的IP地址,使各局域网间能够通信。

【解析】 与局域网相连的对应路由器的端口称为局域网的网关,IP地址应该与其所连接的局域网在同一个网段通信,因此,R1的E0端口对应的IP地址应该为222.1.1.0网段中的一个,R2、R3对应的E0口类似;路由器互联的端口(如R1的S0口与R2的S0口)应该在同一个网段。根据以上分析,各路由器端口一种可能的IP地址指派方式见表6.3。

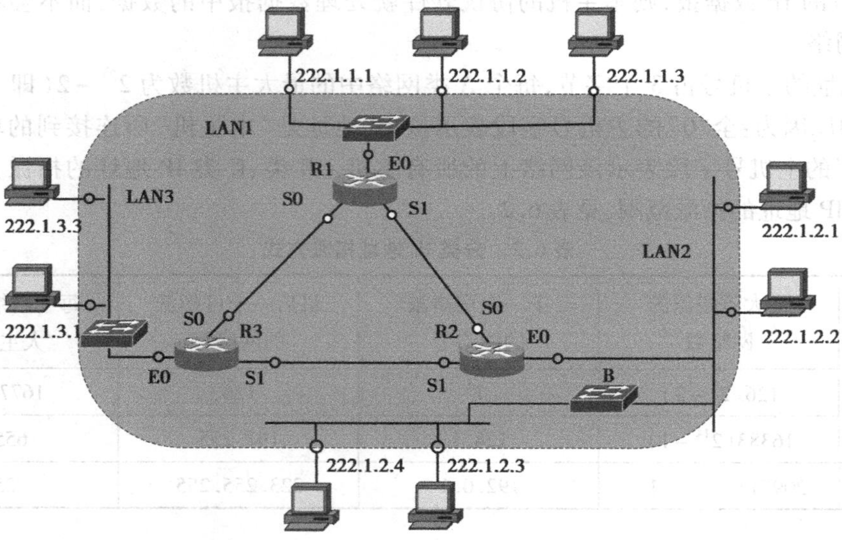

图 6.3　IPv4 地址分配

表 6.3　路由器接口 IP 地址分配

路由器	E0 接口	S0 接口	S1 接口
R1	222.1.1.254	222.1.4.1	222.1.5.2
R2	222.1.2.254	222.1.5.1	222.1.6.1
R3	222.1.3.254	222.1.4.2	222.1.6.2

6.1.2　分片和重装配

在理想情况下，整个数据报被封装在一个物理帧中，在物理网络上进行传送。由于 IP 数据报经常需要在许多不同类型的物理网络上传输，而每个物理网络所能够传送的帧的长度是有限的，例如，以太网是 1 500 字节，FDDI 网络是 4 470 字节，这个限制称为网络最大传送单元 MTU(Maximum Transmission Unit)。这使得 IP 协议在设计时必须处理这样的矛盾：当数据报通过一个可传送更大帧的网络时，如果数据报大小限制为最小的 MTU，就会浪费网络带宽资源；如果数据报大小大于最小的 MTU，就可能出现无法封装的问题。为了有效解决这个问题，IP 协议采取了分片和重装配的机制。

(1)分片

IP 协议采用的是遇到 MTU 更小的网络时进行分片。

(2)重装配

为了能够减少中途路由器的工作，降低出错率，重装配的工作是到目的主机才进行的。也就是说，分片后遇到 MTU 更大的网络时，并不重装配，而是保持小分组，直到主机接收完整后再进行重装配。

IP 协议使用 4 个字段来处理分片和重装配问题：

第一个字段是报文 ID 字段，它唯一标识了某个站某个协议层发出的数据。

第二个字段是数据长度,即字节数。

第三个字段是片偏移值,即分片在原来数据报中的位置(以8个字节的倍数计算)。

第四个字段是M标志,用来标识是否为最后一个分片。

数据报分片的步骤如下:

第一步,将大的数据报划分成多个分组。对数据报的分片必须在64位(8字节)的边界上划分,因此,除了最后一段外,其他段长都是64位的整数倍。

第二步,添加首部信息。对得到的每一个分片都加上原来的数据报的IP头,组成分组。

第三步,修改长度字段。每一个分组的长度字段修改为它实际包含的字节数。

第四步,设置偏移值。第一个分组的偏移值设置为“0”,其他的偏移值为前面所有报文长度之和除以8。

第五步,设置M标志。最后一个分组的M标志置“0”,其他分组的M标志置为“1”。

6.1.3　IP数据报的格式

IP数据报由首部和数据部分组成。IP数据报的格式如图6.4所示。

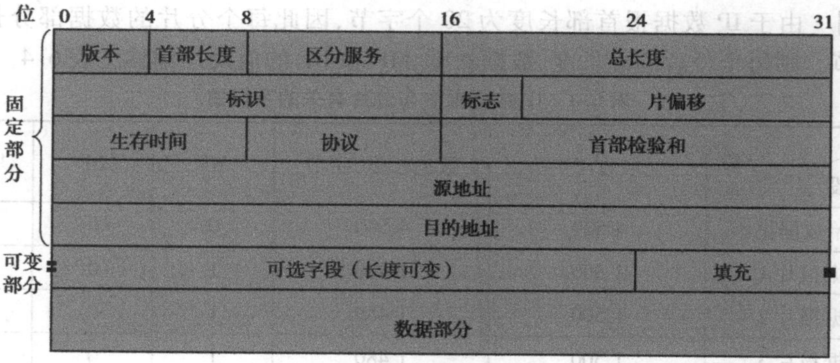

图6.4　IP协议数据报格式

在IP数据报格式中,各字段的定义如下:

(1)版本

该字段长4位,表示IP的版本号,目前常用的版本为4,即IPv4。

(2)首部长度

首部长度也称为IHL。该字段长4位,表示IP首部的长度(即除了用户数据之外),以一个32位的字为基本单位,即该IP首部包含多少个32位字。该字段的最小值为5,即IP数据报的首部最小长度为20个字节。

(3)区分服务

区分服务是用于区分可靠性、优先级、延迟和吞吐率的参数。这个字段包括3位优先权字段(现在已经忽略不用)和4位服务类型字段。

(4)总长度

总长度字段指明了整个IP分组的长度,以字节为单位。IP协议需要进行数据报的分组,处理程序可以利用总长度的值确定哪里是IP分组的结束。如果没有总长度字段,处理程序则无法识别IP分组的结束。

(5)标识

标识占16位。IP软件产生数据报时,都会为其标识字段赋予一个值,用来标识这个数据报。当数据报由于长度超过MTU而必须分片时,标识字段的值同时被复制到所有的数据报片的标识字段中。接收端在进行分片重组时,能够据此将这些分片正确地重装为原来的数据报。

(6)标志

标志字段只有3位,第一位没有意义,必须为“0”;第二位DF指明了该IP分组是否可被分片,当DF=0时才允许分片;第三位MF指明了当前分片是否为最后一个分片,MF=0表示这个分片是若干分片中的最后一个。

(7)片偏移

片偏移占13位。它指出在一个较长的分组分片后,某分片在原来分组中的相对位置。它以8个字节为偏移单位。

【例6.2】 已知一数据报的总长度为4 520字节,其数据部分为4 500字节(使用固定首部),需要分片为总长度不超过1 500字节的数据报片。求每个分片的长度、片偏移的值、标志MF及DF。

【解析】 由于IP数据报首部长度为20个字节,因此每个分片的数据部分长度不超过1 480个字节。则每个分片的总长度、数据长度、MF和DF的值及片偏移见表6.4。

表6.4 IP数据报中与分片有关的字段值

字段 数据段	总长度/字节	数据长度/字节	MF	DF	片偏移
原始数据报	4 520	4 500	0	0	0
数据报片1	1 500	1 480	1	0	0
数据报片2	1 500	1 480	1	0	185
数据报片3	1 500	1 480	1	0	370
数据报片4	80	60	0	0	555

(8)生存时间TTL

生存时间占8位。它指明了该IP分组的生命期,当IP分组通过一个路由器时,该分组的TTL值减“1”,如果TTL为“0”,该IP分组将被丢弃。这样,可以避免循环路由的问题。

(9)协议

协议占8位,它指出哪个高层协议在使用IP,以便使目的主机的IP层能够知道将数据部分上交到某个协议进行处理。

(10)首部检验和

这个字段用于保证首部的完整性。为了减少工作量,它只检验数据报的首部,不对数据部分作差错检测,同时,IP首部的检验和不采用复杂的CRC校验码,而采用较简单的计算方式:在发送方,先把IP数据报首部划分为许多16位字的序列,并将检验和字段置零。用反码算术运算把所有16位字相加后,将得到的和的反码写入检验和字段。接收方收到数据报后,将首部的所有16位字再使用反码算术运算相加一次,将得到的和取反码,即得出接收方检验和的计算结果。若首部未发生任何变化,则结果必为“0”,保留数据报;否则,即认为出错,丢弃数据报。IP 数据报首部检验和的计算过程如图 6.5 所示。

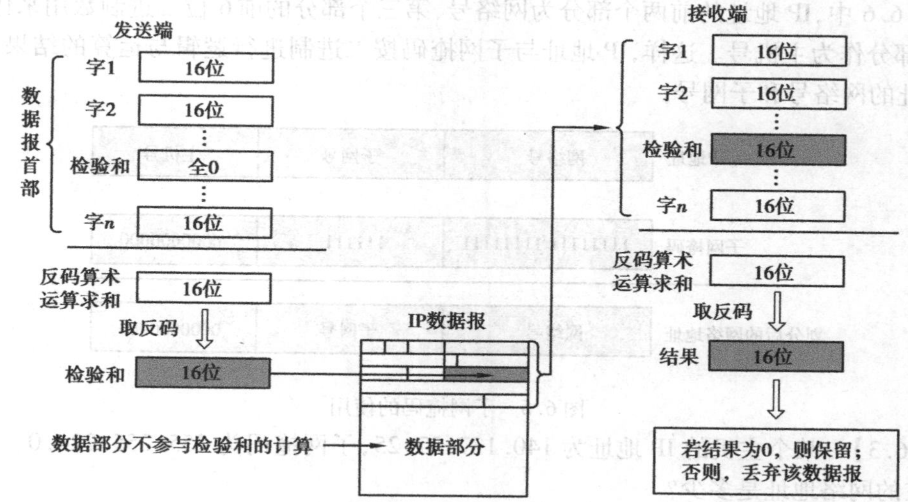

图 6.5 IP 数据报首部检验和计算过程

(11)源地址和目的地址

这两个字段指出了 IP 分组的来源主机和目的主机,各占 IP 数据报首部的 32 位。

(12)可选字段与填充数据

可选字段可以扩充 IP 的含义,增加 IP 数据报的功能,同时也使得 IP 数据报的首部长度成为可变的,因此,增加了每一个路由器处理数据报的开销。目前,虽然有一些可选项的定义,但很少使用这些定义项。由于 IP 首部必须是 32 位的整数倍,所以在必要时需要可选项的后面填充若干个“0”来保证 IP 首部的要求。

6.1.4 划分子网和构造超网

随着网络应用的深入,IPv4 采用的 32 位 IP 地址的设计限制了地址空间的总容量,出现了 IP 地址紧缺的现象,而 IPv6(采用 128 位 IP 地址)还不能够很快地进入使用,需要采取一些措施避免 IP 地址的浪费。这些措施主要包括子网划分、变长子网掩码(VLSM)及构造超网等技术。

(1)子网划分与子网掩码

为了解决网络地址不足的问题,可以在一个网络地址内再划分出若干个网络。在一个网络内划分出的网络称为子网。子网划分的主要思路是:将分类 IP 地址中主机号所占用的二进制位取出一部分作为子网号,利用主机号部分继续划分子网。当然,一个网络划分为若干个网络后,每一个网络能容纳的主机个数必然减少。

若采用子网划分的方式使用 IP 地址,则路由器在收到一个分组后需要得到目的主机的网络号及子网号。如何从数据存储的角度解决这个问题呢?为此,人们提出了子网掩码(Mask)。TCP/IP 体系规定,子网掩码是一个 32 位二进制数,由一串“1”后随一串连续的“0”组成。其中“1”对应 IP 地址的网络号和子网号字段,“0”对应 IP 地址的主机号字段。

有了子网掩码后,就可以依据主机的 IP 地址及子网掩码,得出网络号和子网号了。人们在制订子网掩码时,充分利用了二进制数逻辑“与”运算的两个特性:任何一个数与“1”进行逻辑与运算,结果都是这个数本身;任何一个数与“0”进行逻辑与运算,结果都是“0”。子网掩码的用法如图 6.6 所示。

在图 6.6 中，IP 地址的前两个部分为网络号，第三个部分的前 6 位二进制数用来作为子网号，其他部分作为主机号。这样，IP 地址与子网掩码按二进制进行逻辑与运算的结果，就是这个 IP 地址的网络号和子网号。

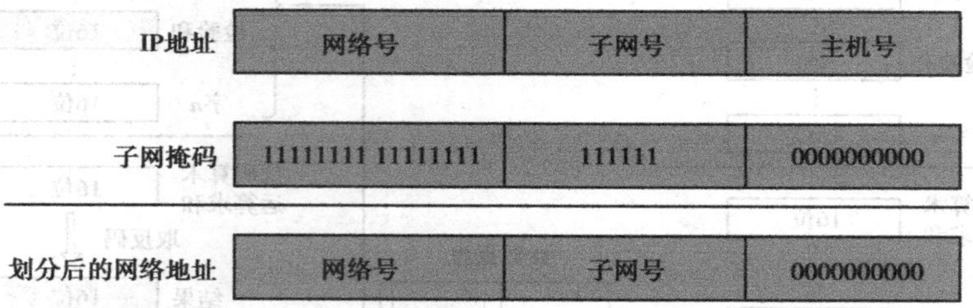

图 6.6　子网掩码的使用

【例 6.3】　某个主机的 IP 地址为 140.137.37.25，子网掩码为 255.255.224.0。请问，此主机所在的网络地址是多少？

【解析】　根据主机 IP 地址与子网掩码的逻辑与运算规则：

	十进制	二进制
IP	140.137.37.25	10001100 10001001 00100101 00011001
and Mask	255.255.224.0	11111111 11111111 11100000 00000000
=	140.137.32.0	10001100 10001001 00100000 00000000

图 6.7　网络地址计算过程

得出主机对应的网络地址为 140.137.32.0。

子网掩码是一个网络或子网的重要属性。互联网规定：所有的网络都必须有一个子网掩码，同时在路由器的路由表中也必须设有“子网掩码”这项。路由器在相互交换信息时，也必须包含“子网掩码”这项信息。如果一个网络不划分子网，则子网掩码为默认子网掩码。默认子网掩码“1”的位置与 IP 地址中网络号字段相对应。因此，各类网络的默认子网掩码如下：

A 类地址的默认子网掩码：255.0.0.0

B 类地址的默认子网掩码：255.255.0.0

C 类地址的默认子网掩码：255.255.255.0

划分子网增加了网络设计的灵活性，但它是以减少主机数为代价的。同时，已知主机的 IP 地址，必须结合子网掩码才能方便地看出子网号和主机号，增加了数据处理的复杂性。

(2)变长子网

子网划分的最初目的是将传统的分类网络划分为几个规模相同的子网，即每个子网包含相同数目的主机。例如，一个 B 类网络，当取出主机字段的前 4 位作为子网号，则产生了 16 个规模相同的子网。事实上，子网划分只是一种通用的利用主机号字段划分子网的方法，不一定要求子网的规模相同。例如，一个单位中的各个网络包含不同数量的主机，如果能创建不同规模的子网，就可以避免 IP 地址浪费的问题。对于划分不同规模的子网（变长子网划分）问题，可使用变长子网掩码 VLSM（Variable Length Subnet Mask）技术加以解决。

VLSM 是一种产生不同大小子网的网络分配机制，它用在 IP 地址后面加上“/网络及子网编码位数”的方法来表示主机所在网络的网络号。例如，“202.117.68.0/18”表示前 18 位是网络号和子网号，主机号 14 位。VLSM 能够多次划分子网，即划分完子网后继续根据需要划分子网,进而划分出不同规模的子网,提高IP地址资源的利用率。

在网络管理工作中,需要根据网络的分布和连接情况及申请到的IP地址,合理地规划子网,正确地分配IP地址和子网掩码,这便是网络地址规划问题。虽然在一个不与互联网连接的内网中,可以任意使用IP地址,但分配规则是不能改变的。在网络地址规划中要对每一个网络指定唯一的网络号,网络内部的主机也要科学分配,这样搭建的网络才能通畅地工作。

一般情况下,网络地址规划可以从子网中主机数最多的那个子网开始,依次进行子网划分。其步骤为:首先,要确定需要多少个网络号;其次,在所有网络中确定需要主机数最多的那个子网,确定主机号位数、子网号位数及其子网掩码;最后,使用上述确定的子网掩码后,继续进行子网划分,直到所有子网划分完毕为止。

下面以一个例子来说明网络地址规划的方法。

【例6.4】　某公司有四个部门,需要在内部C类地址(202.117.144.0)的基础上建立四个子网,其中部门甲有100台主机,部门乙有20台主机,部门丙和部门丁则各有10台主机。给出采用VLSM划分子网的过程。

【解析】　根据题意,此公司有四个部门,因此,需要划分四个子网。采用VLSM划分子网的过程如下:

①首先,找到需要主机数最多的那个网络——部门甲,确定此部门需要100台主机。由于$2^6<100<2^7$,因此至少需要7位主机号,剩下的25位为网络号和子网号。将原来的C类地址(202.117.144.0),用主机号字段的1位进行子网划分,产生两个子网,即202.117.144.0/25和202.117.144.128/25。拟选择202.117.144.0/25作为部门甲的子网,另一个子网作为其他部门的子网继续进行划分。

②对于部门乙,需要20台主机。对子网网络202.117.144.128/25,再使用主机号字段的2位(2位作子网号,5位作主机号)进行子网划分,可以得到四个子网。拟选择202.117.144.160/27作为部门乙的子网,202.117.144.192/27作为部门丙和部门丁的子网继续进行划分。

③对于部门丙和部门丁,均需要10台主机。对子网网络202.117.144.192/27,再使用主机号字段的1位(1位作子网号,4位作主机号)继续进行子网划分,可以得到2个网络202.117.144.192/28和202.117.144.208/28,分别对应部门丙和部门丁。

综上所述,公司四个部门采用VLSM进行子网划分的结果为:

部门甲:202.117.144.0/25

部门乙:202.117.144.160/27

部门丙:202.117.144.192/28

部门丁:202.117.144.208/28

(3)CIDR与构造超网

划分子网的方式在一定程度上缓解了IP地址不足的问题,而VLSM也符合用户对IP地址实际使用的需要,但这些措施并没有从根本上解决问题。至1992年,B类IP地址已经分配过半,而互联网主干上路由表的表项数量还在急速增加。为此,人们在VLSM基础上,研究出了无分类路由选择协议CIDR(Classless Inter Domain Routing);也就是说,CIDR是人们为了应对VLSM及路由器表项数量增加问题而产生的一种路由技术。

CIDR的主要有如下两个特点:

①CIDR消除了传统的A类、B类和C类地址以及划分子网的概念,因而能更加有效地分

配 IPv4 的地址空间。它将 32 位的 IP 地址划分为网络前缀和主机号两个部分，并采用类似于 VLSM 的斜线记法对网络号进行标识。

②CIDR 将网络前缀都相同的连续 IP 地址组成一个“CIDR 地址块”。CIDR 地址块用它的起始地址和块中地址来表示。例如，202. 114. 71. 131/26 表示某个 CIDR 地址块中的一个地址，这个地址用二进制表示为：

11001010 01110010 01000111 10000011

这个地址块共有 2^6 即 64 个地址，最小地址为 202. 114. 71. 128（11001010 01110010 01000111 10000000），最大地址为 202. 114. 71. 191（11001010 01110010 01000111 10111111）。通常，可用地址块中的最小地址和网络前缀的位数来指明这个地址块。例如，上面的地址块可以记为 202. 114. 71. 128/25。在不需要指明地址块的起始地址时，也可以将这个地址块简称为“/25 地址块”。

使用 CIDR 后，一个地址块可包含多个地址，一个大的地址块也可以包含多个较小的地址块。这样，路由器的路由表可以用地址块来表示，将多个较小的地址块合并在一个较大的地址块中，这种方式称为路由聚合。路由聚合既有利于缩短路由表，也可以减少查找路由表所花费的时间，从而提高互联网的性能。路由聚合也称为构造超网。实际上，构造超网的目的就是将现有的 IP 地址块合并成较大的、具有更多主机的地址块，从而缩短路由表的表项。

需要指出的是，IP 地址的使用方式与路由器中路由表表项的结构及转发分组流程密切相关。例如，若使用分类的 IP 地址，路由表表项的内容只需要“网络号”及“下一跳地址”即可。若采用的是划分子网下的 IP 地址使用方式，则路由表表项的内容便需要“网络号”“子网掩码”及“下一跳地址”。若使用 CIDR 构建超网，则路由器及路由选择协议还必须支持 CIDR 下的 IP 地址使用方式才可以。

6.1.5 IP 层转发分组的流程

分组转发又称为分组交付，是指互联网中路由器转发 IP 分组的物理传输和转发交付机制。分组交付有两种：直接交付和间接交付。路由器根据 IP 分组的源地址和目的地址是否属于同一个网络，以此来判断是直接交付还是间接交付。当源主机和目的主机处于同一个网络时，或者当目的路由器向目的主机传送分组时，分组被直接交付。如果源主机和目的主机不在同一个网络，那么分组就间接交付。在间接交付时，路由器从路由表中查找到下一跳路由器的 IP 地址，再将分组转发给下一跳路由器。当 IP 分组到达与目的主机所在网络的路由器时，进行直接交付，随后分组到达目的主机，在中间路由器的存储转发过程结束。下面讨论互联网中进行分组交付的三种分组转发机制。

（1）未划分子网的分组转发

下面通过一个例子说明路由器是如何进行分组转发的。

在如图 6.7 所示的网络拓扑中，有四个 B 类网络通过三个路由器连接在一起。每个网络上都可能拥有成千台主机。为了使路由器中路由表的项数不至于太庞大，路由器通过各个网络的网络地址对路由表进行组织和管理。这样，针对图 6.8 中的拓扑结构，每个路由器的路由表就只包含四个项目。

为了分组能够交付，路由表中的每项都应至少包括两部分信息：目的网络地址和下一跳地址。路由器根据目的网络地址进行项的匹配，根据项的下一跳交付数据。路由表中表项的内容可以由网络管理员根据情况静态配置，也可以根据动态路由选择算法动态生成。无论如何，路由器中路由表的表项体现了整个网络的拓扑结构。

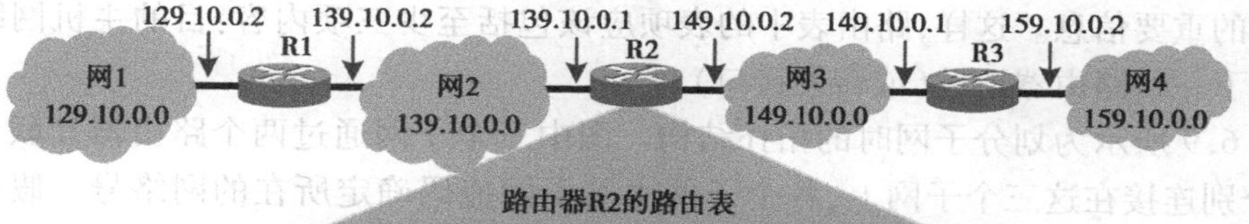

目的主机所在的网络	下一跳地址
139.10.0.0	直接交付，接口0
149.10.0.0	直接交付，接口1
129.10.0.0	139.10.0.2
159.10.0.0	149.10.0.1

图 6.8　未划分子网的分组转发

以路由器 R2 的路由表为例，其路由表中的表项如图 6.8 所示。由于 R2 同时连接网络 2 和网络 3，若目的主机在网络 2 或网络 3 上，则路由器均可通过其接口 0 或接口 1 直接交付；若目的主机在网络 1 中，则下一跳路由器应为 R1，相应端口的 IP 地址为 139.10.0.2。同理，若目的主机在网络 4 中，则下一跳路由器应为 R3，相应端口的 IP 地址为 149.10.0.1。

当然，实际路由器中路由表的项并非仅包括目的主机所在的网络及下一跳地址这两个内容，还会有其他（如标志、接口、使用情况等）信息，这里是为了简便地描述分组交付过程，只给出分组交付最重要的两部分内容。

虽然互联网中所有路由器的表项大多数都是基于目的主机所在的网络，但也可以对特定的目的主机指明一个路由，即特定主机路由。采用特定主机路由可使网络管理员更方便地控制网络和测试网络，也可以在需要考虑某种安全问题时采用特定主机路由。因此，在对网络连接或路由表排错时，采用特定主机路由是十分有用的。

为了减少路由表的占用空间和搜索时间，还可以用默认路由来代替所有具有相同"下一跳地址"的表项。当一个网络只有很少的对外连接时，使用默认路由相对简便很多。例如，一个小型网络只用一个路由器和互联网相连，无论这个小型网络中的哪个分组经过路由器出网，都要经过一个端口进行分组转发。这种情况下，采用默认路由是比较合理的。默认路由一般部署在网络边缘或者互联网出口，方便配置和管理。

未划分子网时，路由器转发分组的算法步骤为：

①从 IP 数据报首部提取目的主机 IP 地址 D，得出目的主机的网络地址 N。

②若 N 是与此路由器直接相连的某个网络，则进行直接交付；否则就是间接交付，执行下一步。

③若路由表中有目的主机 IP 地址为 D 的特定主机路由，则进行特定主机路由的转发；否则，执行下一步。

④若路由表中有目的网络地址为 N 的表项，则按照此表项指明的下一跳转发分组；否则，执行下一步。

⑤若路由表中有默认路由，则按照默认路由的项转发分组；否则，报告分组出错。

（2）划分子网的分组转发

在划分子网的情况下，只知道目的主机的 IP 地址 D，是不能真正得到目的主机所在的网络号的,这是因为划分子网时还要确定此目的主机所在的子网号,才能最终确定其网络号,这样就需要用到子网掩码。也就是说,子网掩码可以标识目的主机的子网号,是能够确定目的主机网络号的重要信息。这样,路由表中的表项应该包括至少三项内容:目的主机网络地址、子网掩码和下一跳路由器地址(或转发接口)。

如图 6.9 所示为划分子网时的拓扑结构。图中三个子网通过两个路由器互联,主机 H1、H2、H3 分别连接在这三个子网上,各个子网由其子网掩码确定所在的网络号。假设主机 H1 要与主机 H2 通信,则数据处理过程如下:首先,源主机 H1 要判断所发送的分组是否在本子网中,因此,源主机 H1 将本子网的子网掩码“255.255.255.128”与目的主机 H2 的 IP 地址“129.30.33.138”逐位相“与”,得出运算结果“129.30.33.128”,它不等于 H1 的网络地址(129.30.33.0)。这说明 H2 与 H1 不在同一个子网上,H1 不能将分组直接交付,必须交给子网上的路由器 R1 进行转发。

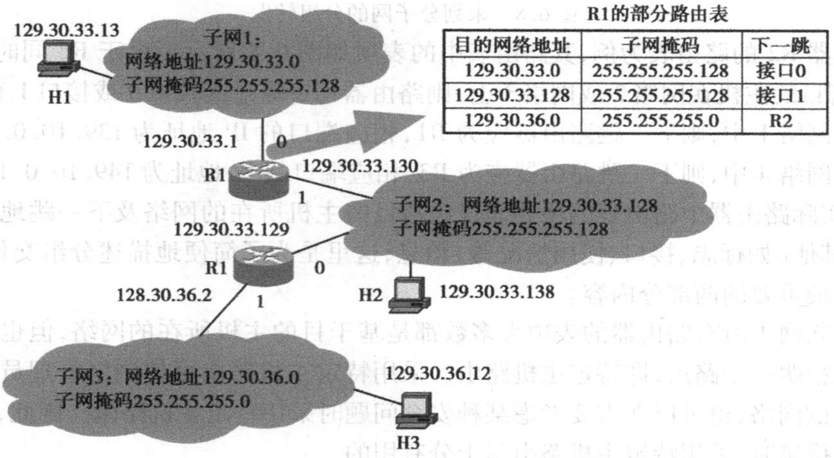

图 6.9　划分子网的分组转发

路由器 R1 收到这个分组后,就在其路由表中逐行寻找有无匹配的网络地址。

R1 路由器取路由表的第一个表项的子网掩码“255.255.255.128”和收到的分组的目的地址“129.30.33.138”逐位相“与”,得结果“129.30.33.128”,然后和这个表项给出的网络地址“129.30.33.0”进行比较,结果不一致,需要继续查找第二个表项。路由器用同样的方法处理第二个表项,用其子网掩码“255.255.255.128”和该分组的目的地址“129.30.33.138”逐位相“与”,得结果“129.30.33.128”。这个结果和第二个表项的网络地址一致,则匹配成功。这说明第二个表项所标识的网络就是分组所要寻找的目的网络,路由器则不需要再继续查找,只需要将此分组从接口 1 转发出去,进行直接交付到达主机 H2。

划分子网时,路由器转发分组的算法步骤为:

①从 IP 数据报首部提取目的主机 IP 地址 D。

②判断是否能够直接交付。对路由器直接相连的网络逐个进行检查;用各网络的子网掩码和 D 逐位进行“与”运算,检查是否运算结果与相应的网络地址相匹配。若匹配成功,则将该分组直接交付;否则,进行间接交付,执行下一步。

③若路由表中有目的主机 IP 地址为 D 的特定主机路由,则进行特定主机路由的转发;否则,执行下一步。

④对路由表中的每一个表项,用其中的子网掩码和 D 逐位进行“与”运算,其结果为 N。若 N 与该表项的目的网络地址相匹配,则由此表项转发分组;否则,执行下一步。

⑤若路由表中有默认路由,则按照默认路由的表项,转发分组;否则,报告分组出错。

(3)使用 CIDR 的分组转发

使用 CIDR 时路由器转发分组的算法与上述过程相似,只是此时 IP 地址是由网络前缀和主机号两部分组成,因此,路由表中的表项内容也应该作相应的改动,即路由表的每一个表项内容为“网络前缀”和“下一跳地址”。另外,在查找路由表时会出现不止一个匹配结果,因而就存在如何从这些匹配表项中选择某一条进行路由的问题。

实际上,路由器应该从匹配结果中选择具有最长网络前缀的路由,即最长前缀匹配。这是因为网络前缀越长,对应网络的地址块就越小,所指明的路由就越具体。

例如,在如图 6.10 所示的拓扑结构中,某 ISP 已拥有地址块 202.117.64.0/18(相当于拥有 64 个 C 类网络),而某大学仅需要 800 个 IP 地址。在使用 CIDR 时,ISP 可以给该大学分配一个地址块 202.117.68.0/22,它包含 1 024 个 IP 地址,相当于 4 个连续的 C 类/24 地址块。在此基础上,这个大学还可以自主将所得地址块再划分给下属的各个系使用。

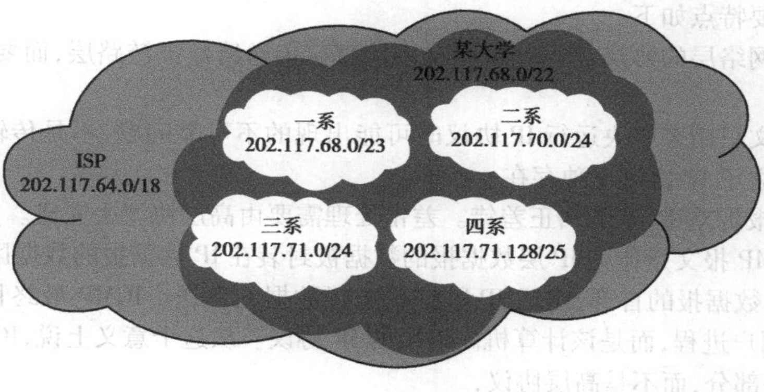

图 6.10　使用 CIDR 的网络

假设该大学有四个系,则进一步分配 IP 地址为:一系地址块为 202.117.68.0/23,包含的 IP 地址为512 个;二系地址块为 202.117.70.0/24,包含的 IP 地址为256 个;三系地址块为 202.117.71.0/24,包含的 IP 地址为 256 个;四系地址块为 202.117.71.128/25,包含的 IP 地址为 128 个。

按照一般的做法,在 ISP 路由器的路由表中,有该大学的一个表项,负责将发送到该大学的数据报都传送至该大学,然后再下送到各个系。但是,现假设大学下属的四系希望将发往该系的数据报直达而不经过大学的路由器转发,同时又要求不改变原来使用的 IP 地址块。为了达到此要求,在 ISP 路由器的路由表中应包含该大学的两个表项,即 202.117.68.0/22(大学)和 202.117.71.128/25(四系)。

现假设 ISP 路由器收到的一个数据报,其目的 IP 地址 D = 202.117.71.130。此时,将 D 与路由表中的这两个表项的地址掩码进行逐位“与”运算,得结果如下:

D 与 11111111 11111111 11111100 00000000 逐位相“与”,得 207.117.68.0/22,说明 D 与该大学的网络地址是匹配的。

D 与 11111111 11111111 11111111 10000000 逐位“与”,得 207.117.71.128/25,说明 D 与四系的网络地址是匹配的。

可见,同一个 IP 地址在路由表中找到两个网络相匹配。根据最长前缀匹配原则,选择后者,即将该数据报传送给四系的地址块。

使用 CIDR 后,由于要寻找最长的前缀匹配,使得路由表的查找过程更加复杂,尤其是路由表的项数很大时,将大大增加查表的时间。为了缩短查表时间,可以在路由表中采用更好的数据结构存储表项,从而进一步寻求性能更优的查找算法。例如,通常将使用 CIDR 的路由表存放在一种层次的数据结构中,形成线索二叉树,进一步提高查找效率。

6.2 网际控制报文协议 ICMP

由于 IP 协议是一个无连接的、不可靠的、尽最大努力交付的协议,数据报是采用分组的方式在网络中传送的,因此,当路由器不能够选择路由或传送分组时,或检测到一个异常条件影响它转发分组时,就需要通知源结点采取措施避免问题。完成这个任务的机制就是网际控制报文协议 ICMP(Internet Control Message Protocol)。ICMP 允许路由器或主机报告差错情况和提供有关异常情况的报告,为路由器或主机提供了一种特殊用途的报文传输机制。

ICMP 的主要特点如下:

①ICMP 是网络层的协议,但 ICMP 报文不能直接传送给数据链路层,而要封装成 IP 数据报再向下传送。

②ICMP 报文只用来解决运行 IP 协议时可能出现的不可靠问题,不是传输层赖以存在的基础,也不能独立于 IP 协议单独存在。

③ICMP 只报告差错,不能纠正差错。差错处理需要由高层协议去完成。

实际上,ICMP 报文是作为 IP 层数据报的数据被封装在 IP 数据报的数据区内的。在 IP 协议中,再加上 IP 数据报的首部,组成 IP 数据报进行数据的发送。ICMP 最终目的点不是目的计算机的某个用户进程,而是该计算机网络层的 IP 协议。从这个意义上说,ICMP 也是网络层协议,是 IP 的一部分,而不是高层协议,

6.2.1 ICMP 报文格式及种类

ICMP 报文由 8 个字节的首部和可变长的数据两部分组成。虽然对每种类型的报文,报文首部的后 4 个字节不同,但前 4 个字节都是相同的。ICMP 报文格式及数据封装方式如图6.11 所示。

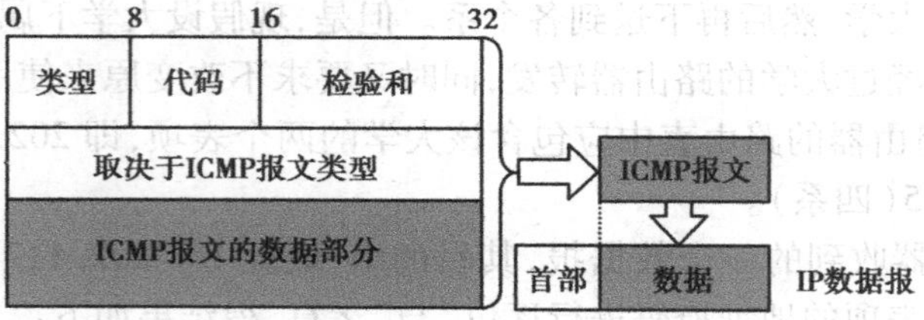

图 6.11 ICMP 报文格式

ICMP 报文首部的前 4 个字节各部分的含义如下:

(1)类型(8 位)

指出了报文的主要类型。ICMP 报文主要有差错报告报文和询问报文两种类型,表 6.5 为 ICMP 报文主要类型的类型值与所属类型的对应关系。

表 6.5 ICMP 报文主要类型的类型值与类型对应关系

报文种类	类型值	ICMP 报文类型
差错报告报文	3	目的站不可达
	4	源点抑制
	5	改变路由(重定向)
	11	超时
	12	参数出错
询问报文	0/8	回送应答/回送请求
	9/10	路由器通告/路由器询问
	13/14	时间戳请求/时间戳应答
	17/18	地址掩码请求/地址掩码应答

(2)代码(8 位)

提供报文的某些信息,以便进一步区分某种报文类型的几种不同情况。

(3)检验和(16 位)

提供整个 ICMP 报文的检验和,检验和算法与 IP 数据报首部检验和计算相同。

ICMP 报文首部的后 4 个字节内容与 ICMP 的类型有关,最后面是数据字段。

ICMP 协议中共定义了 13 种报文(如表 6.5 所述),主要使用情况为:

①目的站不可达。当路由器无法转发或传送 IP 数据报时,就会向源结点发回该报文。将数据送达目的结点通常涉及网络、路由、主机、协议和端口等问题,因此,目的站不可达包括网络不可达、目的主机不可达、协议不可达、端口不可达、源路由失败、目的网络不可知和目的主机不可知等情况。

②源点抑制。当数据报到达太快,以至于主机或路由器无法处理时,就会发出源点抑制报文,请求源主机放慢发送数据报的速率。它提供了一种拥塞数据控制机制。

③改变路由(重定向)。互联网路由表通常在很长时间是不会发生变化的,但当路由器检测到一台主机使用了非优化路由时,就会向其发送一个重定向报文,使主机下次发送数据报时选择更好的路由。

④回送应答/回送请求。此类报文提供了一种测试两个实体之间是否能够通信的手段。

⑤路由器通告/路由器询问。此类报文主要用来使主机获知本地网络上路由器的 IP 地址以及路由器是否正常工作。主机可将路由器询问报文进行广播或多播,接收到询问报文的一个或多个路由器则使用路由器通告报文告知其路由选择信息。即使没有主机询问,路由器也可以周期性地发送路由器通告报文,表示自己和其他路由器的存在情况。

需要指出的是,ICMP 的差错报告采用路由器—源主机的单向数据传输模式,路由器发现数据报传送错误时,只向源主机报告差错原因。而 ICMP 的询问报文主要目的是实现对网络故障的诊断和网络控制,在设计时采取的是双向数据传输模式。例如,在 ICMP 询问报文中,一个结点发送出信息请求,然后由目的结点用特定的格式进行信息的应答,这种请求—应答的方式即为双向数据传输。

6.2.2 ICMP 应用举例

分组网间探测 PING(Packet InterNet Groper)是 ICMP 协议的一个重要应用。它使用 ICMP 的回送请求与回送应答报文实现了测试两台主机之间连通性的功能。PING 是应用层直接使用网络层 ICMP 的一个例子,没有通过传输层的 TCP 和 UDP。

PING 命令主要用于检查路由能否到达。因为 PING 命令的包长很小,所以在网上传递的速度非常快,能够快速地检测目的站点是否可到达。一般在访问某个站点前,可先运行此命令确定站点的可达性。其具体格式为:

ping[-t] [-a] [-n count] [……]目的结点

其中,目的结点可以用 IP 地址的方式表示,也可以用域名的方式表示。中括号中的各个参数是可选项,具有一定的意义。例如,[-t]表示向目的结点连续发送测试数据包直到用户中断;[-a]表示将地址解析为计算机名;[-n count]表示发送由 count 指定数量的回送请求应答报文(默认为 4)。

Windows 操作系统用户可以在接入互联网后进入 MS DOS("开始"→"运行"→输入命令"cmd"),看见屏幕的提示符后,便可使用 PING 命令进行网络测试。图 6.12 给出了从一台 PC 机到新浪邮件服务器的连通性测试结果。由图 6.12 可知,PC 机使用 PING 命令后,会一连发出 4 个 ICMP 回送请求报文。报文发出后,若能够到达目的站,那么 PC 就会收到来自目的站点的回送应答报文。由于往返的 ICMP 报文有时间戳,因此很容易得出往返时间。

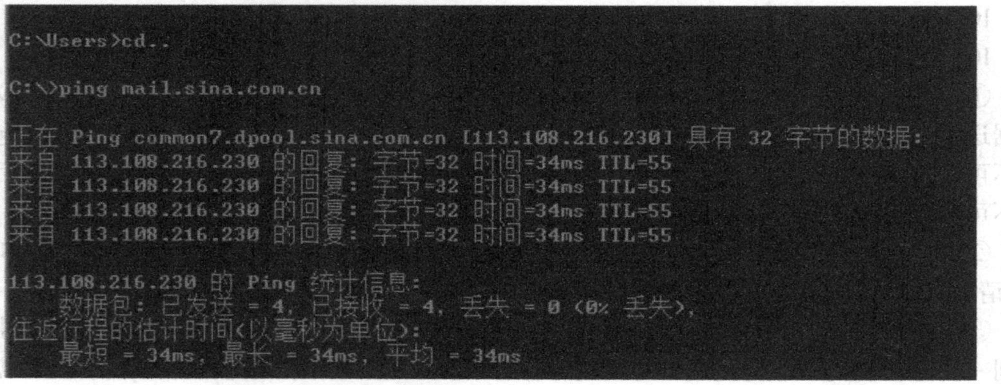

图 6.12 ping 命令的使用

另一个非常有用的应用是路由跟踪,在 Windows 操作系统中即 tracert 命令。此 tracert 命令用来跟踪一个分组从源结点到目的结点所经过的路径,显示到达目的结点所经过的路由器列表;如果分组不能到达目的结点,则显示成功转发分组的最后一个路由器。

Tracert 的工作原理如下:

Tracert 从源主机向目的主机发送一连串的 IP 数据报,数据报中封装的是无法到达的 UDP 用户数据报。第一个数据报 P1 的生存时间 TTL 设置为"1",当 P1 到达路径上的第一个路由器 R1 时,路由器 R1 收下 P1 并将 TTL 的值减去"1"。由于 P1 的 TTL 为"0",则 R1 将其丢弃,并向源主机发送一个 ICMP 超时差错报告报文。

源主机接着发送第二个数据报 P2,并将 TTL 的值设置为"2"。P2 先到达路由器 R1,R1 收下 P2 后将 TTL 的值减去"1"再转发给路由器 R2。R2 收到时 TTL 的值为"1",再将 TTL 减"1",变成"0"后将其丢弃,并向源主机发送一个 ICMP 超时差错报告报文。这样一直继续下去,当最后一个数据报到达主机时,数据报的 TTL 为“1”,主机不转发数据报,也不将 TTL 减“1”。但因 IP 数据报封装的是无法交付的 UDP 用户数据报,因此,目的主机要向源主机发送 ICMP 终点不可达差错报告报文,这样源主机便达到了自己的目的。

Tracert 命令的常见用法如下:

tracert IP address [-d]

参数[-d]即不解析所经过路由器的名称,只快速显示路由器即可。

如图 6.13 所示为从一台 PC 向新浪网邮件服务器发出的 tracert 命令后所获得的结果。

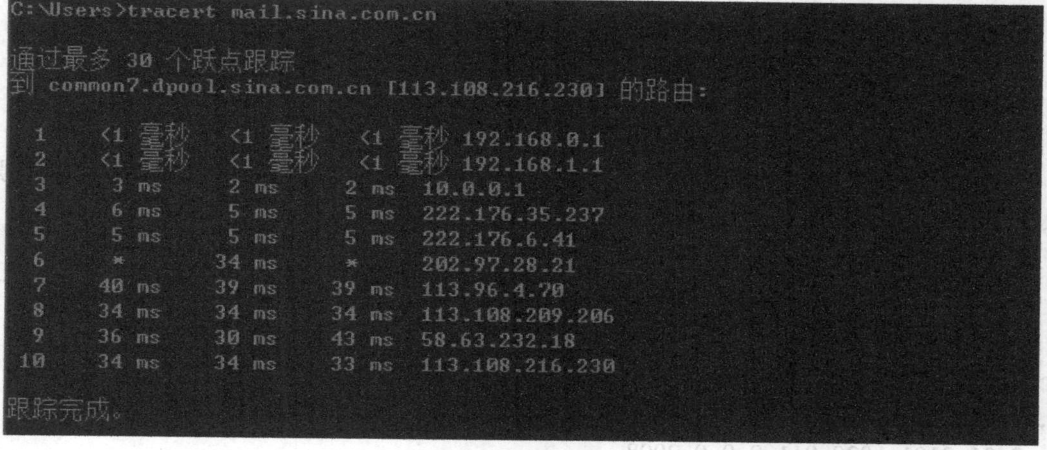

C:\Users>tracert mail.sina.com.cn
通过最多 30 个跃点跟踪
到 common7.dpool.sina.com.cn [113.108.216.230] 的路由:
1 <1 毫秒 <1 毫秒 <1 毫秒 192.168.0.1
2 <1 毫秒 <1 毫秒 <1 毫秒 192.168.1.1
3 3 ms 2 ms 2 ms 10.0.0.1
4 6 ms 5 ms 5 ms 222.176.35.237
5 5 ms 5 ms 5 ms 222.176.6.41
6 * 34 ms * 202.97.28.21
7 40 ms 39 ms 39 ms 113.96.4.70
8 34 ms 34 ms 34 ms 113.108.209.206
9 36 ms 30 ms 43 ms 58.63.232.18
10 34 ms 34 ms 33 ms 113.108.216.230
跟踪完成。

图 6.13　用 tracert 命令获得目的主机的路由信息

图中每一行有三个时间出现,是因为对应于每个 TTL 值,源主机都要发送三次同样的 IP 数据报。

6.3　IPv6

通常所说的“传统 IP”协议,即指当前所用的 IPv4 版本,自从 1981 年由 RFC791 等文档定义后,一直没有本质上的改变。经过 30 多年的应用,IPv4 也被证实是一个健壮、易于实现并具有可操作性的一个协议;但它也有自身的不足,如地址空间耗尽、路由表急剧膨胀、缺乏对 QoS 的支持、移动性差等。为了缓解这些问题,人们引进了一些新的机制(如 CIDR 技术、DHCP 技术、NAT 技术等),但这种方式不可避免地会引入其他新问题,没有从根本上解决问题。

解决 IP 地址耗尽的根本措施就是采用具有更大地址空间的新版本 IP。于是,IETF 经过一段时间的努力,在听取广泛意见的基础上,于 1995 年 12 月推出了下一代网络的 RFC 文档——IPv6 协议。

相对于 IPv4,IPv6 协议主要的变化有两点:

①将 IPv4 的 32 位 IP 地址,扩大到 128 位的 IP 地址。这样,IP 地址所表示的地址空间将大大增加,如果整个地球表面都覆盖着计算机,那么 IPv6 允许每平方米拥有大约 7×10^{23} 个 IP 地址。可见,IPv6 的地址空间在未来是不可能用完的。

②在 IPv6 数据报的首部格式中,用固定格式的扩展首部取代了 IPv4 中可变长的选项字段。

6.3.1 IPv6 地址表示

一个 32 位的 IPv4 地址以 8 位为一段分成四段，每段之间用点分开。而 IPv6 地址的 128 位是以 16 位为一段，共分成八段，每段的 16 位转换为一个 4 位的十六进制数字，每段之间用冒号分开。

根据 RFC2373 的定义，有三种表达 IPv6 地址的方法：首选 IPv6 地址表示、压缩地址表示、内嵌 IPv4 地址的 IPv6 地址表示。

(1) 首选 IPv6 地址表示

下面的这一个用二进制表示的 128 位 IPv6 地址，即为 IPv6 地址的初始状态。

0010010000100001 0010000100000001 1010000000100000 0000100100010001

0000000000000000 0000000000000000 0000000000000000 0010000000001000

为了表示和读取方便，将其以 16 位为一段，每段转换成 4 位十六进制数，然后以冒号隔开，可以得到如下的 IPv6 地址表示形式，即

2421:2101:a020:0911:0000:0000:0000:2008

这种冒号十六进制记法，即首选 IPv6 地址表示方法。这种方式适合于计算机的“思维”。

(2) 压缩地址表示

在 IPv6 中，常见到使用包含一长串“0”的地址，为了方便书写，将每一段中的前导“0”省略，即得到 IPv6 地址的一次压缩。例如，对于前面的首选格式地址，经过一次压缩，得到：

2421:2101:a020:911:0:0:0:2008

对于两段以上都为“0”的字段，可以使用两个冒号来表示，即零压缩。这样，得到：

2421:2101:a020:911::2008

为了保证零压缩无二义性的解释，在 IPv6 地址的压缩表示中，最多只允许有一个“::”，即只能使用一次零压缩。

(3) 内嵌 IPv4 地址的 IPv6 地址表示

这种表示方法中地址的第一部分使用十六进制表示，而 IPv4 部分采用十进制表示，这是过渡机制中 IPv6 地址的特有表示法。例如：

2421::a020:911:202.117.114.2

这个 IPv6 地址的后半部分就是一个 IPv4 地址。

(4) IPv6 前缀和子网

在 IPv6 地址中，CIDR 的斜线表示法仍然适用。IPv6 前缀是指地址中具有固定值的位数部分或表示网络标识的位数部分。例如，2421:a020::/48，表示一个具有 48 位前缀的 IPv6 地址。一般地，路由选择前缀为 48 位，子网前缀为 64 位。

(5) IPv6 地址类型

IPv4 有单播、广播和组播地址类型，在 IPv6 里面，广播已经不再使用了，这对网络管理员来说，应该是个好消息。因为在传统的网络中，很多问题都是由于广播引起的。IPv6 仍然有三种地址类型，分别是单播、多播(组播)、任意播(泛播)。

1) 单播 IPv6 地址

单播地址唯一标识一个 IPv6 结点的接口，是 IPv6 中使用最多的一类。根据单播地址使用的受限范围，可分为全球单播地址和本地单播地址，而本地单播地址又可分为本地链路单播地址和本地站点单播地址。

2)多播 IPv6 地址

功能与 IPv4 的一样,标识一组 IPv6 结点的接口。发往多播地址的数据包会被该多播组所有成员所处理。

3)任意播(泛播)IPv6 地址

多播地址用于一个结点对多个结点的通信,而任意播地址用于一个结点对多个结点中的一个结点的通信。带有任意播地址的数据报将被路由器转发给与其连接的一组计算机的输出接口,但数据报只交付给与它距离最近的那台计算机,这是 IPv6 增加的一种类型。

为了便于路由器的转发,路由结构必须知道哪些输出端口具有任意播的功能,以及它们如何通过路由来度量距离。任意播只用做目的地址,目前只分配给路由器。

在 IPv6 的地址中,也存在一些特殊地址,特殊地址主要有两种,即未指明地址(全“0”或缩写成“::”)和环回地址(缩写成“::1”)。

根据 2006 年 2 月发表的 RFC 4291,IPv6 地址前缀的分配方案见表 6.6。

表 6.6　IPv6 地址前缀分配方案

二进制前缀	地址类型
0000 0000	作为与 IPv4 兼容的地址
001	全球单播地址
1111 1110 0	本地站点单播地址
1111 1110 10	本地链路单播地址
1111 1111	多播地址
00…0(128 位),可记为::/128	未指明地址
00…1(128 位),可记为::1/128	环回地址
除上述外的其他二进制前缀	IETF 保留

6.3.2　IPv6 首部格式

IPv6 数据报由首部和数据两部分组成。首部中除固定长度为 40 字节的基本首部外,还有一些任选的扩展首部。IPv6 基本首部格式如图 6.14 所示。与 IPv4 相比,IPv6 取消了首部中的某些字段(如服务类型、片偏移等),将“生存时间”字段改成了“跳数限制”字段,使其名称与作用更一致。

下面,介绍 IPv6 基本首部中前 8 个字段的含义。

①版本(4 位)。指明协议的版本号,对 IPv6 该字段的值为“6”。

②通信类别(8 位)。该字段由源结点或转发路由器使用,指明数据报的类别或优先级。IPv6 将通信量分为两大类:拥塞控制的通信量和无拥塞控制的通信量。每一类又可细分为很多优先级,达到某种“区分服务”。

③流标号(20 位)。该字段用于标识属于同一业务流的包(即特定源结点到特定目的结点)。

④有效载荷长度(16 位)。它指明 IPv6 数据报除基本首部外的字节数。通常,这个字段的最大值为 64 KB。

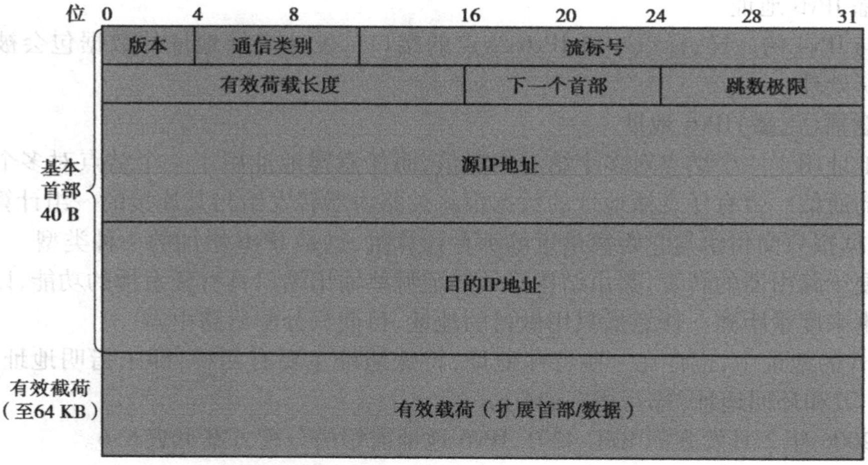

图 6.14 IPv6 地址格式

⑤下一个首部(8 位)。它相当于 IPv4 的协议字段或可选字段。当 IPv6 无扩展首部时,该字段的值指出传输层协议的编号,即数据部分属于传输层的某个协议;当 IPv6 有扩展首部时,该字段的值标识后面所接的扩展首部的类型。

⑥跳数极限(8 位)。表示该数据报还能允许的跳数。数据报在网络中经路由器转发时,每转发一次,该值减“1”,当这个值为“0”时,被丢弃。该值可以防止数据报在网络中无限制地存在。跳数极限由源结点设置。

⑦源 IP 地址(128 位)。指明数据报发送结点的 IP 地址。

⑧目的 IP 地址(128 位)。指明数据报接收结点的 IP 地址。

6.3.3 从 IPv4 向 IPv6 过渡

虽然 IPv6 已经被公认为是下一代互联网的核心通信协议,但由于 IPv4 已经过很多年的发展和完善,大多数的计算机和路由器正在使用 IPv4 协议,要在很短的时间内全部转换为 IPv6 协议几乎是不可能的。这样,采用逐步演进的办法向 IPv6 过渡是比较现实的。在过渡期中,需要 IPv4 和 IPv6 能够共存,即 IPv4 主机安装 IPv6 协议后,能够继续使用 IPv4 的地址;IPv4 主机能够随时升级到 IPv6,IPv6 主机能够随时加入 IPv6 网络,均不依赖于其他主机或路由器。

下面介绍几种 IPv4 向 IPv6 过渡的方案。

(1)双协议栈

双协议栈指 IPv6 结点在安装 IPv6 协议的同时,也安装 IPv4 协议;这样,此结点既能转发 IPv6 数据报,也能转发 IPv4 数据报。双协议栈的主机(路由器)同时具有 IPv4 和 IPv6 两个地址。当此结点转发 IPv6 数据报时,若通过域名系统查询到下一个站点运行的是 IPv4,则该结点就将 IPv6 数据报首部转换为 IPv4 的首部,然后再转发。

双协议栈是处理过渡问题的最简单方式,它能够使 IPv4 分组直接和 IPv4 结点通信,使 IPv6 分组直接和 IPv6 结点通信。但在数据报首部格式转换中,存在某些信息字段丢失无法恢复的问题。

(2)隧道模式

当两个使用 IPv6 的结点进行通信,其数据报又需要通过 IPv4 网络时,数据报必须具有

IPv4 地址。因此，进入 IPv4 网络的 IPv6 数据报必须被封装成 IPv4 数据报，然后在“隧道”中传输。当 IPv4 数据报离开“隧道”时，再拆去其封装恢复原来的 IPv6 数据报。换句话说，“隧道”的主要作用，即是将 IPV6 数据报添加上 IPv4 首部，使其形成 IPv4 数据报后，能够在 IPv4 网络中传输，当包装好的数据报离开 IPv4 网络时，去掉首部使其还原为 IPv6 数据报，与结点进行通信。“隧道”技术提供了一种以现有 IPv4 路由体系来传递 IPv6 数据的方法。

需要注意的是，在“隧道”中传送的数据报的源地址和目的地址分别是“隧道”入口处结点的地址和“隧道”出口处结点的地址。

(3) 网络地址转换

若互联网中大部分结点使用 IPv6，只有少数结点使用 IPv4，则可以采用网络地址转换（即地址映射）技术进行处理。网络地址转换协议（NAT-PT）网关能够实现 IPv4 和 IPv6 协议的相互转换，使原有的各种协议不加改动就能与新的协议互通，但这种技术在应用上也有一些（如协议字段）含义不能保证及拓扑结构要求等限制。

6.4 ARP 与 RARP

ARP（Address Resolution Protocol）即地址解析协议，主要功能是根据 IP 地址获取物理地址（硬件地址）。网络层使用的是 IP 地址，但是在实际网络的链路上传送数据帧时，最终还是必须使用硬件地址。当一台机器（主机或路由器）需要根据已知的 IP 地址，得到其对应的硬件地址（例如，数据报在网络层向下交付到数据链路层的数据包装）时，便需要用到此协议。

ARP 会在主机的 ARP 高速缓存中维持一个从 IP 地址到硬件地址的映射表，并制订数据处理过程保证这个映射表随着主机的增加或减少而动态更新。ARP 高速缓存的映射表中最终会有本局域网中所有主机和路由器的 IP 地址到硬件地址的映射。若某刻在其内未找到某个 IP 地址对应的物理地址，则启动 ARP 数据处理过程获取相关数据，并写入映射表中。ARP 的数据处理过程描述如下：

首先源主机以广播的方式发送一个 ARP 请求，其中包括自己的硬件地址和 IP 地址，以及想要解析的目标 IP 地址。

本局域网上的所有主机上运行的 ARP 进程都会收到此 ARP 请求分组。

当目的主机收到此 ARP 请求后，会将自己的物理地址通过 ARP 响应回送给请求者。为了减少通信量，目的主机同时将源主机的地址映射关系写入自己的 ARP 缓存中。

ARP 请求者收到响应后，将获得的这对物理地址和 IP 地址的映射关系写入自己的 ARP 缓存中，以免重复请求。

需要说明的是，ARP 是解决同一个局域网上主机或路由器 IP 地址与硬件地址的映射问题。如果所要找的主机与源主机不在同一个局域网上，如图 6.15 所示，则情况概述如下：

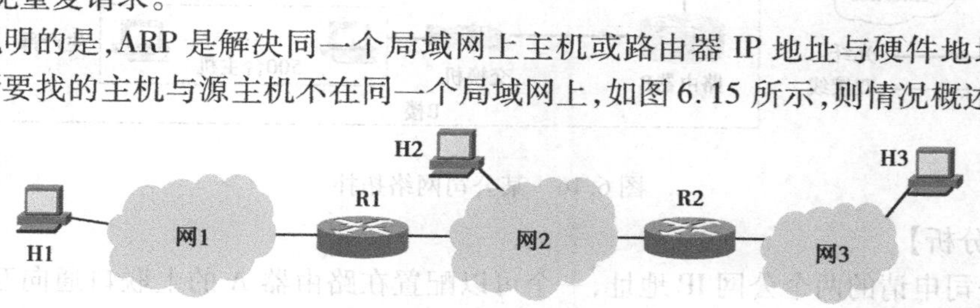

图 6.15 ARP 请求

①发送方是主机(如 H1),要将数据报发送到另一个网络上的一台主机(如 H2 或 H3)。这时,H1 发送 ARP 请求,找到网 1 上的一个路由器 R1 的硬件地址。剩下的工作由路由器 R1 来完成。

②发送方是路由器(如 R1),要将数据报发送到与 R1 相连的同一个网络(网 2)上的主机(如 H2),这时 R1 发送 ARP 请求(在网 2 上广播),即能找到目的主机 H2 的硬件地址。

③发送方是路由器(如 R1),要将数据报发送到与 R1 不相连的另一个网络(网 3)上的主机(如 H3),这时 R1 发送 ARP 请求,找到连接在同一个网(网 2)上的一个路由器 R2 的硬件地址,剩下的工作由路由器 R2 来完成。

在许多情况下需要多次使用 ARP,达到根据 IP 地址获取物理地址的目的。

RARP 是 ARP 的逆过程,即实现由硬件地址得到 IP 地址的过程。RARP 能够使只知道自己硬件地址的主机通过协议找出其 IP 地址。但相比之下,RARP 的实现比 ARP 更为复杂,同时,由于现在的 DHCP 协议已经包含了 RARP 的功能,这里不再描述。

6.5 工程应用案例分析

【案例描述】

某公司有两栋楼(A 楼与 B 楼),A 楼中有行政部 20 台计算机,销售部 50 台计算机,研发部 50 台计算机以及一台服务器,B 楼中有生产部 500 台计算机。公司通过租用 ISP 的一条百兆光纤专线接入互联网,并从 ISP 处获得了两个公网地址,分别为 202.117.144.2 和 202.117.144.3。此公司的网络拓扑结构如图 6.16 所示。现需要公司小李给出一种 IP 地址的规划,合理分配办公计算机和服务器的 IP 地址,同时,需给出正确的网络设备配置,使所有主机均能够访问互联网。

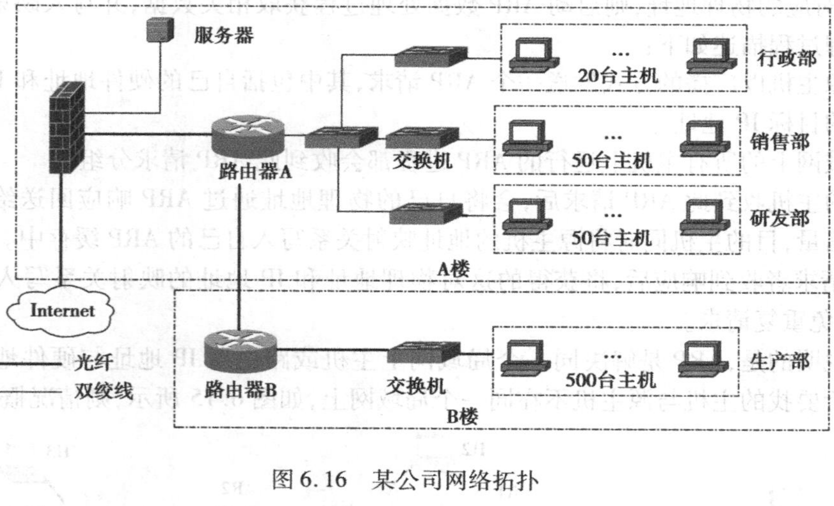

图 6.16　某公司网络拓扑

【案例分析】

对于公司申请的两个公网 IP 地址,一个可以配置在路由器 A 的上联口通向互联网,另外一个可以配置在服务器上供外网访问。企业网内部使用私有 IP 地址,当内网计算机需要访问互联网时,可以在路由器 A 上配置 NAT,实现内网 IP 地址向公网 IP 地址的转换。内网计算机的地址分配中,由于 A 楼共有 120 台计算机,可以使用 C 类私有 IP 地址组成一个 C 类网;B 楼有 500 台计算机,超出一个 C 类网的容纳范围,可以使用 B 类私有 IP 地址组成一个 B 类网。

在网络拓扑结构中,交换机一般不需要配置;路由器上需要配置的内容有:每一个接口的 IP 地址、路由表;除此而外,路由器 A 还要进行 NAT 配置。

【解决方案】

①A 楼中的计算机采用一个 C 类私有地址组成网络,B 楼选取一个 B 类私有地址组成网络,服务器使用 ISP 提供的公网 IP 地址,一种可采取的 IP 地址规划见表 6.7。

表 6.7　IP 地址分配方案

地　点	主机数量	IP 地址范围	子网掩码	网关地址
A 楼	120	192.168.1.2 ~ 192.168.1.254	255.255.255.0	192.168.1.1
B 楼	500	172.16.0.2 ~ 172.16.1.254	255.255.0.0	172.16.0.1
服务器	1	202.117.144.3	ISP 提供	ISP 提供

②路由器 A 和路由器 B 的各个接口均需要配置 IP 地址。如果该接口用于连接其他路由器,则配置的 IP 地址应为互联网段中的 IP 地址;如果该接口用于连接局域网,则配置的 IP 地址应为局域网的网关。根据 IP 地址规划表,路由器 A 和路由器 B 的接口配置如图 6.17 所示。

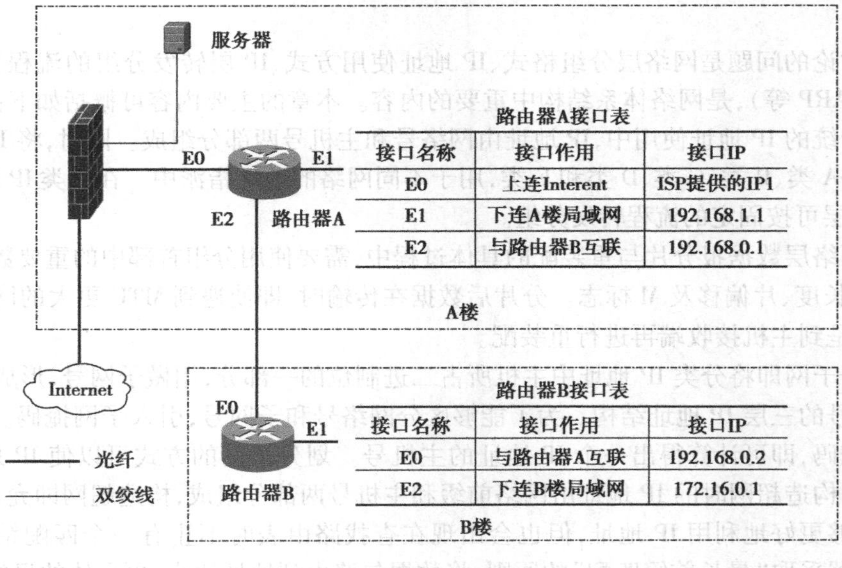

图 6.17　路由器接口 IP 地址设置

③考虑到公司内部网络拓扑比较简单稳定,为了提高路由器转发效率,可以采用静态路由的形式。因此,路由器 A 和路由器 B 的路由表配置见表 6.8。

说明:目的网络为“0.0.0.0”的路由表项为默认路由,即当没有找到任何匹配的路由表项时,按默认路由所标识的下一跳地址进行转发。例如,对于路由器 A,由于设置了默认路由,则路由器在转发数据包时除了目的网络为内部三个网段以外的 IP 数据包,都按照默认路由所提供的方式从 E0 口转发至 ISP 提供的下一跳地址;对于路由器 B,其默认路由指定的转发接口为 E0,下一跳地址即为路由器 A 的 E2 的地址。

表 6.8　路由器的路由表项

路由器	目的网络	下一跳地址	转发接口
A	192.168.0.0	直连	E2
	192.168.1.0	直连	E1
	172.16.0.0	192.168.0.2	E2
	0.0.0.0	ISP 提供	E0
B	172.16.0.0	直连	E1
	0.0.0.0	192.168.0.1	E0

④由于私网 IP 地址在接入互联网时必须被转换成公网 IP 地址，因此，在路由器 A 上进行网络地址转换，配置 NAT 策略。由于局域网内部有多个私有 IP 地址，而公网 IP 地址只有一个，可采用 NAT 中的端口地址转换方式，将每一个 IP 包中的私有 IP 及其端口映射到公有 IP 及其端口。关于 NAT 技术，这里不做详述。

小　结

本章讨论的问题是网络层分组格式、IP 地址使用方式、IP 层转发分组的流程及相关协议（如 ICMP、ARP 等），是网络体系结构中重要的内容。本章的主要内容可概括如下：

①在传统的 IP 地址使用中，IP 地址由网络号和主机号两部分组成。同时，将 IP 地址分成了 5 类——A 类、B 类、C 类、D 类和 E 类，用于不同网络的地址指派中。在分类 IP 地址的数据存储下，IP 层可按固定的流程转发分组。

②在网络层数据报分片与重装配的具体过程中，需要使用分组首部中的重要数据来完成，如报文 IP、长度、片偏移及 M 标志。分片后数据在传输时，即使遇到 MTU 更大的网络，也不会重装配，而是到主机接收端再进行重装配。

③划分子网即将分类 IP 地址中主机所占二进制位的一部分，用做子网号，形成网络号、子网号、主机号的三层 IP 地址结构。为了能够区分网络号和子网号，引入子网掩码。通过 IP 地址和子网掩码，即可计算得出一个 IP 地址的主机号。划分子网的方式可以使 IP 地址得到更好的使用。构造超网时的 IP 地址由网络前缀和主机号两部分组成，构造超网即允许变长的子网掩码，能够更好地利用 IP 地址，但也会出现在查找路由表时不止有一个匹配结果的情况。这时，路由器采取“最长前缀匹配”的原则，将数据包路由到地址块小、更具体的目的网络中。

④网际控制报文协议 ICMP 为路由器或主机提供了特殊用途报文——差错报告或询问报文——的传输机制，最常用的应用程序分组网间探询 PING 和路由跟踪 tracert 就是基于 ICMP 实现的应用程序。

⑤为了彻底解决 IPv4 地址紧缺问题，出现了 IPv6 协议，IPv6 地址表示及使用。实际使用中，需要 IPv4 与 IPv6 能够共存，因此，有 IPv4 向 IPv6 的过渡方案，如双协议栈、“隧道”模式及网络地址转换等。

⑥在网络层，除了重要的 IP 协议外，还有地址解析协议 ARP 及逆地址解析协议。ARP 的主要作用即将 IP 地址转换为硬件地址，辅助完成网络层数据向数据链路层数据转换的过程。

习　题

一、选择题

1. 为了防止因出现网络路由环路而导致数据报在网络中无休止地转发，IP 协议在 IP 数据报首部设置了表示(　　)的 TTL 位。

A. 过期值　B. 总时间　C. 计时位　D. 数据报生存期

2. TTL 位相当于一个计数器，每经过(　　)，其值减“1”，当值为“0”时丢弃。

A. 一台交换机　B. 一台主机　C. 一台路由器　D. 1 秒钟

3. 私网地址用于配置公司内部网络，下面选项中，(　　)属于私网地址。

A. 128.168.10.1　B. 10.128.10.1

C. 127.10.0.1　D. 172.15.0.1

4. 通常路由器不进行转发的网络地址是(　　)。

A. 101.1.32.7　B. 192.178.32.2

C. 172.16.32.1　D. 172.35.32.244

5. 在 IPv4 中，组播地址是(　　)地址。

A. A 类　B. B 类　C. C 类　D. D 类

6. 如果一个公司有 2 000 台主机，则必须给它分配 __(1)__ 个 C 类网络。为了使该公司网络在路由表中只占一行，指定给它的子网掩码应该是 __(2)__。

(1) A. 2　B. 8　C. 16　D. 24

(2) A. 255.192.0.0　B. 255.240.0.0

C. 255.255.240.0　D. 255.255.248.0

7. 由 16 个 C 类网络组成一个超网，其网络掩码应为(　　)。

A. 255.255.240.16　B. 255.255.16.0

C. 255.255.255.248.0　D. 255.255.240.0

8. 设 IP 地址为 18.250.31.14，子网掩码为 255.240.0.0，则子网地址是(　　)。

A. 18.0.0.14　B. 18.31.0.14

C. 18.240.0.0　D. 18.9.0.14

9. 一个局域网中某台主机的 IP 地址为 147.60.196.10，采用 22 位作为网络地址，那么该局域网的子网掩码为(　　)。

A. 255.255.255.0　B. 255.255.248.0

C. 255.255.252.0　D. 255.255.0.0

10. 设计一个网络时，分配给其中一台主机的 IP 地址为 192.168.12.120，子网掩码为 255.255.255.240，则该主机的主机号为 __(1)__；可以直接接收该主机广播信息的地址范围是 __(2)__。

(1) A. 0.0.0.8　B. 0.0.0.120　C. 0.0.0.15　D. 0.0.0.240

(2) A. 192.168.12.120 ~ 192.168.12.127　B. 192.168.12.112 ~ 192.168.12.127

C. 192.168.12.1 ~ 192.168.12.254　D. 192.168.12.0 ~ 192.168.12.255

11. 设有下面 4 条路由：147.18.129.0/24，147.18.130.0/24，147.18.133.0/24，147.18.134.0/24，如果进行路由聚合，能覆盖这 4 条路由的地址是（　　）。

A. 147.18.129.0/21　　B. 147.18.128.0/22

C. 147.18.130.0/22　　D. 147.18.132.0/23

12. 下面的地址中属于单播地址的是（　　）。

A. 129.221.191.255/18　　B. 192.168.24.123/30

C. 200.114.207.94/27　　D. 224.0.0.23/16

13. 在网络层采用分层编址的好处是（　　）。

A. 减少了路由表的长度　　B. 自动协商数据速率

C. 更有效地使用 MAC 地址　　D. 可以采用更复杂的路由选择算法

14. 为了解决 IPv4 的地址位不足的问题，新的 IPv6 协议的地址位数是（　　）。

A. 64　　B. 76　　C. 80　　D. 128

15. 利用 ICMP 协议可以实现路径跟踪功能。其基本思路是：源主机依次向目的主机发送多个分组 P1、P2、…，分组所经过的每个路由器回送一个 ICMP 报文。关于这一功能，描述正确的是（　　）。

A. 第 i 个分组的 TTL 为 i，路由器 Ri 回送超时 ICMP 报文

B. 每个分组的 TTL 都为 15，路由器 Ri 回送一个正常 ICMP 报文

C. 每个分组的 TTL 都为"1"，路由器 Ri 回送一个目的站不可达的 ICMP 报文

D. 每个分组的 TTL 都为 15，路由器 Ri 回送一个目的站不可达的 ICMP 报文

16. 当一个主机要获取通信目标的 MAC 地址时，（　　）。

A. 单播 ARP 请求到默认网关　　B. 广播发送 ARP 请求

C. 与对方主机建立 TCP 连接　　D. 转发 IP 数据报到邻居结点

17. ARP 表用于缓存设备的 IP 地址与 MAC 地址的对应关系，采用 ARP 表的好处是（　　）。

A. 便于测试网络连接数　　B. 减少网络维护工作量

C. 限制网络广播数量　　D. 解决网络地址冲突

18. 在 IPv4 向 IPv6 的过渡期间，如果要使得两个 IPv6 结点可以通过现有的 IPv4 网络进行通信，则该使用＿＿(1)＿＿；如果要使得纯 IPv6 结点与纯 IPv4 结点进行通信，则需要使用＿＿(2)＿＿。

(1) A. 堆栈技术　B. 双协议栈技术　　C. 隧道技术　　D. 翻译技术

(2) A. 堆栈技术　B. 双协议栈技术　　C. 隧道技术　　D. 翻译技术

19. 使用 tracert 命令测试网络可以（　　）。

A. 检验链路协议是否运行正常　　B. 检验目标网络是否在路由表中

C. 检验应用程序是否正常　　D. 显示分组到达目标经过的各个路由器

20. 某校园用户无法访问外部站点 210.102.58.74，管理人员在 Windows 操作系统下可以使用（　　）判断故障发生在校园网内还是校园网外。

A. ping 210.102.58.74　　B. tracert 210.102.58.74

C. netstat 210.102.58.74　　D. arp 210.102.58.74

21. IPv6 地址 12AB:0000:0000:CD30:0000:0000:0000:0000/60 可以表示成各种简写形式，下面的选项中，写法正确的是（　　）。

A. 12AB:0:0:CD30::/60　　B. 12AB:0:0:CD3/60
C. 12AB::CD30/60　　D. 12AB::CD3/60

二、简答题

1. IP 地址可以分为几类？各如何表示？
2. 试说明 IP 地址与硬件地址的区别，哪种地址可能会经常改变。
3. IP 数据报中的首部检验和并不检验数据报中的数据。这样做的好处是什么？
4. 简述 IP 层转发分组的流程。
5. 与 IPv4 相比，IPv6 做了哪些主要改进？
6. 试述由 IPv4 向 IPv6 过渡有哪些方法。

三、计算题

1. 一个数据报长度为 6 000 字节(固定首部长度)。现在经过一个网络传送，但此网络能够传送的最大数据长度为 1 500 字节。试问应当划分几个短些的数据报片？各数据报片的数据字段长度、片偏移字段和 MF 标志应为何数值？

2. 已知某单位分配到一个 B 类 IP 地址(129.240.0.0)。该单位有 2 000 台机器，分布在 8 个不同的地点，如果选择子网掩码为 255.255.255.0，试给每个地点分配一个子网号，并计算每个地点主机号的最小值与最大值。

3. 某单位分配到一个起始地址为 14.24.74.0/24 的地址块。该单位需要用到三个子网，他们的三个子地址块的具体要求是：子网 N1 需要 120 个地址，子网 N2 需要 60 个地址，子网 N3 需要 10 个地址，请给出地址块的分配方案。

四、工程应用题

1. 假设有两台主机，主机 A 的 IP 地址为 208.17.16.165，主机 B 的 IP 地址为 208.17.16.185，它们的子网掩码为 255.255.255.224，默认网关为 208.17.16.160。试问：

(1)主机 A 能否与主机 B 直接通信？

(2)为什么主机 B 不能与 IP 地址为 208.17.16.34 的 DNS 服务器通信？若要排除此故障，需要怎么修改？

2. 一个自治系统有五个局域网，其连接如图 6.18 所示。LAN2 至 LAN5 上的主机数分别为：90、150、3 和 15。该自治系统分配到的 IP 地址块为 30.138.118/23。试给出每一个局域网的地址块(包括前缀)。

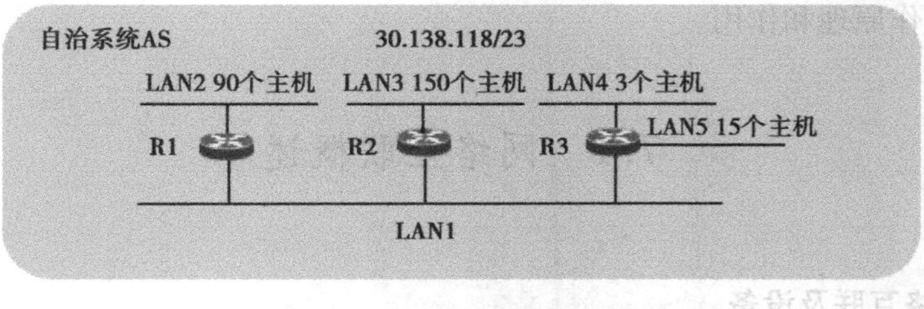

图 6.18　自治系统局域网连接网

第7章 网络互联协议

本章主要知识点

- ✧ 网络互联及其互联设备。
- ✧ 路由选择算法,包括静态路由、动态路由(RIP与OSPF)。
- ✧ 分层路由及其相关概念。
- ✧ IP多播与网际组管理协议IGMP。

能力目标

- ✧ 具备对网络互联及其设备的认识及掌握能力。
- ✧ 具备对路由选择协议工作原理的认识和掌握能力。
- ✧ 具备对分层路由及OSPF协议的认识与理解能力。
- ✧ 具备对IP多播实现的理解能力。

互联网的核心内容是网际协议IP,包括IP地址的使用、网络层数据报格式及路由选择。本章讨论网络互联问题,也就是多个网络通过路由器互联成为一个互联网,实现更广泛的数据通信和资源共享的各种问题。在这些问题中,最核心的问题即路由选择,因此,除了网络互联外,重点讨论路由选择协议及路由器基本原理。只有深入掌握路由选择协议,才能理解互联网的工作过程。除此而外,本章还将讨论IP多播问题,介绍网络层的其他协议(网际组管理协议IGMP)的主要工作原理和作用。

7.1 网络互联概述

7.1.1 网络互联及设备

网络互联是指通过采用合适的技术和设备,将不同网段、网络或子网之间的计算机网络互联起来,形成一个规模更大的网络系统,实现更大范围内的数据传输、通信、交互和资源共享。

计算机网络有局域网、城域网、广域网,不同网络间存在各种差异,因此,网络互联除了提供网络之间物理上的链路互联、数据转发和路由选择外,还必须容纳网络间的差异,例如,不同的寻址方式、分组长度和格式、传输速率和差错检测机制等。

OSI/RM 共有七个层次,不同功能层次的网络互联时,所选择的网络互联设备也不同。各个层次及其所对应的网络互联设备如图 7.1 所示。物理层互联设备主要为中继器(或集线器),它只作用于物理层,负责将传输介质传输过来的二进制位信号进行复制、整形、再生和转发,是最简单的网络互联设备。数据链路层互联设备为网桥(或交换机),它作用于物理层和数据链路层,它既能延伸局域网的距离,扩充结点数,也能将网络划分为较小的网络,缩小冲突域。

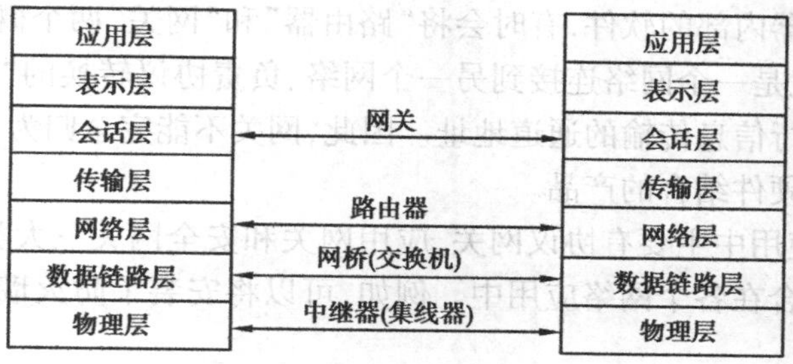

图 7.1　网络互联设备与 OSI/RM 各层对应关系

当网络互联设备是中继器或网桥时,仅仅是将一个网络扩大了,而从网络层的角度来说,仍然属于一个网络,这并不能称为网络互联。通常,在讨论网络互联时,都是指用路由器进行网络互联和路由选择。使用路由器进行互联的各个网络还是独立的子网,它们可以有不同的拓扑结构、传输介质和介质访问控制方法。可以用路由器互联 Ethernet、FDDI、ATM 和 DDN 等异构类网络,如图 7.2 所示。

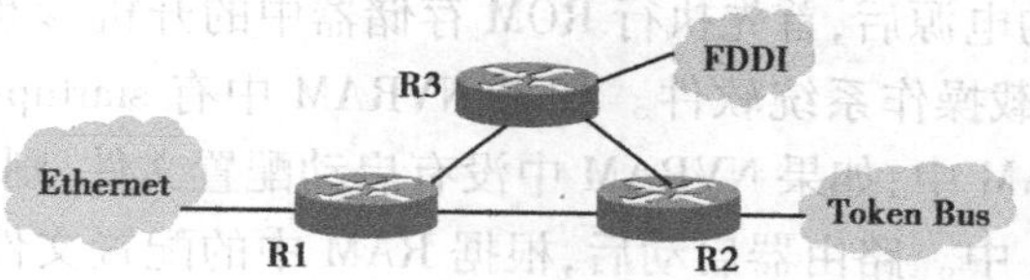

图 7.2　使用路由器互联网络

7.1.2　网络层与高层互联设备

(1)路由器及工作原理

路由器是常见的网络连接设备,是一台具有多个输入端口和输出端口且专门用于路由功能的专用计算机。路由器具有判断目的数据包的网络地址和选择路径的功能,能够实现不同网络间的互联互通。此外,路由器还具有过滤与隔离功能(即路由器能对网间信息进行过滤,并隔离广播风暴,提供一定的安全性)、协议转换功能(可对网络层及以下各层的协议进行转换)、分段与组装功能及网络管理功能(可对信息量、设备进行监控和管理)等。

路由器在转发数据包时,使用第三层地址(IP 地址)决定数据包如何包装及送到哪里。当路由器收到一个数据包后,就读取其目的主机所在的网络地址,然后根据路由表中的信息,为数据包选择合适的路由,并转发出去。数据包到达目的主机所在的路由器后,再将其转换为数据链路层所认识的数据帧,并最终传输到目的主机。

所谓路由,就是根据路由表中的信息自动选择其中的一条最佳路径。路由工作包含两个动作:确定路由(路由选择)和转发分组。转发分组的过程可以由“IP 层转发分组的流程”来完成。确定路由相对于转发分组要复杂些,路由器是根据路由选择算法生成路由表的表项,从而达到确定路由的目的;实际使用中,路由选择算法需要根据许多信息来填充路由表,要复杂很多。也就是说,路由表存放了路由器所连接子网的状态(如网络上路由器的数目、路由器的网络地址等)等信息,是数据包经过路由器存储转发时的重要依据。

(2)网关

网关,也称为网间协议转换器,属于高层网络互联设备,具有高层协议的转换功能。由于两个异构的网络可以使用不同的数据格式、通信协议或结构,进行网络互联就要用到网关。网关通常是安装在路由器内部的软件,有时会将“路由器”和“网关”两个概念混用。

通俗地讲,网关就是一个网络连接到另一个网络、负责协议转换的“关口”,网关地址即内部网络与其他网络进行信息传输的通道地址。因此,网关不能完全归为一种网络硬件,它是能够连接不同网络的软硬件结合的产品。

目前,在网关的使用中主要有协议网关、应用网关和安全网关三大类别。实际上,网关的相关概念已经慢慢糅合在各个网络应用中。例如,可以将安装了防火墙软件的计算机看成是一种安全网关。

7.1.3 路由器的基本配置

Cisco 路由器的硬件包括 CPU(中央处理器)、Flash(闪存,存储操作系统映像和初始配置文件)、ROM(存储开机诊断程序、引导程序和操作系统软件)、NVRAM(Nonvolatile RAM,非易失 RAM,存储启动配置文件)、RAM(存储路由表、运行配置文件和待转发的数据报队列)和输入/输出接口等。

开启 Cisco 路由器的电源后,首先执行 ROM 存储器中的开机诊断程序和操作系统引导程序,从 Flash 存储器中加载操作系统软件。如果 NVRAM 中有 startup-config(启动配置)文件,则将配置文件加载到 RAM 中;如果 NVRAM 中没有启动配置文件,则从 Flash 存储器中加载一个初始配置文件到 RAM 中。路由器启动后,根据 RAM 中的配置文件配置各个网络接口和初始化路由表。当使用命令配置路由器时,就是修改配置文件内容。当 NVRAM 中没有启动配置文件时,路由器启动后会给出提示信息。

与交换机类似,Cisco 路由器也有不同的模式,不同模式下用户的操作不同,需要使用命令进行各模式间的转换。Cisco 路由器的部分模式和模式之间的转换命令、模式提示和各种模式下的主要操作见表 7.1。

表 7.1 Cisco 路由器的工作模式及转换命令

模式名称	进入模式命令	模式提示	可进行的操作
用户模式	开机进入	Router >	查看路由器状态
特权模式	Router > enable	Router#	查看路由器配置及端口状态
全局配置模式	Router#config terminal	Router(config)#	配置主机名、密码、静态路由等

续表

模式名称	进入模式命令	模式提示	可进行的操作
接口配置模式	Router(config)#Interface 接口	Router(config-if)#	网络接口参数配置
子接口配置模式	Router(config)#Interface 接口. n	Router(config-subif)#	子接口参数配置
路由配置模式	Router(config)#Router 路由选择协议	Router(config-router)#	路由选择协议配置
线路配置模式	Router(config)#Line n	Router(vlan)#	创建 VLAN
返回上一级	Router(config-if)#exit	Router(config)#	退出当前模式

Cisco 路由器基本配置命令如下：

(1)配置主机名及密码

hostname *名字*　　　　;配置主机名称

Router(config)#enable secret *密码*　　　　;配置/修改特权密码

注意：一旦路由器设置了特权密码，没有密码就不能进入特权模式，必须妥善保管好密码。

(2)显示命令

Router#show running-config　　　　;查看当前运行的配置文件

Router#show start-up-config　　　　;查看 NVRAM 中的配置文件

Router#show ip route　　　　;查看路由表

Router#show interface *接口*　　　　;查看接口状态

(3)配置以太网接口 IP 地址

Router(config)#interface *接口*　　　　;指定接口

Router(config-if)#ip address *x. x. x. x*　*y. y. y. y*　　　　;配置接口的 IP 地址、子网掩码

Router(config-if)#no shutdown　　　　;启动接口

(4)配置同步串行口

路由器上的同步串行口一般用于广域网连接。两台路由器之间通过租用线路将两个同步串行口连接起来。在广域网的连接中需要使用基带 Modem 之类的 DCE 设备，同步传输中的同步时钟信号由 DCE(数据通信设备)提供，路由器则是 DTE(数据终端设备)。在某些情况下(例如，相邻很近的两台路由器或网络实验时的两台路由器)，可以直接使用两条 V.35 接口线缆背对背地连接起来。路由器串行口也可以配置成 DCE 的工作方式，为端口通信时提供同步时钟信号。

1)DTE 端同步串行口的配置

Router(config)#interface *串行口名称*　　　　;指定接口

Router(config)#ip address　*x. x. x. x*　*y. y. y. y*　　　　;配置接口的 IP 地址、子网掩码

Router(config)#encapsulation hdlc　　　　;数据链路层封装格式，默认 hdlc，可省略

Router(config)#no shutdown　　　　;启动接口

2)DCE 端同步串行口的配置

Router(config)#interface *串行口名称*　　　　;指定接口

Router(config)#ip address　*x. x. x. x*　*y. y. y. y*　　　　;配置接口的 IP 地址、子网掩码

Router(config)#clock rate *nnnn*　　　　;DCE 端需要配置同步时钟频率

Router(config)#no shutdown ;启动接口

(5)配置实例

下面以图7.3为例,说明路由器的基础配置。在图7.3中,不同网段(192.168.0.0/24与192.168.2.0/24)的两台主机H1和H2通过两个路由器R0和R1相连,由于R0没有与网络192.168.2.0/24直接相连,所以R0对目的网络是192.168.2.0/24的数据包将进行丢弃处理。为了使两个主机能够相互通信,可以配置静态路由或动态路由。

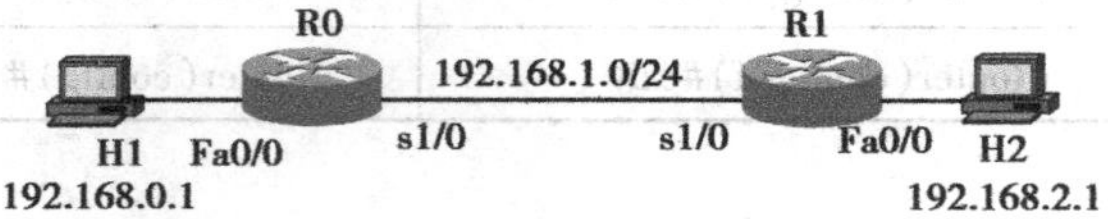

图7.3 路由器基础配置实例

在配置路由前,需要对两个路由器进行基础配置(配置接口IP地址、串行口时钟频率等),根据IP地址使用原则,设置路由器及端口的IP地址见表7.2。

表7.2 路由器接口IP地址

路由器名称 / 端口	R0	R1
Fa0/1	192.168.0.254	192.168.2.254
s1/0	192.168.1.1	192.168.1.2

根据表7.2,配置路由器的基本步骤如下:

1)对于路由器R0

①配置以太网接口

Router#config terminal

Router(config)#interface fa0/1

Router(config-if)#ip address 192.168.0.254 255.255.255.0

Router(config-if)#no shutdown

Router(config-if)#exit

②配置串行口

Router#config terminal

Router(config)#interface s1/0

Router(config-if)#ip address 192.168.1.1 255.255.255.0

Router(config-if)#clock rate 64000

Router(config-if)#no shutdown

Router(config-if)#exit

2)对于路由器R1

①配置以太网接口

Router#config terminal

Router(config)#interface fa0/1

Router(config-if)#ip address 192.168.2.254 255.255.255.0

```
Router(config-if)#no shutdown
Router(config-if)#exit
```

②配置串行口

```
Router#config terminal
Router(config)#interface s1/0
Router(config-if)#ip address 192.168.1.2  255.255.255.0
Router(config-if)#no shutdown
Router(config-if)#exit
```

注意：主机H1的默认网关为直接相连的路由器端口地址，即192.168.0.254；主机H2的默认网关为直接相连的路由器端口地址，即192.168.2.254。

7.2　路由选择算法

路由选择协议的核心就是路由算法，即如何经过特定的步骤来生成路由表中的各个表项。一个理想的路由选择算法除了应该具备算法的基本特性（如正确性、可行性等）外，还应该满足稳定性和公平性两个特点。路由选择算法的稳定性指在网络通信量和拓扑结构相对稳定的情况下，算法收敛于一个特定的解。算法的公平性是指针对使用算法的所有用户都是平等的，不能只对特定的网络路径实现数据传输时延的最小。同时，路由选择算法还应该是"最佳"的，即算法步骤应该以最小的代价实现路由选择。这里的代价指数据在传输时链路花费的度量，可以由链路长度、数据传输速率、传播时延等因素组成。代价可以根据用户的具体情况来设置。因此，不存在一种绝对的最佳路由选择，只能是相对于某一种特定要求，得出的较为合理的路由选择而已。

路由选择是一个非常复杂的问题，因为它是网络中所有结点共同协调工作的结果。同时，由于路由选择所处的环境经常毫无预兆地发生变化，网络也会随着通信量情况的不同出现堵塞，这些情况使算法很难从网络中的各个结点获得所需的路由选择信息，增加了算法的难度。

若从算法的策略能否随网络的拓扑结构自适应地进行调整变化来划分，则路由选择策略可以分为静态路由选择和动态路由选择两种。静态路由选择也称非自适应路由选择，具有简单、开销小的特点，但不能及时随网络状态变化而更新路由表项；动态路由选择也称自适应路由选择，虽然能够较好地适应拓扑结构变化，但实现复杂，开销也很大。

7.2.1　静态路由概述

在互联网发展早期，网络的结构一般比较简单，网络管理员可以根据网络拓扑，在路由表中显式地配置路由信息。这种不需要协议交互，仅由源结点事先决定的路由称为静态路由。静态路由一旦确定，可保持一段时间不变，即使网络状况发生变化，静态路由也不会改变，需要等待人工配置路由表的表项。因此，静态路由不能很好地适应网络拓扑结构的动态变化。

Cisco路由器配置静态路由的命令格式为：

Router(config)#ip route 目的网络地址　子网掩码　下一跳IP地址|端口　[管理距离]

在路由器中的路由表中，若同时存在到达同一目的网络的静态路由和其他协议生成的路由时，可以使用配置命令中的管理距离改变路由的选择顺序。Cisco 路由器中规定的管理距离见表 7.3。

表 7.3 Cisco 路由器中规定的管理距离

路由种类	管理距离	路由种类	管理距离
直连网络	0	RIP	110
静态路由	1	OSPF	120
BGP	20		

当路由的管理距离相同时，要比较路由的开销值。各个网络协议的路由开销有不同的衡量标准。下面仅讨论静态路由如何配置和如何指定管理距离。

例如，在图 7.3 所示的网络中，对于路由器 R0 采取的静态路由配置命令为：

Router(config)#ip route 192.168.2.0 255.255.255.0 192.168.1.2

该静态路由也可以使用的命令格式为：

Router(config)#ip route 192.168.2.0 255.255.255.0 s1/0

由表 7.3 可知，静态路由的管理距离仅次于直连网络，若不希望静态路由作为首选路由，可以为静态路由指定管理距离，例如：

Router(config)#ip route 192.168.2.0 255.255.255.0 192.168.1.2 130

为了使两台主机 H1 和 H2 能够双向通信，还需要在 R1 上配置类似的静态路由，命令如下：

Router(config)#ip route 192.168.0.0 255.255.255.0 192.168.1.1

可以在路由器 R0 上查看已经配置好的路由信息，如图 7.4 所示。

```
C        192.168.0.0/24 is directly connected, FastEthernet0/1
C        192.168.1.0/24 is directly connected, Serial1/0
S        192.168.2.0/24[1/0]via 192.168.1.2
Router#
```

图 7.4 配置静态路由后 R0 的路由表

其中，"C"表示直连网的表项，R0 有两个直连网，分别为 192.168.0.0/24 和 192.168.1.0/24；"S"表示静态路由的表项，配置后 R0 有一个到达目的网络 192.168.2.0/24 的静态路由表项。

配置好静态路由的信息后，再将两台主机 H1 和 H2 的 TCP/IP 属性设置成功后，在主机 H1 上就可以采用 Ping 命令测试连通性，测试结果如图 7.5 所示。

这表明采用静态路由的方式能够使不同网段的主机通信成功。

默认路由实际上是一种特殊的静态路由。只有当路由器的本地路由表无法找到匹配的路由时，才会按照默认路由进行数据的转发，因此，默认路由一般放置在路由表的最底部。

配置默认路由的命令如下：

Router(config)#ip route 0.0.0.0 0.0.0.0 x.x.x.x

说明：默认路由条目中的 0.0.0.0 是网络地址和子网掩码的通配符，表示任意网络。

将图 7.3 中的 R1 配置一项静态路由后，查看路由表的结果如图 7.6 所示。

由图 7.6 可知，默认路由在路由表中的标识是"S*"。

```
PC>ping 192.168.2.1

Pinging 192.168.2.1 with 32 bytes of data:

Reply from 192.168.2.1: bytes=32 time=15ms TTL=126
Reply from 192.168.2.1: bytes=32 time=15ms TTL=126
Reply from 192.168.2.1: bytes=32 time=4ms TTL=126
Reply from 192.168.2.1: bytes=32 time=14ms TTL=126

Ping statistics for 192.168.2.1:
    Packets: Sent = 4, Received = 4, Lost = 0 (0% loss),
Approximate round trip times in milli-seconds:
    Minimum = 4ms, Maximum = 15ms, Average = 12ms
```

图 7.5　在主机 H1 的命令窗口中输入 Ping 命令及显示结果

```
C       192.168.1.0/24 is directly connected, Serial1/0
C       192.168.2.0/24 is directly connected, FastEthernet0/1
S*      0.0.0.0/0[1/0]via 192.168.1.1
Router#
```

图 7.6　路由表中的默认路由

7.2.2　动态路由算法概述

动态路由算法要依靠网络当前的状态信息来决定路由，而网络当前状态信息的获取通常需要结点间的数据通信来完成。这种策略虽然能够较好地适应拓扑结构变化，但算法复杂，会增加网络的负担。

根据网络当前状态信息的获取方式，动态路由算法可以分为分布式路由选择、集中式路由选择和混合式动态路由选择三种。分布式路由选择，即网络当前状态信息由网络中各结点通过定期的信息交互来确定，如距离向量路由选择算法和链路状态路由选择算法；集中式路由选择，即由网络控制中心负责全网状态信息的收集、路由计算及最佳路由的实现，再将这些信息定期发送到各结点上去；混合式动态路由选择，即将分布式路由选择、集中路由选择和其他路由选择方法混合使用的一种路由选择策略。

动态路由是一种网络中所有结点都参与路由选择，并按照既定准则确定路由的一种路由选择策略，是一种自适应路由算法。在动态路由选择协议中，有一个重要的概念——收敛。动态路由选择协议的收敛，指通过该路由协议传递网络信息的可达性信息，经过有限的时间，可使网络中所有结点都运行着一致的、精确的、能够反映当前网络拓扑结构的路由信息。影响网络收敛的因素有很多，包括网络的规模、拓扑结构、路由方法和路由策略等。

7.2.3　距离矢量算法与 RIP

(1)距离矢量算法及 RIP 工作原理

距离矢量算法要求路由器周期地与邻居路由器交换距离矢量表，每当接收到邻居路由器发来的距离矢量表时，路由器就重新计算到每个目的结点的距离，并更新自己的路由表。距离矢量表中只包含到所有目的结点的距离，距离的度量可以是延迟、物理距离或其他参数。

RIP(Routing Information Protocol)是一种基于距离矢量算法实现的路由选择协议。它规定了“距离”的确切含义和更新路由表的具体步骤。在RIP协议中,每个路由器都维护一个从它自己到其他每个目的网络的距离记录。每项记录至少包含“目的网络、距离、下一跳路由器”三个关键数据。RIP规定,从一个路由器到直接相连的网络距离定义为“1”,从一个路由器到非直接相连的网络距离定义为所经过路由器数加“1”。RIP认为,好的路由就是它通过的路由器的数目少,即“距离短”。RIP允许一条路径最多只能包含15个路由器。因此,“距离”等于16时,即相当于不可达。可见,RIP只适用于小型互联网。

根据距离矢量算法,对每个相邻路由器发送过来的RIP报文,路由表更新步骤为:

①对地址为X的相邻路由器发来的RIP报文,先修改此报文中的所有项目:将“下一跳”字段中的地址都改为X,并将所有的“距离”字段值加“1”,即:到目的网络N,距离是d,下一跳路由器是X。

②对修改后的RIP报文中的每一个项目,进行如下步骤:

若原来的路由表中没有目的网络N,则将该项目添加到路由表中。否则,若下一跳路由器地址为X,则将原路由表中的项替换为收到的项目。否则,若收到的项目中的距离d小于路由表中的距离,则进行更新,否则,什么也不做。

③若3 min还没有收到相邻路由器的更新路由表,则将此相邻路由器记为不可达的路由器,即将距离设置为“16”。

下面以一个实例来说明RIP协议的路由选择过程。

【例7.1】 已知一个路由器A的路由表(表7.4),现收到相邻路由器B发来的路由更新信息,见表7.5。试用RIP协议更新路由器A的路由表。

表7.4 路由器A的路由表

目的网络	距 离	下一跳路由器
N1	4	B
N2	2	C
N3	7	F
N4	5	B

表7.5 路由器B发来的更新信息

目的网络	距 离	下一跳路由器
N5	2	C
N2	1	D
N3	3	F
N4	2	D

【解析】 根据RIP路由协议路由表的更新步骤,先将表7.5中的距离都加“1”,并把下一跳路由器都改为“B”,得出表7.6。

将此表的每一项与表7.4进行比较。

第一项在表7.4中没有,则将这一项添加到表7.4中。

第二项在表7.4中有,且下一跳不同,则需要比较距离。新的表项的距离2不小于原来表中的距离2,那么,什么也不做。

第三项在表7.4中有,且下一跳不同,则需要比较距离。新的表项的距离4小于原来表中的距离7,那么,要进行更新。

第四项在表7.4中有,且下一跳相同,那么,要进行更新。

这样,得出更新后的路由器A的路由表见表7.7。

表 7.6　修改后的表 7.5

目的网络	距　离	下一跳路由器
N5	3	B
N2	2	B
N3	4	B
N4	3	B

表 7.7　更新后路由器 A 的路由表

目的网络	距　离	下一跳路由器
N1	4	B
N2	2	C
N3	4	B
N4	3	B
N5	3	B

RIP 协议的要点如下：

①RIP 协议是定期与相邻的路由器交换信息，并进行自学习后得出可用的路由信息的。假设路由器 A 接收到相邻路由器 B 发来报文的某一项为“N2，1，C”，意思是，B 到目的网络 N2 的距离为“1”，下一跳为“C”，则路由器 A 进行自学习后，可得出的信息是“我可以通过相邻路由器 B 到目的网络 N2，且距离为 2”。

②RIP 协议是以最新的信息为准作为路由选择的依据。例如，在例 7.1 中，本路由器没有到网络 N5 的路由，那么在路由表中就要添加所得来的项；当到达目的网络 N4 的下一跳与原来相同时，则不管原来路由表中的项是什么，都要以最新的信息修改路由表。

③路由器是经过固定的时间间隔（如 30 s）交换路由信息的，当网络拓扑发生变化时，路由器也能够及时向相邻的路由器通告拓扑变化后的路由信息。

（2）RIP 存在的问题

RIP 存在的一个问题：当网络出现故障时，要经过比较长的时间才能将此信息传送到所有的路由器。可以用图 7.7 的简单例子来解释这种情况。在图 7.7 中，有三个网络通过两个路由器连接起来，并且都建立了自己的路由表。这里，只给出能够说明问题的关键表项。路由器 R1 中的“1，1，直连”表示“到网 1 的距离是 1，直接交付”；路由器 R2 中的“1，2，R1”表示“到网 1 的距离是 2，下一跳是 R1”。

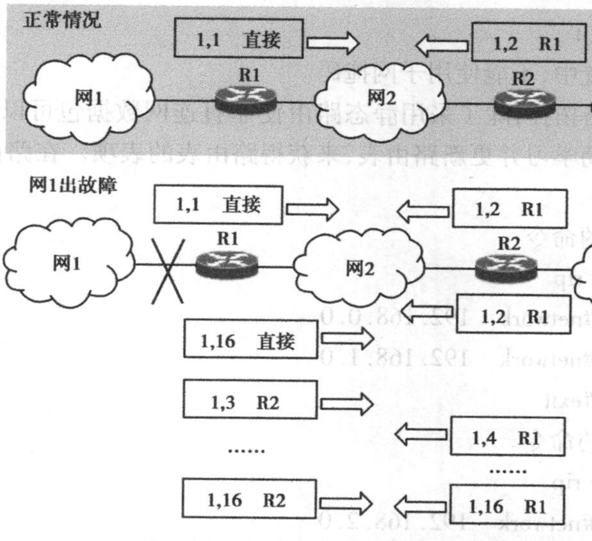

图 7.7　RIP 协议的“坏消息传播得慢”缺点

现在假定路由器 R1 到网 1 的链路出了故障，R1 无法到达网络 1。于是，路由器 R1 将到网 1 的距离改为“16”，这样，R1 的路由表中相应的表项变为“1，16，直连”。但是，很可能要经过 30 s 后 R1 才能将更新信息发送给 R2，然而，R2 可能已经将自己的路由表发给了 R1，其中有“1，2，R1”这一项。R1 收到 R2 的更新报文后，误认为可经过 R2 到达网 1，于是将收到的路由信息更改为“1，3，R2”。同理，R2 接着又更新自己的路由表，这样的更新一直继续下去，直到 R1 和 R2 到网 1 的距离都增大到 16 时，两个路由器才知道网络 1 是不可达的。RIP 的这个特点称为：好消息传播得快，坏消息传播得慢。这是这个协议的最主要缺点，但如果一个路由器发现了更短的路由，那么这种更新信息就传播得很快。

为了解决这个问题，可以采取多种措施，例如，让路由器记录收到某特定路由信息的接口，而不让同一路由信息再通过此接口反方向传送。

目前常用的 RIP 版本是 1998 年 11 月公布的 RIP2。RIP2 可以支持变长子网掩码和 CIDR，使用组播方式更新报文，并采用触发更新机制来加速路由收敛（路由变化即发送更新报文，不需要等待更新周期时间）。RIPv2 还使用经过散列的口令字来限制更新信息的传播（即支持认证）。

总之，RIP 最大的优点就是实现简单，开销小。但缺点也很多：首先，它限制了网络的规模，能够使用的最大距离即为“15”（16 表示不可达）；其次，路由器之间交换的路由信息是完整的路由表，网络上所需要传输的数据量较大，开销增加；最后，“坏消息传播得慢”，算法的收敛时间过长。

(3) RIP 协议基本配置

在 Cisco 路由器上，RIP 协议的基本配置非常简单，每个路由器只需要在启动 RIP 路由协议后，发布与自己相关的直连网信息即可。各个路由器会根据 RIP 协议的工作过程自动交换报文信息，并更新路由表。

RIP 的命令如下：

```
Router(config)#router rip
Router(config-router)#network   x.x.x.x
Router(config-router)#exit
```

说明：在 RIP 协议的配置中，不能使用子网掩码。

例如，对于图 7.3 的网络拓扑，除了采用静态路由使非直连网数据包可以处理外，还可以使路由器启用 RIP 协议，自动学习并更新路由表，来获得路由表的表项。在路由器中采用 RIP 协议的相关配置命令如下：

1) R0 路由器配置 RIP 的命令

```
Router(config)#router rip
Router(config-router)#network   192.168.0.0
Router(config-router)#network   192.168.1.0
Router(config-router)#exit
```

2) R1 路由器配置 RIP 的命令

```
Router(config)#router rip
Router(config-router)#network   192.168.2.0
Router(config-router)#network   192.168.1.0
```

Router(config-router)#exit

在路由器 R0 上查看路由表信息,显示的结果如图 7.8 所示。

```
C       192.168.0.0/24 is directly connected, FastEthernet0/1
C       192.168.1.0/24 is directly connected, Serial1/0
R       192.168.2.0/24 [120/1]via 192.168.1.2,00:00:05, Serial1/0
Router#
```

图 7.8　配置 RIP 协议后 R0 的路由表项

其中,“R”表示使用动态路由协议 RIP 自动生成的路由表项。

7.2.4　链路状态路由选择算法与 OSPF

(1)链路状态路由算法基本原理

在距离矢量算法中,距离的度量并没有考虑物理线路带宽的影响,这在网络状态不复杂的情况下影响不大,但若一些线路带宽较低而另一些线路带宽较高,带宽因素就成为影响距离的重要问题。即使将带宽的影响因素添加在距离的度量中,在距离矢量算法中也会存在慢收敛的问题。因此,距离矢量算法被一个全新的算法所代替,这个算法称为链路状态路由算法(Link-State Routing,链路状态路由)。

链路状态路由算法的思路很简单,每一个路由器必须完成这些工作:①发现它的邻居结点,并获得其网络地址;②测量到各邻居结点的延迟或者线路开销;③构造一个分组,分组中包含所有它刚刚知道的消息;④将这个分组发送给所有其他路由器;⑤计算出每一个其他路由器的最短路径。

在链路状态路由算法中,由于网络上的每个路由器都可以获得所有其他路由器的状态,因此,每个路由器最终都可以构造出网络的拓扑结构。这时,路由器可以根据 Dijkstra 算法计算出最短路径,并将计算结果填写到路由表中。实际上,链路状态路由算法中完整拓扑结构的获得和链路延迟信息等都是通过数据间的交换使用实验的方法测量得来。下面详细说明上述的每一个步骤及所需的重要数据信息。

1)发现邻居结点

当一个路由器启动后,它的第一个任务就是找出哪些路由器是它的邻居。为了实现这个目标,需要在每一条线路上发送一个特殊的分组(即 HELLO 分组)。线路另一端的路由器应该送回一个应答来说明它是谁。

2)测量线路开销

链路状态路由算法要求每一个路由器知道它到各个邻居结点之间的延迟或者一个合理的度量值。解决这个问题最直接的方法是在线路上发送一个特殊的分组,另一端立即回送应答,通过计算往返时间,再除以 2,获得一个合理的延迟估计值。如果希望得到更好的结果,可多次执行这样的测试过程,取它们的平均值。

3)创建链路状态分组

路由器收集到需要交换的信息后,下一步的工作就是建立一个包含这些数据的分组。分组的内容首先是发送方的标识,然后是一个序号和年龄,以及一个邻居列表。对于每个邻居,还要给出到每个邻居的延迟。

创建链路状态分组很容易,困难的是确定创建分组的时机。一种可采取的方法是定期创建分组,另一种可采取的方法为有重要事件发生时才创建分组。

4）发布链路状态分组

当发布链路状态分组后，收到此分组的路由器将会据此改变它们的路由信息。不同的路由器有可能使用不同版本的拓扑结构，从而导致了不一致性、不可达等问题。链路状态路由算法最技巧的部分是如何可靠地发布链路状态分组。

最基本的发布链路状态分组的算法即扩散法。为了控制扩散过程，每一个分组都包含一个序列号，序列号随着每一个新的分组而递增。每一个路由器记录下它所看到的所有（源路由器、序列号）对。当一个新的链路状态分组进来时，路由器在已经看到的分组列表中检查这个新进来的分组。如果它是新的，除了它到来的那条线路之外，在其他的线路上全部转发该分组。如果它是一个重复的分组，则将它丢弃。如果一个分组的序列号小于当前所看到过的来自该源路由器的最大序列号，由于路由器已经有了更新的数据，此分组将被当作过时分组而遭到拒绝。

这个算法存在一些问题，例如，当一个路由器崩溃了，它将丢失所有的序列号记录，发布算法会存在错误的重复分组判断问题；如果一个序列号被破坏了，还会导致过时分组误判的问题。解决这些问题的方案是在每个分组的序列号之后加入年龄信息，并且每秒钟将年龄减"1"。当年龄到"0"时，来自该路由器的信息被丢弃。通常情况下，每隔一段时间，比如说 10 s，一个新的分组就会到来，因此，只有当路由器停机时，路由器信息才会过时。利用年龄这个数据，能够使算法解决异常情况判断问题。

5）计算新的路由路径

当一个路由器获得了全部的链路状态分组后，它就具备了计算路由的基础数据，具有了完整的网络拓扑。这样，路由器就可以运行 Dijkstra 算法，构建出所有可能目标的最短路径，并将结果写入路由表中，继续进行其他操作。

链路状态路由算法采取事件（链路中断或路由器崩溃等网络异常情况）来驱动链路状态更新，因此，在网络拓扑结构发生变化时，它能够快速收敛，能够适应大规模的网络。但由于该算法本身的复杂性，对链路带宽、路由器的处理及存储能力要求较高。

（2）OSPF 协议

OSPF（Open Shortest Path First，开放最短路径优先）是使用分布式的链路状态算法实现的路由选择协议，是目前使用最广泛的路由协议之一。OSPF 在实现路由选择算法的过程中，采用了多种路由分组来完成数据信息的交换。OSPF 常见的分组有五种：①问候（hello）分组，用来建立和维持邻居关系。②数据库描述（Database Description，DBD）分组，向邻居给出自己的链路状态数据库中的所有链路状态项目的摘要信息。③链路状态请求（Link State Request，LSR）分组，向对方请求发送某些链路状态项目的详细信息（即发送路由更新请求）。④链路状态更新（Link State Update，LSU）分组，用洪泛法对全网更新链路状态。⑤链路状态确认（Link State Acknowledgement，LSA）分组，对链路更新分组的确认。

在 OSPF 中，每一个路由器都需要维护三张表，分别为邻居表（存储邻居关系）、数据库（存储所有链路状态信息）和路由表（存储最佳路由条目），来存储算法所用到的关键数据。

OSPF 规定，每两个相邻路由器每隔 10 s 要交换一次问候分组，这样就能确切知道哪些邻站是可达的。在正常情况下，网络中传送的绝大多数 OSPF 分组都是问候分组。若有 40 s 没有收到某个相邻路由器发来的问候分组，则可认为该相邻路由器是不可达的，应立即修改链路状态数据库，并重新计算路由表。

除了问候分组外，其他的四种分组都是用来进行链路状态数据库的同步。所谓同步，就是指不同路由器的链路状态数据库的内容是一样的。两个同步的路由器称为“完全邻接的”路由器。不是完全邻接的路由器表明它们虽然在物理上是相邻的，但其链路状态数据库并没有达到一致。

当一个路由器刚开始工作时，它只能通过问候分组得知它有哪些邻居在工作，也能够获得到达邻居所需要的“代价”。如果所有的路由器都将自己的本地链路状态信息对全网进行广播，那么各路由器只要将这些链路状态信息综合起来，就可得出链路状态数据库。但这样做开销太大。为了降低网络通信的开销，OSPF 采取如下的方式：

每一个路由器与相邻路由器交换链路状态摘要信息，摘要信息主要指出有哪些路由器的链路状态信息已经写入了数据库。经过与相邻路由器交换分组后，路由器就用链路状态请求分组，向对方请求发送自己所缺少的某些链路状态项目的详细信息。通过一系列的分组交换，全网同步的链路数据库就建立了。

在网络运行过程中，只要一个路由器的链路状态发生变化，该路由器就要使用链路状态更新分组，用洪泛法向全网更新链路状态。OSPF 使用的是可靠的洪泛法，其要点如图 7.9 所示。设路由器 R 用洪泛法发出链路状态更新分组，图中用一些小的箭头表示更新分组，第一次先发给相邻的三个路由器，这三个路由器将收到的分组在进行转发时将上游路由器排除在外。可靠的洪泛法是在收到更新分组后要发送确认。确认的发送要延迟一些时间，为的是可以少发送几个确认分组。

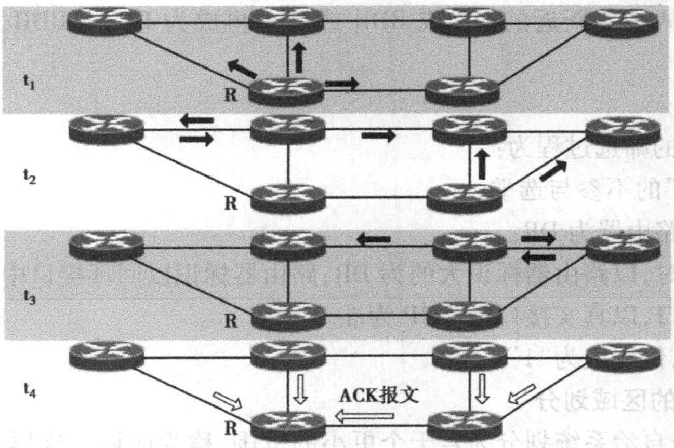

图 7.9　OSPF 使用洪泛法更新链路状态

为了确保链路状态数据库与全网的状态保持一致，OSPF 还规定每隔一段时间（如30 min）要刷新一次数据库中的链路状态。

OSPF 支持四种网络类型：广播多路访问型（如以太网、令牌环网、FDDI 网）、非广播多路访问型（如帧中继网、X. 25）、点到点型（如 PPP、HDLC）、点到多点型。

在多路访问型网络中，可能存在多个路由器，每台路由器和它的所有邻居将成为完全网状的 OSPF 邻接关系。这样，如果有 5 台路由器，则需要形成 10 个邻接关系，同时将产生 25 条 LSA，导致网络上存在很多 LSA 的拷贝信息。为了避免路由器之间建立完全邻接关系而引起的大量开销，OSPF 要求在区域中选举一个 DR（Designated Router，指定路由器），每一个路由器都与 DR 建立完全相邻关系。而 DR 负责收集所有的链路状态信息，并发布给其他路由器。选举 DR 的同时，也选举一个 BDR，当 DR 失效时，BDR 担负起 DR 的职责。

1)DR的主要工作内容

描述这个多路访问型网络和该网络上剩余的其他相关路由器,管理网络的洪泛过程,同时选取一个BDR作为双备份之用。

2)DR|BDR的选取原则

以接口状态为触发方式。每个路由器有一个路由器优先级,优先级为“0”,不能选举为DR|BDR。优先级可以通过配置命令进行修改。问候分组中包含了优先级字段,还包括可能成为DR|BDR的相关接口的IP地址。

3)选举过程

DR|BDR的选举过程可描述如下:

①路由器A在和邻居建立双向通信后,检查邻居问候报文中的Priority、DR和BDR字段,列出所有可以参与选举的邻居。

②如果有一台或多台这样的路由器宣告自己为BDR,选择其中拥有最高路由器优先级的成为BDR;如果相同,选择拥有最大路由器标识的成为BDR;如果没有路由器宣告自己为BDR,选择列表中路由器拥有最高优先级的成为BDR;如果相同,再根据路由器标识进行选择。

③如果有一台或多台路由器宣告自己为DR,选择其中拥有最高路由器优先级的成为DR;如果相同,选择拥有最大路由器标识的成为DR;如果没有路由器宣告自己为DR,将新选举出的BDR设定为DR。

④如果路由器A成为新近的DR或BDR或者不再成为DR或BDR,重复步骤②和步骤③,选举结束。

4)筛选过程

简单地说,DR的筛选过程为:

①优先级为“0”的不参与选举。

②优先级高的路由器为DR。

③优先级相同时,以路由器标识大的为DR;路由器标识以回环接口中最大IP为准。

④若无回环接口,以真实接口最大IP为准。

⑤默认条件下,优先级为“1”。

(3)OSPF协议的区域划分

OSPF还将一个自治系统划分为若干个更小的范围,称为区域。这样,在使用洪泛法交换链路状态信息时就可以将范围局限于每一个区域,从而减少了整个网络的通信量。为了使每一个区域能够与本区域以外的区域进行通信,OSPF使用层次结构的区域划分。在上层的区域称为主干区域,作用为连通其他下层区域。从其他区域来的信息都由区域边界路由器进行概括。OSPF路由器的类型如图7.10所示。

相关概念及解释如下:

①主干区域的标识符规定为:0.0.0.0。在主干区域内的路由器(如R3、R4、R5、R6、R7)为主干路由器。

②同时属于两个以上的区域,但其中一个区域必须在骨干区域中的路由器(如R3、R4、R7)为区域边界路由器。它负责连接主干区域和非主干区域。每一个区域至少有一个区域边界路由器。

③负责与本自治系统以外的其他自治系统交换路由信息的路由器,称为自治系统边界路

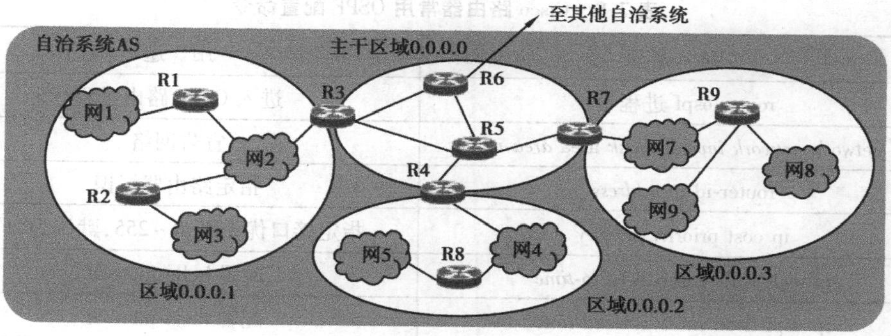

图 7.10　OSPF 路由器类型

由器。例如,路由器 R6。

OSPF 不使用 UDP 而直接使用 IP 分组传送,IP 分组首部的协议字段的值为“89”。OSPF 构成的数据报相对较小,可以减少路由信息的通信量。OSPF 采用组播方式交换数据包,其组播地址为 224.0.0.5(全部 OSPF 路由器)和 224.0.0.6(指定路由器)。当互联网规模很大时,由于 OSPF 不存在“坏消息传播得慢”的问题,OSPF 协议响应网络变化的时间很短,收敛速度快,因此,OSPF 协议要比 RIP 协议好很多。目前,大多数路由器厂商都支持 OSPF,并开始在一些网络中取代旧的 RIP。

【例 7.2】　在多路访问型网络中, OSPF 协议要选出一个 DR。以下关于 DR 的描述中,不是 DR 作用的是(　　)。

A. 减少网络通信量　　　　B. 检测网络故障

C. 负责为整个网络生成 LSA　　　　D. 减少链路状态数据库的大小

【解析】　在 OSPF 中,区域是一个网络,由一组临近 OSPF 路由器的集合构成。区域中有且只有一个指定路由器(Designated Router, DR),用来与区域中其他的路由器交换链路状态通告(LSA, Link State Advertisements),其他的路由器则只能通过指定路由器来发送自己的链路状态更新包。这样做的好处是减少了路由器之间交换信息造成的网络拥塞。DR 是一个区域中具有最高 ID 的路由器。

OSPF 的路由可分为三种类型:区域内部的路由、区域外部的路由和 AS 之间的路由。

区域内部的路由主要由路由器通过邻接关系,从 DR 处获得本区域完整的网络拓扑,在此基础上用 Dijkstra 算法计算整个网络的拓扑图(在路由器中以数据库形式保存)形成路由表来进行区域内部的路由。

区域之间的路由要通过区域边界路由器,它保存有相连两个区域的所有拓扑图,所有在本区域内部不存在的目的地,均要交给区域边界路由器,由它转发包到区域外,通常这个外部区域为“0”区域,再由“0”区域转发到相应的目的地。

AS 之间的路由要通过 AS 边界路由器来完成,将数据报转发到外部 AS。

引入区域概念和 DR 后,能减少数据库的大小。

【答案】B

(4) OSPF 的相关配置

在路由器中进行 OSPF 相关配置较简单,关键是对 OSPF 协议工作过程的理解及实验现象的正确认识。OSPF 常用的配置命令见表 7.8。

表 7.8　Cisco 路由器常用 OSPF 配置命令

命　令	用　途
router ospf 进程号	进入 OSPF 路由进程
network *network inverse-mask* area *area-id*	宣告网络
router-id *ip-address*	指定路由器标识
ip cost priority *priority*	指定接口优先级,0～255,默认为“1”
ip ospf hello-interval *hello-time*	配置 hello-interval
ip ospf dead-interval *dead-time*	配置 dead-interval
area *area-id* stub	配置区域为末节区域
area *area-id* nssa	配置区域为 NSS 区域
area *area-id* range *network mask*	配置区域间路由汇总
Summary-address *network mask*	配置外部路由汇总
area *area-id* virtual-link *router-id*	配置虚电路

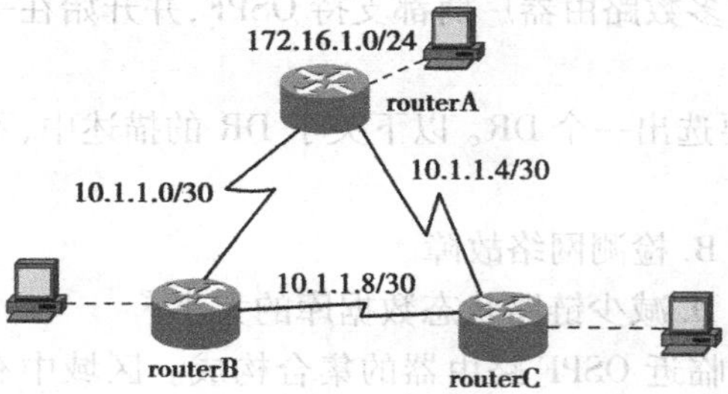

图 7.11　OSPF 配置实例

下面以图 7.11 的拓扑结构为例,说明 OSPF 协议中单区域下的 OSPF 配置过程及所出现的实验现象。

1)基本配置

配置路由器主机名与拓扑图一致,配置路由器接口 IP 地址与 PC 机的 IP 地址与拓扑图中一致,并且保证直连网络的连通性(具体过程略)。

2)配置 OSPF 路由

在 routerA、routerB、routerC 三台路由器上分别配置 OSPF 路由,命令如下:

```
routerA:
routerA(config)#router ospf 100
routerA(config-router)#network 172.16.1.0 0.0.0.255 area 0      ;通告自己的直连网
routerA(config-router)#network 10.1.1.0 0.0.0.3 area 0
routerA(config-router)#network 10.1.1.4 0.0.0.3 area 0
routerA(config-router)#exit

routerB:
routerB(config)#router ospf 100
routerB(config-router)#network 172.16.2.0 0.0.0.255 area 0      ;通告自己的直连网
routerB(config-router)#network 10.1.1.0 0.0.0.3 area 0
routerB(config-router)#network 10.1.1.8 0.0.0.3 area 0
routerB(config-router)#exit
```

routerC:
routerC(config)#router ospf 100
routerC(config-router)#network 172.16.3.0 0.0.0.255 area 0　　　;通告自己的直连网
routerC(config-router)#network 10.1.1.4 0.0.0.3 area 0
routerC(config-router)#network 10.1.1.8 0.0.0.3 area 0
routerC(config-router)#exit

3)查看路由表、路由协议及 OSPF 邻居

在路由器上用 show ip route 命令查看路由表,结果如图 7.12 所示。

```
routerC#show ip route
Codes: C - connected, S - static, I - IGRP, R - RIP, M - mobile, B - BGP
       D - EIGRP, EX - EIGRP external, O - OSPF, IA - OSPF inter area
       N1 - OSPF NSSA external type 1, N2 - OSPF NSSA external type 2
       E1 - OSPF external type 1, E2 - OSPF external type 2, E - EGP
       i - IS-IS, L1 - IS-IS level-1, L2 - IS-IS level-2, ia - IS-IS inter area
       * - candidate default, U - per-user static route, o - ODR
       p - periodic downloaded static route

Gateway of last resort is not set

     10.0.0.0/30 is subnetted, 3 subnets
O       10.1.1.0 [110/1562] via 10.1.1.6, 00:16:28, Serial1/0
                 [110/1562] via 10.1.1.9, 00:16:18, Serial1/1
C       10.1.1.4 is directly connected, Serial1/0
C       10.1.1.8 is directly connected, Serial1/1
     172.16.0.0/24 is subnetted, 3 subnets
O       172.16.1.0 [110/782] via 10.1.1.6, 00:16:28, Serial1/0
O       172.16.2.0 [110/782] via 10.1.1.9, 00:16:18, Serial1/1
C       172.16.3.0 is directly connected, FastEthernet0/0
routerC#
```

图 7.12　使用 OSPF 协议后的路由表

说明:使用 OSPF 得到的路由表项的标识为“O”。

在路由器上用 show ip protocol 命令查看路由协议,结果如图 7.13 所示。

```
routerC#show ip protocol

Routing Protocol is "ospf 100"
  Outgoing update filter list for all interfaces is not set
  Incoming update filter list for all interfaces is not set
  Router ID 172.16.3.254
  Number of areas in this router is 1. 1 normal 0 stub 0 nssa
  Maximum path: 4
  Routing for Networks:
    172.16.3.0 0.0.0.255 area 0
    10.1.1.8 0.0.0.3 area 0
    10.1.1.4 0.0.0.3 area 0
  Routing Information Sources:
    Gateway         Distance      Last Update
    10.1.1.6             110      00:17:35
    10.1.1.9             110      00:17:35
  Distance: (default is 110)

routerC#
```

图 7.13　查看 OSPF 协议的信息

说明:由图 7.13 可以看出 OSPF 进程 ID、路由器 ID、通告的直连网及管理距离等信息。

在路由器上用 show ip ospf neighbor 命令查看路由器邻居的基本信息,结果如图 7.14 所示。

```
routerC#show ip ospf neighbor

Neighbor ID     Pri   State       Dead Time   Address      Interface
172.16.1.1        0   FULL/  -    00:00:34    10.1.1.6     Serial1/0
172.16.2.254      0   FULL/  -    00:00:36    10.1.1.9     Serial1/1
routerC#
```

图 7.14　查看路由器邻居的基本信息

还可以用 show ip ospf interface 命令查看运行 OSPF 路由协议接口的详细信息,包括传输延迟、状态及优先级等,如图 7.15 所示。

```
routerC#show ip ospf interface
FastEthernet0/0 is up, line protocol is up
  Internet address is 172.16.3.254/24, Area 0
  Process ID 100, Router ID 172.16.3.254, Network Type BROADCAST, Cost: 1
  Transmit Delay is 1 sec, State DR, Priority 1
  Designated Router (ID) 172.16.3.254, Interface address 172.16.3.254
  No backup designated router on this network
  Timer intervals configured, Hello 10, Dead 40, Wait 40, Retransmit 5
    Hello due in 00:00:09
  Index 1/1, flood queue length 0
  Next 0x0(0)/0x0(0)
  Last flood scan length is 1, maximum is 1
  Last flood scan time is 0 msec, maximum is 0 msec
  Neighbor Count is 0, Adjacent neighbor count is 0
  Suppress hello for 0 neighbor(s)
```

图 7.15　查看运行 OSPF 路由协议接口的详细信息

4)测试连通性

在 PC1 上 ping 172.16.2.1,测试连通性。其他连通性测试略。

网络中运行 OSPF 协议后,还可以修改端口带宽和链路 Cost 值来改变路由的 OSPF 度量值,从而改变路由器的路径选择;OSPF 协议还支持多区域的路由选择;这些操作的相关配置过程,读者可参阅其他资料,这里不再叙述。

7.3　分层路由

当网络结点数达到一定规模,以结点为单位进行路由选择,会导致路由表非常大,处理起来也太费时间。同时,路由器之间交换路由信息所需的带宽也会令网络通信链路饱和。为了解决这个问题,提出了分层路由。

7.3.1　自治系统

人们将整个网络划分为许多个较小的自治系统,简称 AS。因此,互联网就是由很多个 AS 构成。在每个自治系统内部有一个单一的且明确定义的路由选择策略,自治系统之间采用特定的路由策略来完成。这样,路由策略就分为域内路由与域间路由两大类。

7.3.2　域内路由与域间路由

一般而言,一个 AS 内部的路由器运行着相同的路由协议,即内部网关协议(Interior Gateway Protocol,IGP)。内部网关协议也称为域内路由协议。IGP 的目的就是寻找 AS 内部所有路由器之间的最短路径,如前面提到的 RIP 和 OSPF 都属于域内路由。

为了维护 AS 之间的连通性,每个 AS 中必须有一个或多个边界路由器,而边界路由器需要运行外部网关协议(Exterior Gateway Protocol,EGP)来维持 AS 之间的路由。外部网关协议也称为域间路由协议,它的目的是维持 AS 之间的"可达性信息",常用的 EGP 协议是 BGP(Border Gateway Protocol,边界网关协议)。BGP 的基本功能是在自治系统间自动交换无环路的路由信息,通过交换带有 AS 序列属性的路径可达信息,来构造自治系统的拓扑图,从而消除路由环路并实施用户配置的路由策略。与内部网关协议不同,BGP 的着眼点不在于发现和计算路由,而在于控制路由传播和选择 AS 间花费最小的路由。BGP 支持无类别域间选路 CIDR,可以有效地减少日益增大的路由表。目前 BGP 使用的版本是 BGP-4(RFC1771)。BGP-4 也被认为是增强的距离矢量路由协议。

BGP 常见的四种报文分别是 OPEN 报文、KEEPLIVE 报文、UPDATE 报文和 NOTIFICATION 报文。

①OPEN 报文:建立邻居关系。

②KEEPLIVE 报文:保持活动状态,周期性确认邻居关系,对 OPEN 报文进行响应。

③UPDATE 报文:发送新的路由信息。

④NOTIFICATION 报文:报告检测到的错误。

BGP 协议也需要维持三张表:邻居关系表、数据库、路由表。BGP 协议的操作过程中,也存在建立邻居关系的过程。BGP 协议的工作流程可以描述如下:

首先,在要建立 BGP 会话的路由器之间建立 TCP 会话连接;然后,通过交换 OPEN 报文确定连接参数;最后,建立邻居关系,最开始的路由信息交换将包括所有的 BGP 路由。初始化交换完成后,只有当路由条目发生改变或者失效时,才会使用 UPDATE 报文触发路由更新。当没有路由更新时,BGP 会话用相对小的 KEEPLIVE 报文来验证连接的可用性。当协商发生错误时,BGP 会向双方发送 NOTIFICATION 报文来通知错误。

7.3.3　层次路由

采用分层结构后,每个路由器都被指定在某个区域中,路由器也只存储本区域内部的路由情况,其他区域的路由情况需要借助上一层的路由获得。这样能够使路由器中路由表的项数减少,从而适应大规模网络的路由需求。如前所述,OSPF 算法采用层次路由,每个域内路由器运行域内路由协议保持区域内部路由器之间的连通性,而每个区域边界路由器运行域间路由协议,维持自治系统边界路由器之间的连通性。

7.4　IP 多播

7.4.1　IP 多播的基本概念

在互联网中,有许多应用需要由一个源点通过一次发送操作将同样的分组副本发送到许多个终点,这种操作即为多播。多播是一对多的通信,互联网的许多应用(如实时信息的交付、交互式会议等)均属于此种类型的通信。与单播相比,多播需要增加更多智能才能提供服务。现在，随着互联网用户数的剧增和多媒体通信的发展，多播已成为互联网的一个热门课题。在互联网中，也将会有更多的通信业务需要多播的支持。

在互联网上进行多播称为 IP 多播。多播是通过路由器来实现的，这些路由器需增加一些能够识别多播 IP 数据报的软件。能运行多播协议的路由器称为多播路由器。当然，多播路由器也能转发普通的单播 IP 数据报。与单播相比，多播可以节约网络资源，降低网络通信的负担。

如图 7.16 所示为视频服务器利用多播方式向属于同一个分组的 30 个成员传送节目的情况。此时，视频服务器只要将视频分组作为多播数据报来发送，且只需发送一次。路由器 R1 在转发此分组时，将其复制 2 份分别送往路由器 R2、R3。当分组到达目的局域网时，由于局域网具有硬件多播功能，就不需要再复制分组，局域网上的多播组成员都能收到这个视频分组；反之，若通过单播方式向 30 个成员传送视频分组，则需要制作 30 个视频分组副本，通过 30 次单播才能完成任务，网络通信负担较大。当多播组的主机数很大时，采用多播方式就可以很明显地减轻网络中各种资源的消耗。

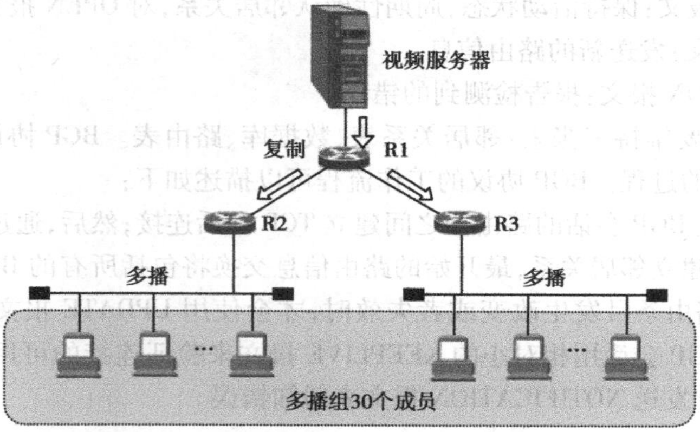

图 7.16　视频服务器利用多播方式来传送视频节目

在互联网上实现多播要比单播复杂得多，面对的问题有多播组的标识、IP 多播地址到局域网多播地址的转换、多播组成员的动态管理及多播路由器的路由选择等。

由于属于同一多播组的成员可能有许多台主机，而多播数据报首部中却只有一个目的地址，因此，在多播数据报首部目的地址字段中填写的是多播组标识符，这个多播组标识符就是前面介绍的 D 类 IP 地址。由于 D 类 IP 地址的前四位是 1110，因此 D 类 IP 地址的范围是 224.0.0.0～239.255.255.255。如用每一个 D 类地址表示一个多播组，那么就可标识 2^{28} 个多播组。需要指出的是，有些 D 类地址已被互联网号码指派管理局 IANA 指派为永久组地址，不能随便使用。这些地址的使用方式为：

224.0.0.0　基地址（保留）；

224.0.0.1　在本子网上的所有参加多播的主机和路由器；

224.0.0.2　在本子网上的所有参加多播的路由器；

224.0.0.3　未分配；

224.0.0.4　DVMRP 路由器；

…

224.0.1.0～238.255.255.255　全球范围均可使用的多播地址；

239.0.0.0～239.255.255.255　限制在一个组织的范围。

多播组数据报也是"尽最大努力交付"，不保证一定能交付给多播组内的所有成员。因此，多播数据报与一般IP数据报的区别就在于，它使用了D类IP地址作为目的地址，并且首部中的协议字段值是"2"，表示使用的是IGMP协议。另外，多播数据报在传送过程中，如出现差错，不会产生ICMP差错报文。

IP多播有局域网上的硬件多播和互联网范围内的多播两种。由于目前大部分主机都是通过局域网接入互联网的，因此局域网上的硬件多播最为简单实用。互联网范围内的IP多播最终还是需要局域网用硬件多播交付给多播组的所有成员。

7.4.2　网际组管理协议IGMP与多播路由选择协议

在互联网上传送多播数据报需要使用网际组管理协议IGMP和多播路由选择协议。网际组管理协议IGMP(Internet Group Management Protocol)的主要作用是让连接在本地局域网上的多播路由器知道本局域网是否有主机参与或退出某个多播组。多播路由选择协议是使连接在局域网上的多播路由器与互联网上的其他多播路由器协同工作，以便将多播数据报送往多播组的所有成员。

(1)网际组管理协议IGMP

与ICMP相似，IGMP使用IP数据报传递报文(即IGMP报文加上IP首部构成IP数据报)。从概念上讲，IGMP的工作可分为以下两个阶段：

第一个阶段：当某主机要求加入新的多播组时，该主机应以多播地址向该多播组发送一个IGMP报文，声明自己要成为该组的成员。本地多播路由器收到这个IGMP报文后，就利用多播路由选择协议将这种成员关系转发给互联网上的其他多播路由器。

第二个阶段：因为多播组成员的关系是动态的，本地多播路由器需周期性地探询本地局域网上的主机，以便了解这些主机是否还继续是该组的成员。只要组内有一个主机予以响应，就认为该多播组是活跃的。但若经过数次探询仍没有一台主机响应，多播路由器就认为本网络上的主机已经离开本组，因此也就不再将这个组的成员关系转发给其他的多播路由器。

为了避免多播控制信息给网络增加更多的开销，IGMP还采取了如下的措施：

①主机与多播路由器之间的所有通信都使用IP多播，并尽力用硬件多播来传送携带IGMP报文的数据报。这样，在支持硬件多播的网络上，没有参加IP多播的主机是收不到IGMP报文的。

②多播路由器在探询组成员关系时，只需要对所有的组发送一个询问报文，而不需要对每一个组发送一个询问报文。

③当同一个网络上连接有几个多播路由器时，它们能够迅速和有效地选择其中一个来探询主机的成员关系。

④在IGMP的询问报文中，有一个指明最长响应时间的数值N(默认值为10 s)。当收到询问时，主机在0～N中随机选择发送响应所需经过的时延。因此，若一台主机同时参加了几个多播组，则主机对每一个多播组选择不同的随机数，且对应于最小时延的响应最先发送。

⑤同一个组内的每一个主机都要监听响应。但是，只要有本组的其他主机先发送了响应，自己就可以不必再发送响应。这样就减少了不必要的通信量。

多播路由器并不需要保留组成员关系的准确记录，多播路由器只需知道网络上是否至少还有一个主机是本组成员。对询问报文实际上每一个组内只有一个成员发送响应。

如果一个主机有多个进程加入某个多播组，则这个主机对发给这个多播组的每个多播数据报只接收一个副本，然后再给主机中的每一个进程发送一个本地复制的副本。

最后还需指出，多播数据报的发送者和接收者不知道一个多播组中的成员和数量，互联网中的路由器和主机也不知道哪个应用进程将向哪个多播组发送多播数据报。

(2)多播路由选择协议

在多播过程中，多播组的成员是随时变化的，多播路由选择协议必须动态地适应这种变化，因此，多播路由选择协议要比单播路由选择协议复杂得多。多播路由选择需要找出以源主机为根结点的多播转发树，在多播转发树上，每一个多播路由器向树的叶结点方向转发所收到的多播数据报。显然，不同的多播组对应着不同的多播转发树。同一个多播组，对不同的源主机也会有不同的多播转发树。

目前虽然没有在整个互联网上使用多播路由选择协议，但已有一些建议使用的多播路由选择协议，主要有距离向量多播路由选择协议 DVMRP(Distance Vector Multicast Routing Protocol)，基于核心的转发树 CBT(Core Based Tree)，开放最短路径优先的多播扩展 MOSPF(Multicast Extensions to OSPF)、协议无关多播-稀疏方式 PIM-SM(Protocol Independent Multicast-Sparse Mode)、协议无关多播-密集方式 PIM-DM(Protocol Independent Multicast-Dense Mode)等。这些协议在转发多播数据报时，采用了洪泛与剪除以及基于核心的发现技术等方法。

在多播数据报的传输过程中，若遇到不支持多播的路由器或网络时，还可以使用隧道技术来传输多播数据报。如图 7.17 所示为使用隧道技术进行多播数据报传输的示例。在图中，网络 1 中的主机 A 向网络 2 中的一些主机进行多播，但所经过网络中的路由器不支持多播，为此，路由器 R1 就对多播数据报进行再次封装，使之成为向单一目的站发送的单播 IP 数据报，然后通过“隧道”从 R1 发送到 R2。单播数据报到达路由器 R2 后，再剥去首部，恢复为原来的多播数据报，继续向多个目的站转发。

图 7.17　使用隧道技术的 IP 多播

7.5　工程应用案例分析

【案例描述】

某新成立的公司进行网络建设，网络拓扑结构如图 7.18 所示。网络建好后需要网络管理员对各网络设备进行配置。网络管理中心的新成员小张的任务是对核心交换机和汇聚交换机进行配置，另一个成员小李负责对路由器进行配置。为了确保工作准确无误，小张将网络设备的关键信息与小李确认。如果你是小李，确定网络设备的部分重要配置是什么？路由器router2该如何配置？

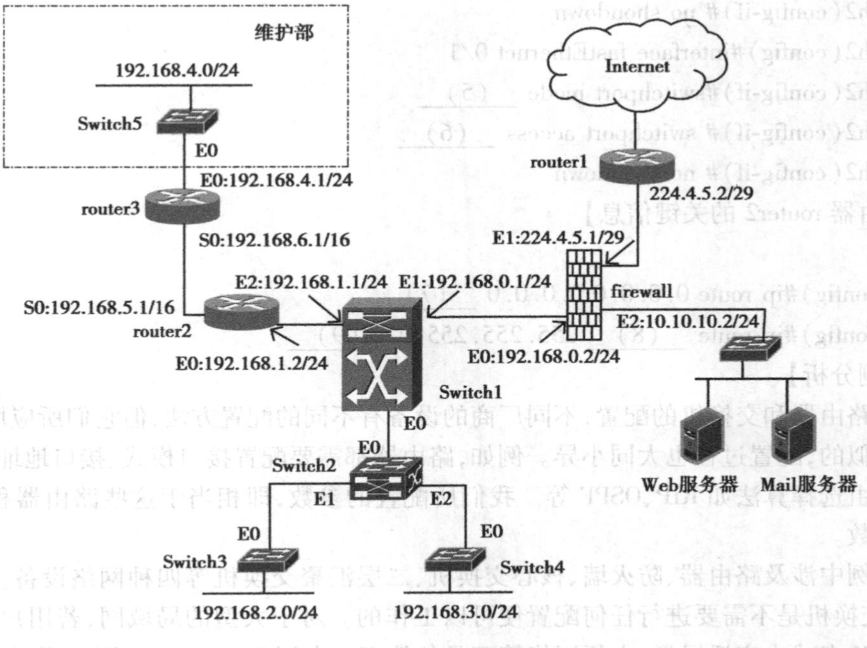

图 7.18　某公司拓扑结构

【核心交换机 Switch1 的部分配置】

……

Switch1(config)#interface vlan 1

Switch1(config-if)#ip address 192.168.0.1 255.255.255.0

Switch1(config-if)#no shoudown

Switch1(config)#interface vlan 2

Switch1(config-if)#ip address 192.168.1.1 255.255.255.0

Switch1(config-if)#no shoudown

Switch1(config)#interface vlan 3

Switch1(config-if)#ip address 192.168.2.1 255.255.255.0

Switch1(config-if)#no shoudown

Switch1(config)#interface vlan 4

Switch1(config-if)#ip address 192.168.3.1 255.255.255.0

Switch1(config-if)#no shoudown

……

Switch1(config-router)#ip route 0.0.0.0 0.0.0.0 __(1)__

Switch1(config)#ip route __(2)__ 255.255.255.0 __(3)__

……

【汇聚交换机 Switch2 的部分配置】

Switch2(config)#interface fastEthernet 0/0

Switch2(config-if)#switchport mode ___(4)___

Switch2(config-if)# no shoudown

Switch2(config)#interface fastEthernet 0/1

Switch2(config-if)#switchport mode ___(5)___

Switch2(config-if)# switchport access ___(6)___

Switch2(config-if)# no shoudown

【路由器 router2 的关键信息】

……

R2(config)#ip route 0.0.0.0 0.0.0.0 ___(7)___

R2(config)#ip route ___(8)___ 255.255.255.0 ___(9)___

【案例分析】

对于路由器和交换机的配置,不同厂商的设备有不同的配置方法,但它们所应用的网络原理都是类似的,配置过程也大同小异。例如,路由器都需要配置接口模式、接口地址,路由器都实现了路由选择算法如 RIP、OSPF 等。我们所配置的参数,即相当于这些路由器程序运行时需要的参数。

本案例中涉及路由器、防火墙、核心交换机、二层汇聚交换机等四种网络设备。通常情况下,二层交换机是不需要进行任何配置便可以工作的。对于大型的局域网,若用户数较多,可划分 VLAN 来减小广播风暴,方便网络管理员的管理。在划分 VLAN 时,则需要对交换机进行配置。三层交换机一般作为核心交换机来使用,除了具有二层交换机所具有的转发数据帧的功能外,还具有部分路由器的功能,能够加快大型局域网内部的数据交换。

根据核心交换机 Switch1 的部分配置,此网络划分了四个 VLAN,并为每个 VLAN 设置了 IP 地址。核心交换机的重要信息,即默认路由的设置和到内网其他网段的路由配置。

对于汇聚交换机 Switch2,需要确定交换机端口的类型(ACCESS 或 TRUNK)。在 VLAN 的划分中,为了能够使不同的 VLAN 间能够进行数据交换,核心交换机与汇聚交换机相连的端口通常设置为 TRUNK 类型。

对于路由器 R2,依据网络拓扑,R2 的直连网有两个,分别是 192.168.1.0/24 和 192.168.5.0/16(由于路由器遵循最长前缀匹配原则,这里不区分网络的子网),除了默认路由外,需要配置 192.168.4.0/24 网络的路由信息。

【解决方案】

核心交换机 Switch1 的部分配置

(1)192.168.0.2(2)192.168.4.0(3)192.168.1.2

汇聚交换机 Switch2 的部分配置

(4)trunk(5)access(6)vlan 3

路由器 router2 的关键信息

(7)192.168.1.1(8)192.168.4.0

(9)192.168.6.1

小　结

本章讨论的问题是网络层的重要功能——网络互联的实现,重点阐述的是路由选择协议。有了路由选择的基本思路,便能够生成路由表,进而为网络层分组的存储转发奠定基础。本章的主要内容可概括如下:

①物理层的网络互联设备是集线器,虽然能够扩大网络的覆盖范围,但不能隔离冲突域,本质上还是一个局域网;数据链路层的网络互联设备是网桥或交换机,它能够实现存储转发功能,从而使网络形成不同的冲突域,提高网络吞吐量;网络层的网络互联设备是路由器,它能够互联异构型网络,隔离广播域,是网络互联中经常使用的设备。

②静态路由可以由网络管理员制订,但这种路由不能随着网络拓扑的变化而自动更新,路由表中的表项大多数是由动态路由选择算法自动生成的。常见的动态路由选择算法有距离矢量算法及链路状态路由算法,具体的协议分别是 RIP 和 OSPF。为了缩短路由表项,人们将网络划分为多个自治系统,实行分层的路由管理办法,在不同的自治系统间采取域间路由选择协议,常用的是 BGP4。

③RIP 协议适用于小型的网络拓扑,是一种基于距离的路由选择算法,主要思路即相邻的路由器间每隔固定的时间交换路由表的表项,从而进行自学习,进一步动态更新路由表内容。

④OSPF 协议支持分层的思路,是基于链路状态的一种路由选择算法。它通过维持路由器间的邻接关系,有拓扑更新时才进行路由器中链路状态的更新,可以减少网络通信量,实现路由表项的自动生成。

⑤分层使每个自治系统内部的路由器只需要知道本 AS 的拓扑结构即可,若是需要与域外计算机通信,通过边界路由器的域间路由选择来实现。这样便大大缩短了路由表的表项,节省路由器查表的时间,提高了存储转发效率。

⑥互联网中存在将一个源点的数据同时发送到多个目的结点的应用需求,若采用单播的方式实现这种通信形式,网络中的数据量便会大大增加。因此出现了 IP 多播。IP 多播的实现,除了路由器支持多播路由选择外,重点是能够有效地管理组成员。而管理多播组的成员,便由网际组管理协议 IGMP 来实现。

习　题

一、选择题

1. 在 RIP 协议中,默认的路由更新可以是(　　)s。

　A. 100　　B. 90　　C. 60　　D. 30

2. 以下属于物理层的互联设备是(　　)。

　A. 交换机　　B. 集线器　　C. 网桥　　D. 路由器

3. RIPv2 是增强的 RIP 协议,下面关于 RIPv2 的描述,正确的是(　　)。

A. 使用广播方式来传播路由更新报文

B. 采用了触发更新机制来加速路由收敛

C. 不支持可变长子网掩码和无类别域间路由

D. 不使用经过散列的口令字来限制路由信息的传播

4. 路由选择协议位于(　　)。

A. 物理层　　B. 数据链路层　　C. 网络层　　D. 应用层

5. 内部网关协议 RIP 是一种广泛使用的基于　(1)　的协议。RIP 规定一条通路上最多可包含的路由器数量是　(2)　。

(1) A. 链路状态算法　　B. 距离矢量算法

C. 集中式路由算法　　D. 固定路由算法

(2) A. 1 个　　B. 16 个　　C. 15 个　　D. 无数个

6. 以下协议中支持可变长子网掩码(VLSM)和路由汇聚功能的是(　　)。

A. IGRP　　B. OSPF　　C. VTP　　D. RIPv1

7. OSPF 协议使用(　　)分组来保持与其邻居的连接。

A. Hello　　B. Keepalive

C. SPF(最短路径优先)　　D. LSU(链路状态更新)

8. 下面的地址中，属于单播地址的是(　　)。

A. 172.31.128.255/18　　B. 10.255.255.255

C. 192.168.24.59/30　　D. 224.105.5.211

9. 对路由选择协议的一个要求是必须能够快速收敛，所谓"路由收敛"，是指(　　)。

A. 路由器能将分组发送到预订的目标

B. 路由器处理分组的速度足够快

C. 网络设备的路由表与网络拓扑结构保持一致

D. 将把多个子网汇聚成一个超网

10. 在路由表中设置一条默认路由，目标地址应为　(1)　，子网掩码应为　(2)　。

(1) A. 127.0.0.0　　B. 127.0.0.1　　C. 1.0.0.0　　D. 0.0.0.0

(2) A. 0.0.0.0　　B. 255.0.0.0　　C. 0.0.0.255　　D. 255.255.255.255

11. 下列路由器协议中，(　　)用于 AS 之间的路由选择。

A. RIP　　B. OSPF　　C. IS-IS　　D. BGP

12. 下列中的(　　)设备可以隔离 ARP 广播帧。

A. 路由器　　B. 网桥　　C. 以太网交换机　　D. 集线器

13. 关于路由器，下列说法中错误的是(　　)。

A. 路由器可以隔离子网，抑制广播风暴

B. 路由器可以实现网络地址转换

C. 路由器可以提供可靠性不同的多条路由选择

D. 路由器只能实现点对点的传输

14. 某 IP 网络连接如图 7.19 所示，主机 PC1 发出的一个全局广播消息，无法收到该广播消息的是(　　)。

A. PC2　　B. PC3　　C. PC4　　D. PC5

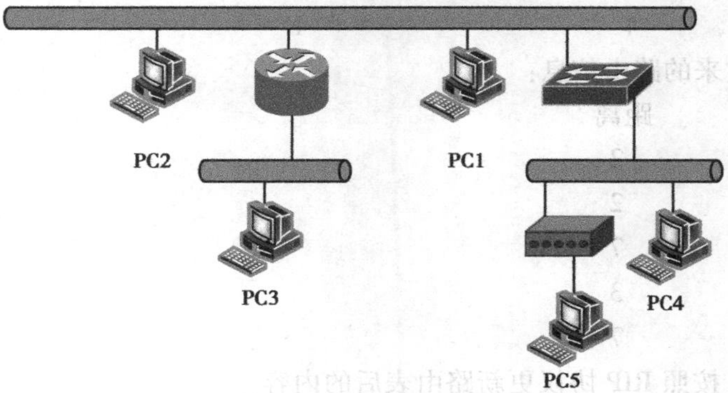

图7.19　题14的IP网络连接

二、简答题

1. 用于网络互联的中间设备有哪些？它们的主要区别是什么？
2. 理想的路由选择算法具有的特征有哪些？
3. 简述路由器的基本功能，路由器需要配置IP地址吗？
4. 试述RIP和OSPF两种路由选择协议的主要特点。
5. 互联网上的多播是如何实现的？为什么互联网上的多播比以太网上的多播要复杂得多？
6. 在互联网中实现多播需要哪两种协议？IGMP协议如何实现组管理功能？

三、计算题

1. 某路由器建立了如下路由表(这三列分别是目的网络、子网掩码和下一跳路由器)，若直接交付，则最后一列表示应当从哪一个接口转发出去？

目的网络	子网掩码	下一跳
192.168.4.0	255.255.255.128	接口0
192.168.4.128	255.255.255.192	接口1
128.96.40.0	255.255.255.128	R2
128.96.153.0	255.255.255.192	R3
*(默认)		R4

现共收到4个分组，其目的站IP地址分别为：

(1)192.168.4.223

(2)192.168.4.147

(3)128.96.40.10

(4)128.96.153.10

试分别计算其下一跳。

2. 假定网络中路由器A的路由表有如下项目：

目的网络	距离	下一跳
N1	4	B
N2	2	C
N5	4	E

N6　　　　　　　4　　　　　　　　F

现收到 C 发过来的路由信息：

目的网络　　　　距离

N1　　　　　　2

N2　　　　　　2

N3　　　　　　7

N5　　　　　　3

N6　　　　　　7

试求路由器 A 按照 RIP 协议更新路由表后的内容。

四、工程应用题

1. 路由器 R1 的路由表见表 7.9，试画出网络拓扑，并在图中标注路由器的接口和必要的 IP 地址。

表 7.9　题 1 的路由表

序　号	地址掩码	目的网络地址	下一跳	路由器接口
1	/26	140.4.12.64	180.14.2.5	S2
2	/24	130.6.8.0	190.18.6.2	S1
3	/16	110.72.0.0	- - -	S0
4	/16	180.16.0.0	- - -	S2
5	/16	190.15.0.0	- - -	S1
6	默认	默认	110.72.4.5	S0

2. 在如图 7.20 所示的网络拓扑结构中有三个路由器，结合路由选择算法，分别给出它们的端口设置及路由表。

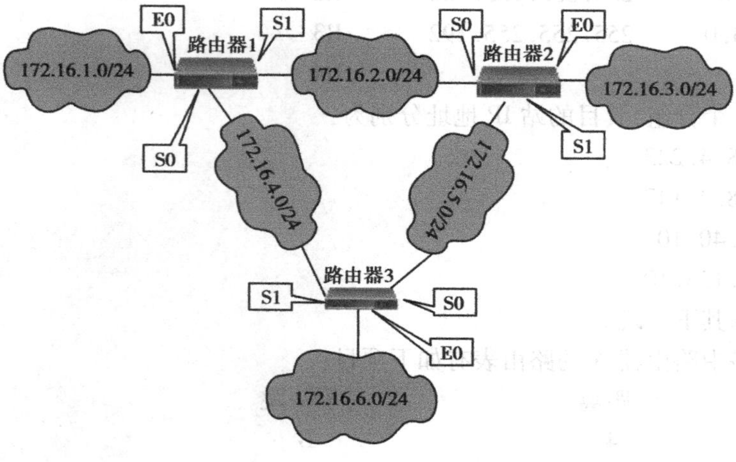

图 7.20　题 2 的网络拓扑

3. 某网络的网络拓扑如图7.21所示，网络145.13.0.0/16划分为四个子网，即N1、N2、N3和N4。这四个子网与路由器R连接的接口分别为m0、m1、m2和m3。路由器R的第五个接口m4连接到互联网。

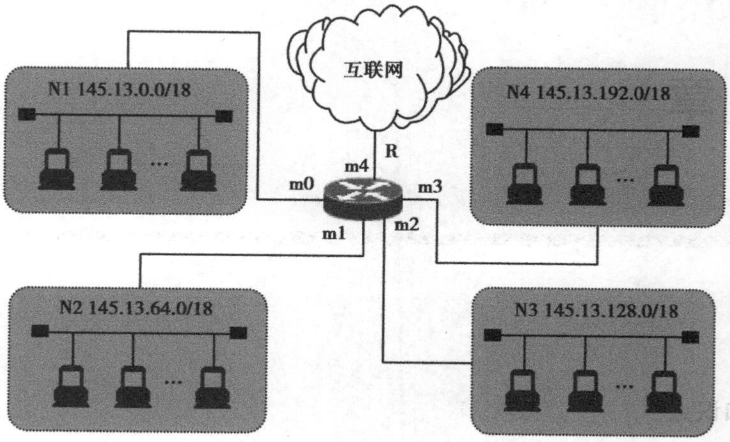

图7.21　题3的网络拓扑

(1)试给出路由器R的路由表。

(2)路由器R收到一个分组，其目的地址是145.13.140.78。试问这个分组是怎样被转发的？

4. 某网络拓扑结构如图7.22所示。在路由器R2上采用命令________得到如下所示结果：

```
R2 >
    R   192.168.0.0/24[120/1] via 202.117.112.1, 00:00:11, Serial 2/0
    C   192.168.1.0/24 is directly connected, FastEthernet 0/0
        202.117.112.0/30 is subnetted, 1 subnets
    C   202.117.112.0 is directly connected, Serial 2/0
```

则PC1可能的IP地址为________，路由器R1的S0口的IP地址为________，路由器R1和R2之间采用的路由协议为________。

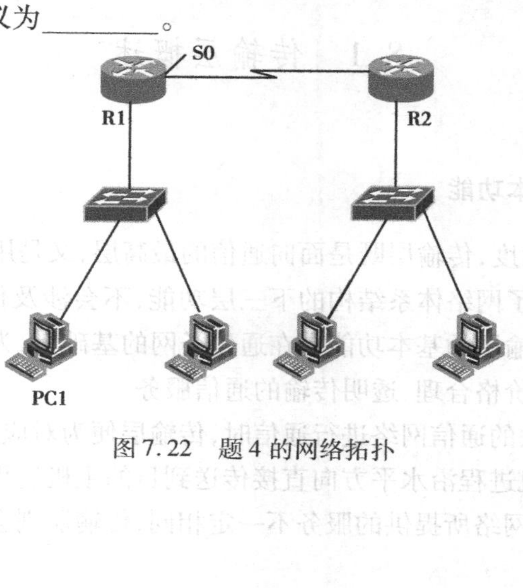

图7.22　题4的网络拓扑

第 8 章
传输层

本章主要知识点

- ✧ 传输层的基本功能及实现。
- ✧ UDP 协议及其报文格式。
- ✧ TCP 协议及其报文格式。
- ✧ TCP 连接的建立与释放。
- ✧ TCP 的流量控制与拥塞控制。

能力目标

- ✧ 具备对传输层提供端到端服务基本功能的理解能力。
- ✧ 具备对传输层协议及其提供服务、端口概念的理解及掌握能力。
- ✧ 具备对 TCP 连接建立与释放、流量控制与拥塞控制的理解与掌握能力。

8.1 传输层概述

8.1.1 传输层的基本功能

从网络体系结构的角度,传输层既是面向通信的最高层,又是用户功能的最低层。在通信网络的路由器中,只用到了网络体系结构的下三层功能,不会涉及传输层,传输层只存在于主机的协议栈中。因此,传输层的基本功能是在通信子网的基础上,为两台主机的应用进程之间提供端到端的性能可靠、价格合理、透明传输的通信服务。

当两台主机通过互联的通信网络进行通信时,传输层便为对应的应用进程提供逻辑通信,使得报文似乎是从源主机进程沿水平方向直接传送到目的主机进程。当两主机通过多个通信网络通信时,由于各通信网络所提供的服务不一定相同,传输层则会弥补各通信网络所提供服务的差异和不足,为应用进程提供一个面向通信的通用传输接口。

有时,一台主机的多个应用进程需要与另一台主机的多个应用进程同时通信,因此,传输层应同时支持多个进程的连接,需要具有复用和分用的功能,这样,发送端不同应用进程能够使用同一个传输层协议传送报文,接收端的传输层剥去报文首部后能够将数据正确交付给目的应用进程。

传输层还必须具有流量控制、拥塞控制和差错控制等功能,既要负责报文无差错、不丢失、不重复,还要保证报文的顺序性,从而提高服务质量。从某种意义上来说,传输层协议与数据链路层协议相似,但它们所处的环境不同,数据链路层的环境是两个交换结点直接相连一条物理信道,而传输层的环境是两台主机之间的通信网络,因此,传输层协议要比数据链路层协议复杂。另外,传输层与网络层也有明显的区别,传输层为应用进程之间提供端到端的逻辑通信,而网络层为主机之间提供逻辑通信。因此,传输层具有网络层无法替代的许多重要功能。

8.1.2 传输层的协议及服务

根据应用程序的不同要求,传输层主要有两个传输协议:一个是无连接的用户数据报协议UDP(User Datagram Protocol),另一个是面向连接的传输控制协议 TCP(Transmission Control Protocol)。它们所使用的协议数据单元分别称为 UDP 用户数据报和 TCP 报文段。

UDP 在传送数据前不需要先建立连接,不提供可靠交付,但在某些情况下,UDP 简洁高效,是一种较好的数据传输和工作方式。

TCP 提供面向连接的服务,即在传送数据前必须先建立连接,数据传送结束后释放连接,因此,TCP 协议不提供广播或多播服务。由于 TCP 需要提供可靠的、面向连接的传输服务,不可避免会增加数据单元首部的开销(如确认、流量控制、计时器及连接管理等),还会占用许多的处理机资源。表 8.1 给出了一些应用和应用层协议使用传输层协议的情况。

表 8.1 使用 UDP 和 TCP 协议的各种应用和应用层协议

应 用	应用层协议	传输层协议
域名转换	DNS(域名系统)	UDP
路由选择协议	RIP(路由信息协议)	UDP
IP 地址配置	DHCP(动态主机配置协议)	UDP
流式多媒体通信	专用协议	UDP
万维网	HTTP(超文本传送协议)	TCP
文件传送	FTP(文件传送协议)	TCP
远程终端接入	TELNET(远程终端协议)	TCP

8.1.3 传输层的端口

前面提到传输层的复用和分用的功能,即应用层的各个应用进程可以通过传输层协议将数据传送到网络层，传输层收到网络层的数据报后能够分别交付给指定的各应用进程。为了实现这项功能，可以为每个应用进程赋予一个明确的标志。现成的进程标识符不能直接作为标识进程的标志，这是因为互联网上计算机的操作系统种类很多，导致进程标识符的格式也不同。因此，必须采用统一的标识方法对 TCP/IP 体系的应用进程进行标识，才能解决问题。

为了解决上述问题，在传输层使用协议端口号（简称“端口”）来标识 TCP/IP 体系的各应用进程。这样，传输层只要将数据包交到目的主机的某个合适的端口，传输层协议就能够将数据包交付给指定的应用进程，从而达到端到端的数据通信。

TCP/IP 传输层规定一个端口号占用 16 个二进制位，可允许 65 535 个不同的端口号，足够传输层使用。另外，端口仅为了标识本计算机应用层中各个进程在与传输层交互时的层间接口。在互联网中，不同主机的相同端口号并没有关联，因此，端口只具有本地意义。

互联网上的计算机在通信时通常采用客户-服务器的方式，客户在发送请求时，必须先知道对方服务器的 IP 地址和端口号，因此，传输层的端口号分为两大类：服务器端使用的端口号和客户端使用的端口号。

(1)服务器端使用的端口号

此类端口号又可分为两类，一类是熟知端口号或系统端口号，其数值为 0 ~ 1 023，被常用的应用程序固定使用，并为所有客户进程所共知；另一类是登记端口号或注册端口号，其数值为 1 024 ~ 49 151，此类端口号供没有熟知端口号的应用程序使用，但必须在互联网号码指派管理局 IANA 登记，以免重复。表 8.2 为常用的熟知端口号。

表 8.2　常用的熟知端口号

应用程序	FTP (data)	FTP (control)	TELNET	DNS	HTTP	POP3	SMTP	RIP	BGP
熟知端口号	20	21	23	53	80	110	25	520	179

(2)客户端使用的端口号

此类端口号供客户进程运行时临时选择使用。当客户进程需要传输服务时，可向本地操作系统动态申请，操作系统会返回一个本地唯一的端口号，通信结束，收回端口号供其他客户进程使用。这类端口号的数值范围为 49 152 ~ 65 535。

8.2　UDP 协议

8.2.1　UDP 概述

UDP 协议就是在 IP 协议提供主机间数据通信服务的基础上，通过端口机制提供应用进程间的数据通信功能。UDP 协议的主要特点如下：

①UDP 是无连接的，即发送数据前不需要建立连接，减小了开销和发送数据前的时延。

②UDP 只能尽最大努力交付，提供不可靠的传输服务，主机不需要维持复杂的连接状态表。

③UDP是面向报文的，发送方的UDP对应用程序交下来的报文，在添加首部后就向下交付到IP层。这个过程既不合并报文，也不拆分报文，而是将其作为整体发送至下层。因此，应用程序必须选择合适大小的报文，若报文太长，交付至IP层后，IP层可能要进行分片，降低了IP层的效率；若报文太短，会使IP数据报首部的相对长度太大，也降低了IP层的效率。

④UDP没有拥塞控制，网络出现的拥塞不会使源主机的发送速率降低，适合某些实时应用（如实时视频会议）。很多实时应用要求源主机以恒定的速率发送数据，并且允许在网络发生拥塞时丢失一些数据，但却不允许数据有太大的时延。

⑤UDP支持一对一、一对多、多对一和多对多的交互通信。

⑥UDP的首部开销小，只有8个字节，比TCP的20个字节的首部要短。

8.2.2 UDP报文的格式

UDP报文由数据字段和首部字段两部分组成，其格式如图8.1所示。

源端口	目的端口
长度	校验和
数 据	

图8.1 UDP数据报格式

其中，首部包含源端口、目的端口、长度和校验和四个字段，每个字段都是16位长度。

UDP协议通过校验和来确保报文被送到正确的目的端。UDP校验和计算有一个与众不同的特点，即校验过程除了覆盖UDP报文外，还覆盖一个附加头部，称为伪首部，伪首部由来自IP报头的四个字段（协议、原地址，目的地址和UDP长度）与填充字段组成。其中，填充字段为全“0”，目的是使伪首部的长度为32位的整数倍；协议字段就是IP报头格式中的协议字段，为“17”（表示UDP协议）；UDP长度字段表示UDP报文长度。

由于UDP报文包含源端口和目的端口，而伪首部包含源IP地址和目的IP地址，因此有些数据传输的差错，可以通过UDP协议的校验和检查出来。所谓伪首部，是因为它并不是UDP报文的真正首部，只是在计算校验和时临时与UDP报文拼接在一起参与校验和的计算。伪首部既不向下传送也不向上递交。

UDP报文校验和的计算方法与IP首部校验和的计算方法相似，但不同的是：IP数据报的校验和只检验IP数据报的首部，但UDP的校验和是将首部和数据部分一起都检验。在发送方，首先将全“0”放入检验和字段，再将伪首部以及UDP数据报看成是由许多16位字串接起来。若UDP数据报的数据部分不是偶数个字节，则要填入一个全“0”字节。然后按照二进制反码计算出这些16位字的和。将此和的二进制反码写入检验和字段后，就发送这样的UDP数据报。在接收方，将收到的UDP数据报连同伪首部一起按二进制反码求这些16位字的和。当无差错时，结果应为全“1”；否则，就表明数据存在差错，接收方便丢弃这个UDP数据报（也可以向上交付，但附上出现差错的警告）。不难看出，这种简单的差错检测方法虽然检错能力不强，但好处是简单，处理速度快。图8.2给出了一个计算UDP检验和的例子。

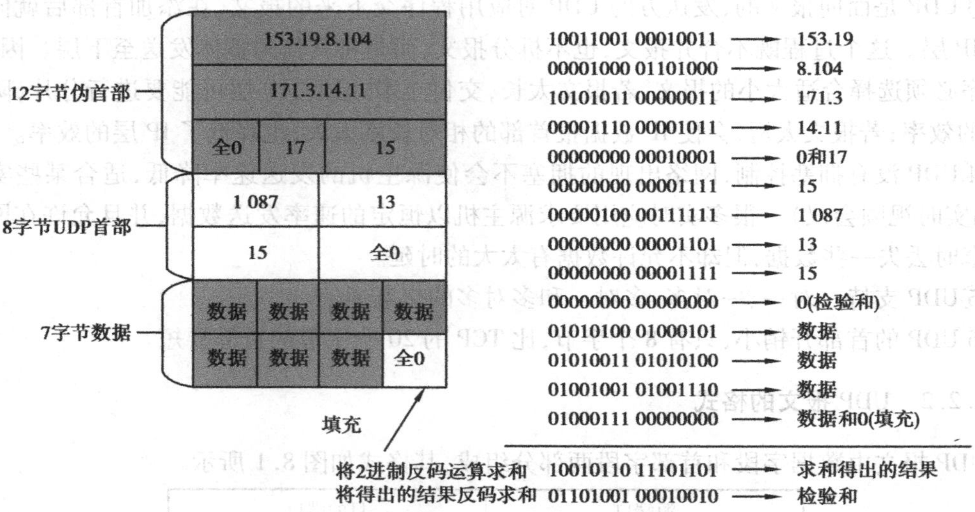

图 8.2　UDP 计算检验和

8.3　TCP 协议

TCP 提供了面向连接、可靠的字节流服务。事实证明,TCP 协议对于多数应用进程都是有用的,使用 TCP 协议的应用进程不必考虑数据可靠性传输问题。

8.3.1　TCP 报文格式

TCP 报文共分为两部分:TCP 首部和 TCP 数据,如图 8.3 所示。TCP 首部的前 20 个字节是固定的,后面有 $4 \times N$ 个字节的选项(N 为整数),因此,TCP 首部的最小长度是 20 个字节。

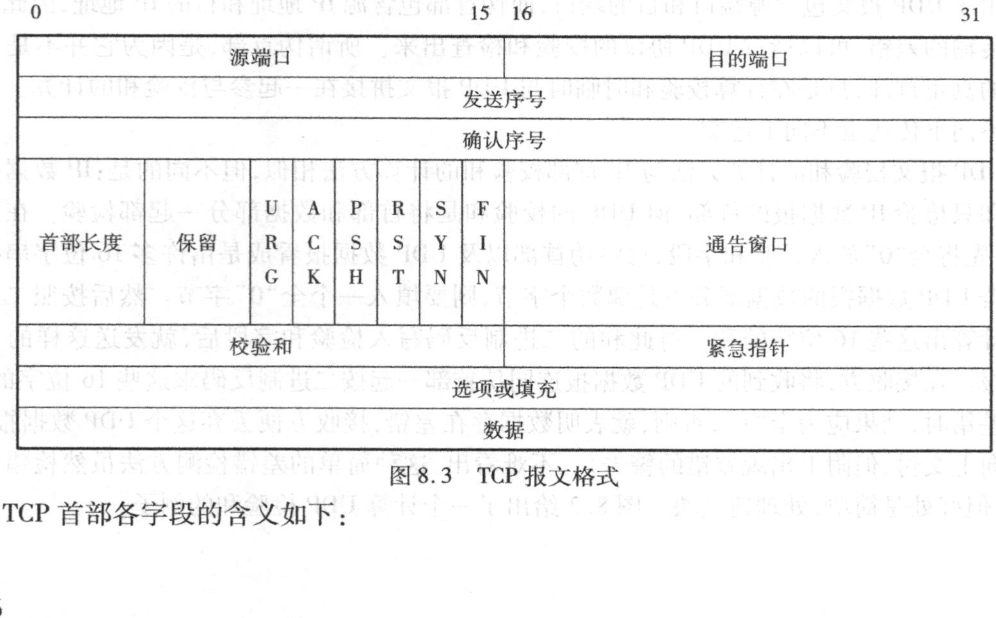

图 8.3　TCP 报文格式

TCP 首部各字段的含义如下:

(1)源端口和目的端口

这两个字段分别表示源端口和目的端口。将 TCP 报文中源和目的端口字段加上 IP 报文中源和目的 IP 地址字段，便构成了唯一标识一个 TCP 连接的四元组(源端口、源 IP 地址、目的端口、目的 IP 地址)。

(2)发送序号、确认序号和通告窗口字段

这三个字段都在 TCP 滑动窗口机制中用到。因为 TCP 是面向字节流的协议，所以报文段中的每个字节都有编号。发送序号字段给出了该 TCP 报文段中携带的数据第一个字节分配的编号(SYN 标志位为“0”)。如果在 TCP 报文中 SYN 标志位为“1”，则序号字段表示初始序号。确认序号给出了接收方希望接收的下一个 TCP 报文段中数据流的第一个字节的编号。确认字段只有在 ACK 标志位为“1”时有效，而一旦 TCP 连接建立好，则这个确认序号字段一直有效。通告窗口字段给出了接收方返回给发送方关于接收缓存大小的情况。

(3)首部长度字段

该字段给出 TCP 报文段首部的长度，即 TCP 报文段的数据起始处距离 TCP 报文段起始处有多远。此字段也称为数据偏移，占四个二进制位，表示十进制数的范围为 0 ~ 15。由于数据偏移的单位为 32 位字(即以 4 字节长的字为计算单位)，因此，数据偏移的最大值为 60 个字节，这也是 TCP 首部的最大长度。

(4)6 位标志位字段

这些标志位字段用于区分不同类型的 TCP 报文。目前用到的标志位有 SYN、ACK、FIN、RST、PSH 和 URG。

SYN：这个标志位用于 TCP 连接的建立。SYN 与 ACK 配合使用，当请求连接时，SYN = 1，ACK = 0；当响应连接时，SYN = 1，ACK = 1。

ACK：ACK 标志位为“1”时，意味着确认序号字段有效。

FIN：发送带有 FIN 标志位的 TCP 报文后，TCP 连接将被断开。

RST：这个标志位表示连接复位请求，用来复位那些产生错误的连接。

PSH：这个标志位表示 push 操作。当 TCP 报文到达接收端以后，若此报文的 PSH 为“1”，则会将数据尽快交付给接收端的应用进程，而不再等到整个缓存都填满后再向上交付。

URG：URG 标志位为“1”时，表示 TCP 报文的数据段中包含紧急数据，紧急数据在 TCP 报文数据段的位置由紧急指针字段给出。

(5)校验和字段

此字段与 UDP 中的校验和字段用法完全相同，它通过计算 TCP 首部、TCP 数据以及伪首部(来自 IP 报头的源地址、目的地址、协议和 TCP 长度字段构成)得出结果。

(6)选项

此字段长度可变。TCP 最常用的选项字段为最大分段长度(Maximum Segment Size，MSS)，即最大的数据分段长度。MSS 告诉对方 TCP“我的缓存所能接收的报文段其数据字段的最大长度是 MSS 个字节”。每个 TCP 连接的发起方在第一个报文中会指明这个选项的内容，其值通常是发送方主机所连接的物理网络最大传输单元(MTU)减去 TCP 首部长度和 IP 首部长度，这样可避免发送主机对 IP 报文进行分段。

8.3.2　TCP 建立与释放

TCP 连接的建立是从客户向服务器发送一个主动打开请求而启动的。如果服务器已经执行了被动打开操作,那么双方就可以交换报文以建立 TCP 连接。只有在建立 TCP 连接之后,双方才开始收发数据。当其中一方发送完数据后,就会关闭它这一方的连接,同时向对方发送撤销 TCP 连接的报文。

TCP 连接的建立使用了三次握手机制。三次握手是指客户和服务器之间要交换三次报文,如图 8.4 所示。

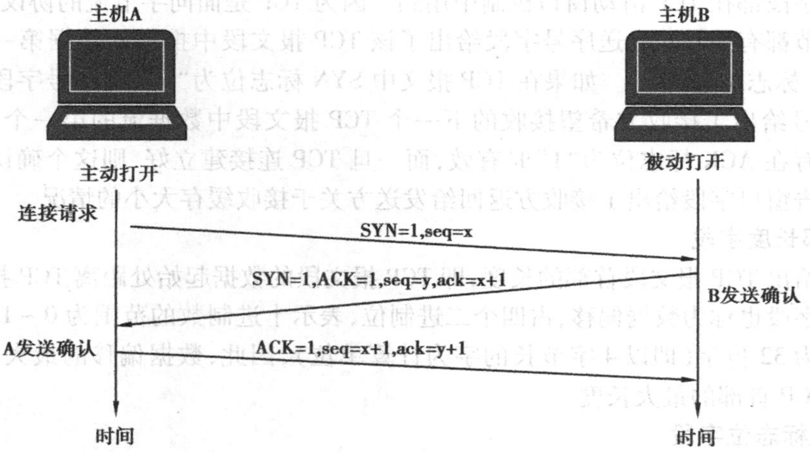

图 8.4　用三次握手建立 TCP 连接

三次握手机制的基本思路是,连接双方需要协商一些参数,在打开一个 TCP 连接的情况下,这些参数就是双方打算为各自的字节流使用的初始序号。

首先,客户发送一个连接建立请求报文给服务器,声明它将使用的初始序号(SYN,seq = x)。

其次,服务器用一个连接建立相应报文,确认客户端的序号(ack = x + 1),同时声明自己使用的开始序号(SYN,seq = y)。也就是说,第二个报文的 SYN 和 ACK 标志位都设置为“1”。

最后,客户用第三个报文来响应并确认服务器的开始序号(ACK,ack = y + 1)。确认序号比发送过来的序号大“1”的原因是,确认序号字段实际标明了“所希望的下一个字节序号”,因而隐含地确认所有前面的字节序号。

为什么在 TCP 建立阶段客户和服务器要相互交换开始序号呢?如果建立连接的双方简单地从已知的序号开始(如每次都从“0”开始)会比较简单。实际上,TCP 要求建立连接的每一方随机地选择一个初始序号,这样可防止黑客容易猜测到初始序号而进行 TCP 连接劫持攻击。

在关闭一个 TCP 连接时,通常需要四次握手。由于 TCP 连接是全双工的,因此每一个方向都必须单独进行关闭。当一方完成它的数据发送任务后,就发送一个终结包 FIN 来终止这个方向的连接。收到一个 FIN 只意味着这一方向上没有数据流动,一个 TCP 连接在收到一个 FIN 后仍然能够发送数据。假设 A 为客户端,B 为服务器端,TCP 连接关闭的过程如下:

①客户端 A 发送一个 FIN,用来关闭客户端 A 到服务器端 B 的数据传送。

②服务器 B 收到这个 FIN 后,发回一个 ACK,确认序号为收到的序号加“1”。与 SYN 一样,一个 FIN 将占用一个序号。

③服务器 B 关闭与客户端 A 的连接,发送一个 FIN 给客户端 A。

④客户端 A 发回 ACK,并将确认号设置为收到序号加“1”。

8.3.3　TCP 传输控制

TCP 是可靠的传输层协议，当应用进程将数据交给 TCP 后，TCP 就能无差错地交给目的端的应用进程。TCP 使用差错控制机制保证数据的可靠传输，主要的差错控制机制即确认和重传。

(1)字节编号和确认

如前所述，TCP 提供面向连接的字节流传输服务，也就是说，TCP 协议将要传送的数据看作一个个字节组成的字节流，接收方返回给发送方的确认是按字节进行的，而不是按报文段进行。因此，发送方使用 TCP 进行数据传输时，要对数据段进行字节编号，接收端通过对收到数据的字节编号进行确认，实现 TCP 的可靠传输。

每个 TCP 连接传输数据的第一个字节序号是建立 TCP 连接时初始序号加"1"。例如，某条 TCP 连接要传送 2 000 字节的文件，分成四个 TCP 报文段进行传送，每个报文段携带 500 个字节，TCP 对第一个字节的编号从 10 001 开始(1 000 为 TCP 连接建立时随机选择的初始序号)，那么每个 TCP 报文段的字节编号如下：报文段 1 的字节序号为 10 001(范围是从 1 0001 ~ 10 500)；报文段 2 的字节序号为 10 501(范围是从 10 501 ~ 11 000)；报文段 3 的字节序号为 11 001(范围是从 11 001 ~ 11 500)；报文段 4 的字节序号为 11 501(范围是从 11 501 ~ 12 000)。

TCP 报文的每个确认序号字段指出接收方希望收到的下一个字节的编号。接收方确认已经收到的最长连续的字节，作为 TCP 报文的确认序号的基础，实质即已经接收到报文段的所有字节的确认。这种字节确认的优点是，即使确认丢失，也不一定会导致发送方重传。例如，假设接收方 TCP 发送的 ACK 报文段的确认序号是 1 801，则表明 1 800 前所有的字节都已经被接收端收到。如果接收端前面已经发送过确认序号为 1 601 的 ACK 报文段，但这个报文段丢失了，由于目前已经有确认号为 1 801 的报文段，则不需要发送方 TCP 重传字节序号 1 800 以前的报文段，实现了"累计确认"机制。

(2)超时重传和重传定时器

发送方 TCP 为了恢复丢失或损坏的报文段，必须对丢失或损坏的报文段进行重传。为了能够判断报文的丢失，当发送方发送报文段后，就启动一个重传定时器，如果在规定的时间内没有收到接收方 TCP 返回的确认报文，则重传计时器超时，发送方重传该 TCP 报文段。

影响超时重传的关键因素是重传定时器的时间宽度，但确定合适的时间宽度是一件相当困难的事情，因为在互联网环境下，不同主机上的应用进程之间通信可能在一个局域网上进行，也可能穿越多个不同的网络，端到端传输延迟的变化幅度相当大，很难把握从发送数据到接收确认的往返时间。

一般情况下，时间宽度确定的方法为：每当 TCP 发送一个报文段，就将发送时刻记录下来；当该报文段的 ACK 回来时，再将返回时刻记录下来。这两个时刻的差，记为 SampleRTT (当前样本)。接着，TCP 在前一次的 RTT 估算值(EstimatedRTT)和 SampleRTT 之间通过加权求和计算新的 RTT 估算值(EstimatedRTT)，这样动态地维持往返时延平均值，具体公式如下：

$$\text{EstimatedRTT} = \alpha \times \text{EstimatedRTT} + (1-\alpha) \times \text{SampleRTT}$$

其中，$0 \leqslant \alpha \leqslant 1$，$\alpha$ 因子决定了 EstimatedRTT 对延迟变化的反应速度。当 α 接近"1"时，当前样本对 RTT 估算值几乎不起作用；而当 α 接近"0"时，RTT 估算值紧随延迟的变化而变化。作为折中，TCP 协议规范推荐 α 取值为 0.8 ~ 0.9。

TCP 重传定时器的值为 EstimatedRTT 的函数，公式如下：

$$TimeOut = \beta \times EstimatedRTT$$

当β接近“1”时，TCP 能迅速检测到报文丢失并重传，从而减少等待时间，但能造成许多不必要的重传。当β太大时，重传报文的数目减少，但等待确认的时间增加。作为折中，TCP 协议规范推荐β取“2”。

(3)以字节为单位的滑动窗口

TCP 通过滑动窗口机制实现传输的控制。为了说明滑动窗口的工作原理，假设数据只在一个方向上进行，即 A 发送数据，B 接收数据并给出确认；其次，将传送的字节取得较小，这样能够简化问题，同时不影响对问题实质的理解。

假设 A 接收到 B 发来的确认报文段，其中窗口字段的值为“10”，确认号 ACK 的值为“31”。A 根据这两个数据构建自己的发送窗口情况，如图 8.5 所示。此时，A 的发送状态可用三个指针（P1、P2、P3）来描述：P1 指向发送窗口内，接收端期望收到的字节序号，即可发送的首字节序号；P2 指向发送窗口内，允许发送而尚未发送的字节序号；P3 指向发送窗口外，不允许发送的字节序号。此时，由于 A 尚未发送数据，因此 P1 和 P2 是重合的。

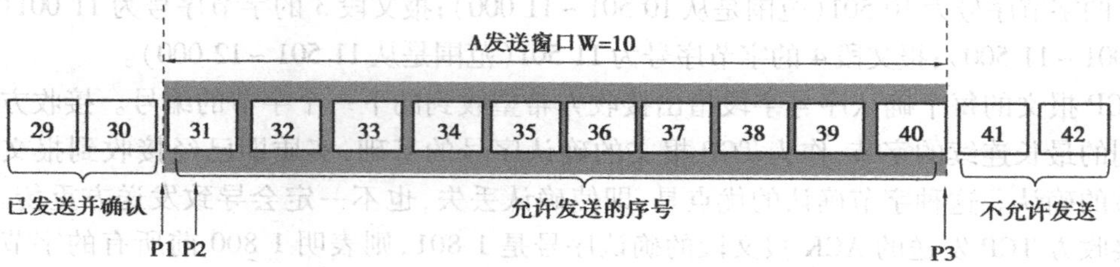

图 8.5　根据 B 的接收窗口构造的发送窗口

在图 8.5 中，发送窗口 W 用来对发送端进行流量控制。W 的大小表示 A 在没有收到 B 确认的情况下，最多还可连续发送的字节数。在接收端未来得及进行接收处理的情况下，W 越大，允许发送端在未收到确认之前可连续发送的数据也越多，从而获得更高的传输效率。考虑到超时重传的需要，凡是已经发送但未确认的数据，必须暂时保留，以备后用。

假设 A 已经发送了序号为 31 ~ 35 的数据，A 现在的发送窗口状态如图 8.6 所示。发送窗口 W 内左边的 5 个字节（31 ~ 35）表示已经发送但未收到确认，而右边的 5 个字节（36 ~ 40）是允许发送而尚未发送的数据。

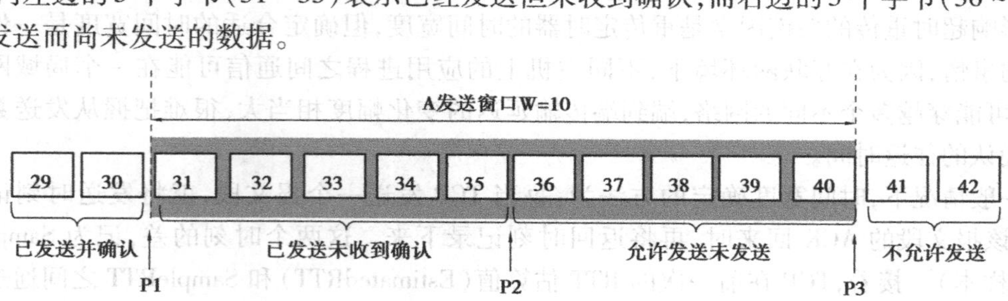

图 8.6　发送 5 个字节后的发送窗口状态

假设 B 接收窗口 W_R 为“10”。B 现在的接收窗口状态如图 8.7 所示。在接收窗口左边的数据是已经得到确认并交付主机，所以 B 不必再保存这些数据，接收窗口内的序号31 ~ 40 是允许接收的数据。此时，B 的接收状态可以用两个指针（Q1 和 Q2）来描述：Q1 指向接收窗口内，允许接收，但未发送确认的字节序号；Q2 指向接收窗口外，不允许接收的字节序号。

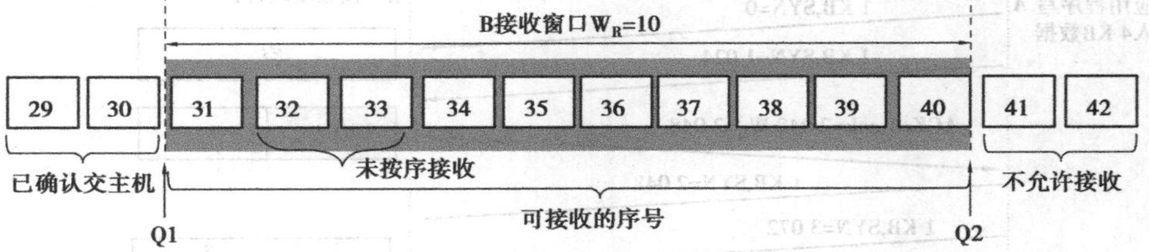

图 8.7　B 的接收窗口状态

现在假设 B 收到的数据未按序到达，只收到序号为 32 ~ 33，而没有收到序号 31，此时 B 仍然只能对最高序号给出确认，即确认报文段中的确认号为“31”，而不是“34”，因此 Q1 和 Q2 都不能移动。

若 B 收到了序号为“31”的数据，则将“31”及原来收到的“32 ~ 33”一起交付给主机，并删除这些数据；接着，B 就可以将接收 W_R 右移三个序号，同时给 A 发送确认。A 收到 B 的确认后，将发送窗口右移三个序号，但指针 P2 不动。

A 继续发送完序号 36 ~ 40 的数据，指针 P2 右移到与 P3 重合。此时，发送窗口内允许发送的序号已用完，虽然还没有收到确认，但必须停止发送。当 A 所设置的超时计时器超时时，A 就进行重传并重置超时计时器，直到收到 B 的确认为止。如果 A 收到的确认号落在发送窗口之内，A 就将发送窗口右移，并继续发送新的数据。

需要注意的是，虽然 A 的发送窗口 W 是依据 B 的接收窗口 W_R 来设置的，但两者的大小不一样，这是由于窗口值通过网络传送需要一定的时延。A 还可根据网络当时的拥塞情况减小自己的窗口值，从而达到拥塞控制的目的。对于不按序到达的数据，TCP 没有明确的处理规定，通常将不按序到达的数据暂存在接收窗口中，等待缺失序号的到达，再一并按序交付给主机；为了减少传输开销，TCP 要求接收端具有累积确认的功能。

(4) TCP 的流量控制

流量控制的主要作用是让发送端发送数据的速率不要过快，保证接收端来得及接收。由于发送端和接收端在进行 TCP 传输时都要维持一个滑动窗口，这种数据传输过程本身就能够保证 TCP 的流量控制。下面以一个例子来说明如何利用滑动窗口实现在 TCP 连接上进行流量控制。

通信双方的发送和接收过程如图 8.8 所示。假设 A 向 B 发送数据，每一个报文段为1 024 字节。在建立连接时，接收端 B 设有 4 KB 的缓冲区。

首先，A 发送两个报文段，序号分别为 SYN =0 和 SYN =1 024。B 正确收到后给出确认报文段，确认号为 ack =2 048，窗口 W_R =2 048，表示 B 的缓冲空间为 2 KB。

A 又发送两个报文段，序号分别为 SYN =2 048 和 SYN =3 072。B 正确收到后给出确认报文段，确认号为 ack =4 096，窗口 W_R =0，表示自己的缓冲区已满。此时，A 必须停下来，等待接收端主机上的应用程序取走一些数据。

若接收端主机从接收缓冲区读取 2 KB 的数据后，B 则发送一个确认报文段给 A，这个确认报文段的确认号仍然为 ack =4 096，但窗口 W_R =2 048，表示自己的缓冲空间又有 2 KB。

这样，A 由被阻塞的状态转换为可发送数据的状态，继续发送数据。这样，便实现了 TCP 数据传输的流量控制。

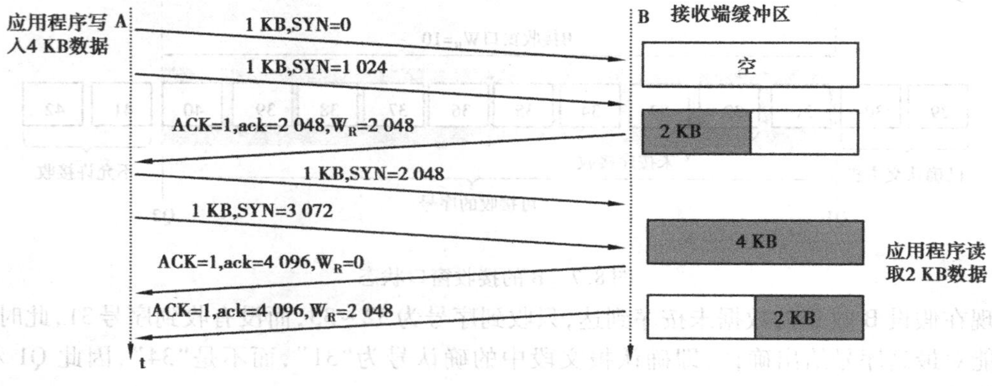

图 8.8　TCP 的流量控制

当窗口为“0”时,除了以下两种意外情况外,发送端不能再发送报文段了:

①紧急数据仍可以发送。可要求用户终止远程主机上运行的某个进程,使紧急数据得以发送。

②当 B 向 A 发送了窗口为“0”的确认报文段后,因应用程序读取了数据,B 的接收缓冲区又有了存储空间,于是 B 向 A 发送窗口不为“0”的确认报文段。但如果这个报文段在传送过程中丢失,则 A 将一直处于等待状态,造成死锁的现象。为了解决这个问题,TCP 为每个连接设置一个持续计时器,当一方收到对方的零窗口确认报文段,就启动持续计时器,若持续计时器超时,就发送一个零窗口探询报文段,以便让接收端重新发送下一个期望的字节号和窗口大小。对方在确认这个探询报文段时应给出现有的允许窗口值。如果窗口值仍然为“0”,则重置持续计时器,否则,死锁僵局结束。

8.3.4　TCP 拥塞控制

(1)拥塞控制的基本原理

当计算机网络中的某个或多个资源(如带宽、缓存、路由器、主机等)的需求超过了该资源供给的能力而导致整个网络性能下降的现象,称为拥塞。网络出现拥塞最典型的表现是数据包的丢失,即网络吞吐量的下降。网络吞吐量与输入负荷的关系曲线如图 8.9 所示。

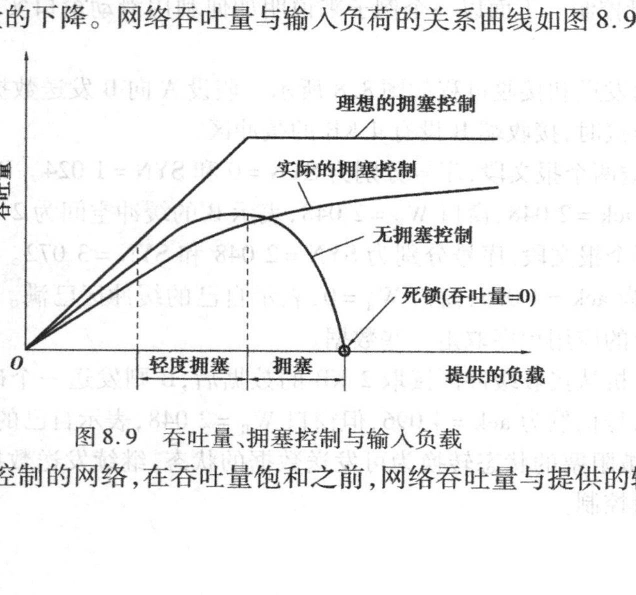

图 8.9　吞吐量、拥塞控制与输入负载

对于具有理想拥塞控制的网络,在吞吐量饱和之前,网络吞吐量与提供的输入负荷是成正比的，当输入负荷达到某一数值后，由于网络资源有限，吞吐量就不再增长而保持水平线，此时吞吐量达到饱和状态。

实际情况则不同，在没有拥塞控制的情况下，随着输入负荷的增加，网络吞吐量的增长率会逐渐减慢，也就是说，在吞吐量尚未达到饱和的状态，就已经有一部分分组丢失，网络进入轻度拥塞。当输入负荷达到一定数值时，吞吐量反而会随着输入负荷的增大而下降，网络进入拥塞状态。当输入负荷继续增大到某一个数值时，吞吐量就会下降为零，各个站点无法进行有效的通信，网络无法运行。

为了改善网络性能，实际上都要采取一定的拥塞控制措施，此时的输入负荷与吞吐量的关系曲线情况就介于理想状态和无拥塞控制状态之间。从造成网络拥塞的原因来看，表面上似乎是资源短缺，只要增大网络的某些可用资源，或者减少一些用户对某些资源的需求，就可以解决网络拥塞的问题，其实不然。因为网络拥塞涉及很多因素，不能单纯通过增加网络资源解决拥塞问题。例如，增加网络结点的缓存空间，虽然有利于存放该结点的分组数目，但输出链路和主机的处理速率并未提高，只能使分组在结点中的排队时间增加，不利于解决拥塞问题。可见，只有改善整个网络输入负荷与网络资源的匹配情况，使得各部分保持平衡，才能从根本上解决拥塞问题。

实施拥塞控制有两种机制：一种是开环拥塞控制，它是在拥塞发生之前采用一些策略，以免网络进入拥塞状态，属于“预防”机制；另一种是闭环拥塞控制，它试图在拥塞发生后使网络从拥塞状态中摆脱出来，属于“恢复”机制。无论哪种拥塞控制机制，都必须了解网络内部的流量分布状况，需要在结点间传送相应的命令和信息。拥塞控制有时还需要将一些资源分配给个别用户单独使用，从而造成资源的短缺。总之，拥塞控制本身需要额外的开销，要付出一定的代价。

在互联网中，尽管网络层也试图进行拥塞控制，但真正解决网络拥塞问题需要通过传输层 TCP 协议来完成。实践证明，实现拥塞控制并不容易，它属于动态控制问题。在开环控制方法中，在设计网络时必须周密地考虑产生拥塞的各种因素。在闭环控制方法中，可通过检测系统发现拥塞、发送拥塞信息、调整运行状态等达到拥塞控制的目的。过于频繁地采取措施将使网络处于不稳定的震荡状态，迟缓地采取行动又不具有任何价值，因此，在实际的拥塞控制中，只能选择某种折中措施。

从控制理论的角度分析，互联网中的拥塞控制主要采用闭环控制方法。这种拥塞控制的基本思路可描述为：网络各结点采取动态控制措施控制传输速率，使在网络拥塞时各结点的数据传输速率降低，整个网络的吞吐量下降；经过一段时间的数据传输与处理后，在网络畅通时，各结点的数据传输速率升高，从而提高网络的利用率。确定系统是否发生拥塞及拥塞情况的方法，可通过监测在发送数据时丢失数据包的情况来确定。

下面介绍 TCP 采用的一些拥塞控制方法。

(2) TCP 采用的拥塞控制方法

为了进行拥塞控制，TCP 为每条连接维持两个变量：一个是拥塞窗口（cwnd）；另一个是慢启动阈值（ssthresh）。ssthresh 被用来确定是进入慢启动阶段还是进入拥塞避免阶段，一般将 ssthresh 的初始值设置为通告窗口（又称为接收窗口或通知窗口）的值。

引入拥塞窗口 cwnd 后，TCP 发送方的最大发送窗口修改为“允许发送方发送的最大数据量为当前拥塞窗口和通告窗口的极小值”。这样，TCP 的有关窗口变量修改为：

MaxWindow = MIN(cwnd,rwnd)

EffectiveWindow = MaxWindow-(LastByteSent-LastByteAcked)

也就是说,在有效窗口的计算中,用最大窗口代替了通告窗口。这样,TCP 发送方发送报文的速率就不会超过网络或目的结点可接收速率中的较小值。

TCP 拥塞控制主要根据网络拥塞状况调节拥塞窗口的大小。针对如何控制拥塞窗口值的大小以达到拥塞控制的问题,TCP 曾出现过多种版本。1999 年公布的 RFC2581 定义了四种拥塞控制算法:慢启动、拥塞避免、快重传和快恢复。后来,RFC2582 和 RFC3390 又对这些算法进行了改进。拥塞控制可以使这四个机制共同作用,以达到更好的效果。

1)慢启动和拥塞避免

慢启动是指 TCP 刚建立连接时将拥塞窗口 cwnd 设为一个报文大小,然后以指数方式放大拥塞窗口 cwnd,直到拥塞窗口 cwnd 等于慢启动阈值 ssthresh。

慢启动算法的具体步骤描述如下:

①TCP 将拥塞窗口 cwnd 的值设为"1",然后 TCP 发送一个报文;

②如果 TCP 收到接收方的确认报文,则 TCP 设置拥塞窗口 cwnd 等于原来拥塞窗口 cwnd 的两倍,然后 TCP 按照有效窗口的值发送报文。

③重复执行步骤②,直到拥塞窗口大于等于慢启动阈值 ssthresh 或监测到网络产生拥塞为止。

④进入拥塞避免阶段。

在拥塞避免阶段,TCP 采用线性增加的方式放大拥塞窗口,即发送方每收到一个确认报文,就将拥塞窗口的值增加"1",然后 TCP 按照有效窗口的值发送报文,直到监测到网络产生拥塞为止。

无论是慢启动阶段还是拥塞避免阶段,如果发生超时重传(即网络可能产生拥塞),则拥塞窗口的值回到慢启动阶段,即将拥塞窗口的值设为"1",而慢启动阈值 ssthresh 减半,表明其按照指数规律减小,这就是所谓的乘倍减小。

慢启动和拥塞避免算法示意图如图 8.10 所示。

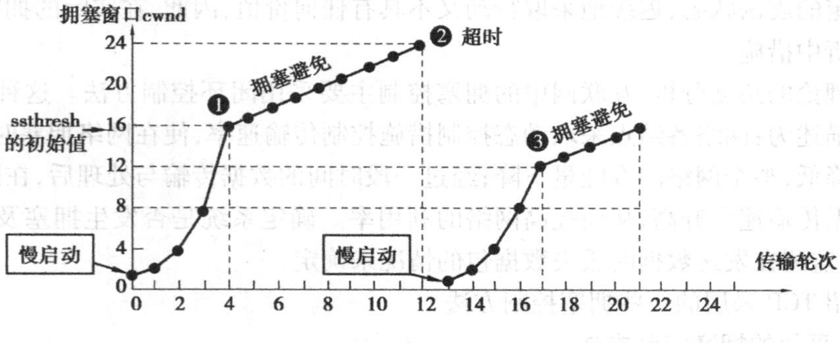

图 8.10　慢启动和拥塞避免算法

图 8.10 的曲线表明:使用慢启动在网络拥塞时动态调整拥塞窗口的大小时,只要网络出现一次超时(即出现一次网络拥塞),就把阈值 ssthresh 减半。当网络出现频繁拥塞时,阈值 ssthresh 就下降得很快,大大减少了输入网络的分组数,使得发生网络拥塞时拥塞窗口的值迅速减小,从而使拥塞的情况得以缓解。当执行拥塞避免算法后,收到对报文的确认就将拥塞窗口加"1",以使拥塞窗口慢慢增大,达到防止网络过早出现拥塞的目的。

2)快重传和快恢复

当 TCP 报文不能按序到达接收方 TCP 时,接收方就会产生一个重传 ACK 给发送方;发送方收到这个重传 ACK 后,还不能确定是由于报文丢失还是报文失序所产生的重传请求。实质上,有时个别报文段在网络中丢失,但网络也并未发生拥塞。如果发送方迟迟收不到确认,就会产生超时,则会误认为网络发生了拥塞,从而导致发送方错误地启动慢启动,降低了传输效率。

快重传算法首先要求接收方不要等待自己发送数据时才进行捎带确认,而是立即发送确认,即收到了失序的报文段要立即发出对已收到报文段的重复确认。这样,如果发送方连续收到三个重复 ACK,则意味着某个个别的报文丢失了,但网络还没有发生拥塞。此时发送方不必等待该报文的超时,而是立即重传该报文,这样就不会出现超时,发送方也不会误认为网络出现拥塞,这就是快重传。快重传避免了出现个别报文段丢失后发送方必须等待超时后才重传丢失的报文,可以使整个网络的吞吐量提高约 20% 。

在快重传后,发送方不是进入慢启动阶段,而是进入拥塞避免阶段,这就是快恢复的含义。当发送方收到重传 ACK 后,不仅意味着某个报文的丢失,还意味着在丢失报文后还能收到后面的报文。由于网络上仍然可以传送报文,发送方认为网络拥塞还不是很严重,如果这时进入慢启动阶段显得有些保守,应该进入拥塞避免阶段。

如图 8.11 给出了拥塞避免、慢启动、快重传和快恢复这四种机制组合在一起进行拥塞控制的拥塞窗口变化情况。

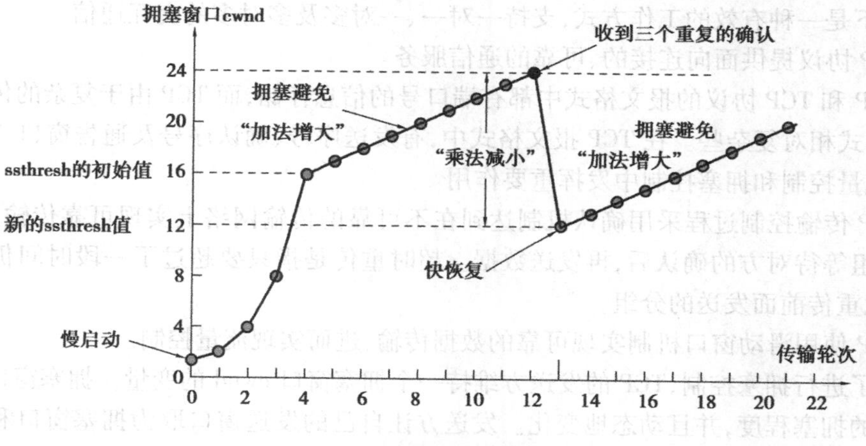

图 8.11　四种机制组合的拥塞控制算法

当 TCP 连接进行初始化时,拥塞窗口 cwnd 值置为"1"。为了便于理解,图 8.11 中的窗口单位使用报文段个数。在图 8.11 中,慢启动门限的初始值设为 16。在执行慢启动算法时,发送方每收到一个对新报文段的确认后,就将拥塞窗口 cwnd 值增加一倍,然后开始下一轮的传输。当拥塞窗口 cwnd 值增长到慢开始门限值 ssthress 时,就改为执行拥塞避免算法,拥塞窗口按线性规律增长。

当拥塞窗口 cwnd = 24 时,网络出现了异常,发送方连续收到了三个重复 ACK,则据此判断个别报文段丢失,按照快恢复算法,拥塞窗口 cwnd 的值置为原来的 1/2(即 cwnd = 12),并执行拥塞避免算法。若此时发送端产生了超时,则判断网络产生了拥塞。这种情况下,TCP 发送端将阈值 ssthresh 减为产生拥塞时拥塞窗口 cwnd 原值的一半(即 ssthresh = 12),同时设置拥塞窗口 cwnd = 1，进入慢启动阶段。

采用这样的拥塞控制方法使得 TCP 的性能明显改进。

在拥塞控制的讨论中，假定的是接收方有足够大的缓存空间，因而发送窗口的大小由拥塞程度来决定。但实际上接收方的缓存空间总是有限的，接收方根据自己的接收能力设置接收窗口 rwnd，并将这个窗口值写入 TCP 首部中的窗口字段，传送给发送方。因此，结合流量控制，发送方的窗口上限值应当取接收窗口 rwnd 和拥塞窗口 cwnd 这两个变量中较小的一个。当 rwnd < cwnd 时，接收方的接收能力限制发送窗口的最大值；反之，则是网络的拥塞程度限制发送窗口的值。

小 结

本章讨论的问题是端到端通信的实现即传输层的内容。传输层既是面向通信的最高层，又是用户功能的最低层，在网络体系结构中具有重要地位。传输层主要有无连接的用户数据报协议 UDP 和面向连接的传输控制协议 TCP。无论哪个协议都需要使用端口来标识主机的不同进程。本章的主要内容可概括如下：

①传输层的基本功能，即提供端到端的通信服务，通过端口实现复用和分用。

②UDP 协议在传送数据前不需要建立连接。虽然 UDP 协议提供不可靠的数据交付，但在某些情况下是一种有效的工作方式，支持一对一、一对多及多对多的交互通信。

③TCP 协议提供面向连接的、可靠的通信服务。

④UDP 和 TCP 协议的报文格式中都有端口号的信息存储，而 TCP 由于复杂的传输控制机制，报文格式相对复杂些。在 TCP 报文格式中，有发送序号、确认序号及通告窗口三个重要的数据，在流量控制和拥塞控制中发挥重要作用。

⑤TCP 传输控制过程采用确认机制达到在不可靠的传输网络上实现可靠传输的目的，即发送完分组等待对方的确认后，再发送数据。超时重传是指只要超过了一段时间仍然没有收到确认，就重传前面发送的分组。

⑥TCP 使用滑动窗口机制实现可靠的数据传输，进而实现流量控制。

⑦为了进行拥塞控制，TCP 的发送方维持一个拥塞窗口 cwnd 的变量。拥塞窗口的大小取决于网络的拥塞程度，并且动态地变化。发送方让自己的发送窗口取为拥塞窗口和通告窗口中较小的一个。

⑧TCP 的连接采用三次握手机制，在关闭一个 TCP 连接时，需要四次握手完成链路的释放。任何一方都可以在数据传送结束后发出连接释放的通知，待对方确认后就进入半关闭状态。当另一方也没有数据再发送时，则发送连接释放通知，对方确认后就完全关闭了 TCP 连接。

习　题

一、选择题

1. 在 OSI 参考模型中，上层协议实体与下层协议实体之间的逻辑接口称为服务访问点（SAP）。在互联网中，传输层的服务访问点是(　　)。

A. MAC 地址　　B. LLC 地址　　C. IP 地址　　D. 端口号

2. 在互联网上有许多协议，下面的选项中能正确表示协议层次关系的是(　　)。

A.

SNMP	POP3
UDP	TCP
IP	

B.

SNMP	POP3
TCP	ARP
IP	

C.

SMTP	Telnet
TCP	SSL
IP	UDP
ARP	

D.

SNMP	Telnet
TCP	UDP
IP	LLC
MAC	

3. 下面信息中(　　)包含在 TCP 首部中而不包含在 UDP 首部中。

A. 目的端口号　　B. 序号　　C. 源端口号　　D. 校验号

4. 已知 IP 首部的首部长度的最小值为 20 字节，TCP 首部的最小长度为 20 字节。若以太网最大帧长为 1 518 字节，则可以传送的 TCP 数据部分最大为(　　)字节。

A. 1 434　　B. 1 460　　C. 1 480　　D. 1 500

5. TCP 协议使用三次握手机制建立连接，当请求方发送 SYN 连接请求后，等待对方回答(　　)，这样可以防止建立错误的连接。

A. SYN，ACK　　B. FIN，ACK　　C. PSH，ACK　　D. RST，ACK

6. TCP 使用的流量控制机制是(　　)。

A. 固定大小的滑动窗口协议

B. 可变大小的滑动窗口协议

C. 后退 *N* 帧 ARQ 协议

D. 选择性重发 ARQ 协议

7. 下面关于源端口和目的端口的描述，正确的是(　　)。

A. 在 TCP/UDP 报文中，源端口地址和目的端口地址是不能相同的

B. 在 TCP/UDP 报文中，源端口地址和目的端口地址是可以相同的，用来表示发回给自己的数据

C. 在 TCP/UDP 报文中,源端口地址和目的端口地址是可以相同的,虽然端口地址一样,但所在的主机不同

D. 以上描述均不正确

8. TCP 使用慢启动拥塞避免机制进行拥塞控制。当前拥塞窗口 cwnd 为 24,当发送结点出现超时未收到确认现象时,将采取的措施是(　　)。

A. 将慢启动阈值设置为“24”,将拥塞窗口的值设置为“12”

B. 将慢启动阈值设置为“24”,将拥塞窗口的值设置为“1”

C. 将慢启动阈值设置为“12”,将拥塞窗口的值设置为“12”

D. 将慢启动阈值设置为“12”,将拥塞窗口的值设置为“1”

9. TCP 协议在工作过程中存在死锁的可能,原因是接收方发送“0”窗口的应答报文后,所发送的非“0”窗口应答报文丢失,解决的方法是(　　)。

A. 禁止请求未被释放的资源

B. 在一个连接释放之前,不允许建立新的连接

C. 修改 RTT 的计算公式

D. 设置计时器,计时满后发探测报文

10. TCP 是互联网中的传输层协议,TCP 协议进行流量控制的方式是 __(1)__ ,当 TCP 实体发出连接请求(SYN)后,等待对方的 __(2)__ 相应。

(1) A. 使用停等 ARQ 协议　　B. 使用后退 *N* 帧 ARQ 协议

C. 使用固定大小的滑动窗口协议　　D. 使用可变大小的滑动窗口协议

(2) A. SYN　　B. FIN、ACK

C. SYN、ACK　　D. RST

二、简答题

1. 端口的作用是什么？端口号可分为几种？

2. 简述用户数据报 UDP 的报文格式及各部分字段的含义,伪首部的作用是什么？

3. 为什么说 UDP 是面向报文的,而 TCP 是面向字节流的？UDP 和 TCP 各适合于何种场合？

4. 一个 UDP 用户数据报的数据部分为 8 192 字节,在数据链路层使用以太网来传送数据,试问应该划分为几个 IP 数据报？并说明每个 IP 数据报的总长度和片偏移字段的值。

5. TCP 在进行流量控制时,以分组的丢失作为产生拥塞的标志,是否存在不是因为拥塞而引起分组丢失的情况？请举例说明。

6. 如果接收端主机的缓存大小为 4 000 字节,其中 1 000 字节用于存放收到但未处理的数据,试问发送端主机的接收窗口值 rwnd 是多少？

7. 如果 rwnd = 4 000, cwnd = 3 500,发送端主机的窗口值是多少？

8. 在 TCP 的拥塞控制中,什么是慢启动、拥塞避免、快重传和快恢复算法？每种算法的作用是什么？“乘法减小”和“加法增大”各用在什么场合？

三、应用题

1. 若有一份 UDP 用户数据报首部的十六进制表示为 C0 88 00 19 00 1C E2 17。试求源端

口、目的端口、用户数据报长度和数据部分长度。这个用户数据报是从客户发给服务器还是从服务器发送给客户的？使用 UDP 的服务器程序是什么？

2. 主机 A 向主机 B 连续发送了两个 TCP 报文段，其序号分别为 100 和 200。试问：

(1)第一个报文段携带了多少字节的数据？

(2)主机 B 收到第一个报文段后发回的确认中的确认号是多少？

(3)如果主机 B 收到第二个报文段后发回的确认中的确认号是 280，那么主机 A 发送的第二个报文段中的数据有多少字节？

(4)如果主机 A 发送的第一个报文段丢失了，但第二个报文段到达了主机 B，主机 B 在第二个报文段到达后再向主机 A 发送确认，试问这个确认号应是多少？

3. TCP 拥塞窗口 cwnd 大小与传输轮次 n 的关系见表 8.3。

表 8.3　拥塞窗口 cwnd 与传输轮次

cwnd	1	2	4	8	16	32	33	34	35	36	37	38	39	40
n	1	2	3	4	5	6	7	8	9	10	11	12	13	14
cwnd	41	42	21	22	23	24	25	26	1	2	4	8	16	32
n	15	16	17	18	19	20	21	22	23	24	25	26	27	28

(1)试画出拥塞窗口和传输轮次的关系曲线。

(2)指明 TCP 工作在慢开始阶段的时间间隔和拥塞避免阶段的时间间隔。

(3)在第 16 个传输轮次和第 22 个传输轮次之后发送方是通过收到三个重复的确认还是通过超时检测到丢失了报文段？

(4)在第 1 轮次、第 18 轮次和第 24 轮次发送时，门限 ssthresh 分别设置为多大？

(5)在第几轮次发送出第 100 个报文段？

(6)假设在第 26 轮次之后收到了三个重复的确认，那么拥塞窗口和门限 ssthresh 应设置为多大？

第9章

应用层

本章主要知识点

✧ 域名系统基本概念、域名服务器种类、域名解析过程。
✧ 文件传送的基本概念、工作过程及远程终端协议 Telnet。
✧ 万维网的基本概念及 HTTP 工作原理。
✧ 电子邮件的基本概念、工作过程及相关协议(SMTP、POP3、IMAP、MIME)。
✧ DHCP 协议及其工作过程。
✧ 应用进程间的通信方式。

能力目标

✧ 具备对网络应用及相关协议理解及掌握的能力。
✧ 具备对实现应用进程间通信的方法和途径的认识能力。
✧ 具备对网络服务的安装和管理的实际应用能力。

在前八个章节中讨论了计算机网络提供通信服务的过程,本章将讨论应用进程通过什么样的应用层协议使用网络所提供的这些通信服务。

传输层可以为应用进程提供端到端的通信服务,但不同网络应用的不同进程间还需要有不同的通信规则,即应用层协议。应用层协议是为了解决某个具体应用问题而设计的,它通过位于不同主机上的多个通信进程之间的通信和协同工作来解决实际的应用问题。

本章首先讨论许多应用层协议都要用到的域名系统,接下来讨论文件传输协议和远程登录协议,然后介绍万维网的工作原理及其主要协议,最后,还将介绍电子邮件协议、动态主机配置协议 DHCP 和应用进程间的通信。若希望对应用层进行更深入的学习,可以参阅相关标准。

9.1 域名系统 DNS

9.1.1 概述

用户在使用互联网和某个主机通信时，若使用主机的32位二进制地址，则是一件很痛苦的事情，即使是点分十进制的IP地址，也不利于记忆。若能够用易于记忆的主机名字来进行通信，将极大方便用户的使用。

实际上，早在ARPANet时代，人们就能够通过易于记忆的主机名字来进行通信了，只不过当时的网络规模不大，方式比较简单。由于早期的网络只有数百台计算机，因此，网络使用一个称为hosts的文件便可以列出所有主机名字和相应的IP地址。用户只要输入一个主机的名字，计算机就可以很快地通过hosts文件查找到对应的IP地址，从而完成主机名字与IP地址的转换。

虽然从理论上讲可以使用一台计算机记录所有主机名字与IP地址的映射，但随着互联网规模的扩大，这台计算机肯定会因超负荷而无法工作。因此，这种做法是不可取的。1983年，互联网采用一种层次结构的命名树作为主机的名字，并使用分布式的域名系统DNS(Domain Name System)进行主机与IP地址的转换，并形成了互联网的标准[RFC 1034,RFC 1035]。

互联网的域名系统是一个联机分布式数据库系统，采用客户/服务器的通信方式进行工作。在域名系统中，主机名字与IP地址的解析是由若干个域名服务器程序完成的。域名服务器程序在专设的结点上运行，运行该程序的计算机称为域名服务器。域名系统使大多数主机名字都在本地域名服务器上进行解析，仅少量主机需要在互联网上通信，因而系统效率很高。由于域名系统是分布式结构，即使单个服务器出现了故障，也不会妨碍整个系统的正常运行。

9.1.2 互联网的域名结构

互联网上的名字空间采用了层次树状结构的命名方法，任何一个连接在互联网上的主机或路由器都有一个唯一的层次结构的名字，即域名。“域”是名字空间中一个可被管理的划分；“域”可以继续划分为子域，如二级域，三级域等。

域名的结构由若干个分量组成，各分量之间用点隔开：

…三级域名.二级域名.顶级域名

域名结构中的各分量分别代表不同级别的域名。每一级的域名都由英文字母和数字组成，级别最低的域名写在最左边，级别最高的顶级域名则写在最右边。完整的域名不超过255个字符。域名系统既不规定一个域名需要包含多少个下级域名，也不规定每一级域名代表什么意思。各级域名由上一级的域名管理机构管理，而最高的顶级域名由互联网的有关机构管理。用这种方法可使每一个名字都是唯一的，并且也容易设计出查找域名的机制。

需要注意的是，域名只是一个逻辑概念，并不代表计算机所在的物理地点。总之，使用这种变长的域名有助于人们对计算机的记忆，方便用户使用。

在1998年以后，非营利组织ICANN成为互联网的域名管理机构。

现在顶级域名有以下三大类：

①国家顶级域名:采用 ISO 3166 的规定。如. cn 表示中国,. us 表示美国,. uk 表示英国等。现在使用的国家顶级域名约有 200 个。

②国际顶级域名:采用. int。国际性的组织可在. int 下注册。

③通用顶级域名:根据 1994 年公布的[RFC 1591]规定,通用顶级域名共 7 个,即. com 表示公司企业,. net 表示网络服务机构,. org 表示非营利组织,. edu 表示教育机构(美国专用),. gov表示政府部门(美国专用),. mil 表示军事部门(美国专用),. arpa 用于反向域名解析。

由于互联网上用户的急剧增加,在 2001—2002 年,又增加了 7 个通用顶级域名,即:. aero 用于航空运输企业,. biz 用于公司和企业,. coop 用于合作团体,. info 适用于各种情况,. museum 用于博物馆,. name 用于个人,. pro 用于用户会计、律师和医生等自由职业者。

在国家顶级域名下注册的二级域名均由该国家自行确定。例如,荷兰就不再设二级域名,所有机构均注册在顶级域名. nl 之下。又如顶级域名为. jp 的日本,将其教育和企业机构的二级域名定为. ac 和. co(而不用. edu 和. com)。

我国则将二级域名划分为“类别域名”和“行政区域名”两大类。在我国,在二级域名. edu 下申请注册的三级域名,由中国教育和科研计算机网网络中心负责;在其之外申请注册的三级域名,由中国互联网网络信息中心 CNNIC 负责。

如图 9.1 所示是互联网名字空间的结构,它实际上是一个倒过来的树,树根在最上面而没有名字,树根下面的一级结点就是最高一级的顶级域名结点,在顶级域名结点下面是二级域名结点,最下面的叶结点就是单台计算机。

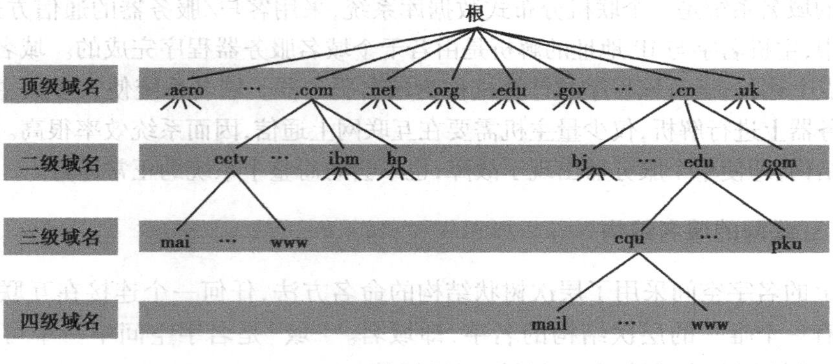

图 9.1　互联网上的名字空间系统

在图 9.1 中列举了一些域名的例子。凡是在顶级域名. com 下注册的单位都获得了二级域名,图 9.1 中的例子有:中央电视台、IBM、惠普公司。在顶级域名. cn 下的二级域名是:行政区域名北京(bj)、类别域名教育机构(edu)和公司(com)。在教育机构的二级域名下注册的三级域名有重庆大学(cqu)、北京大学(pku)。在三级域名重庆大学下,其单位自己可以决定是否要进一步划分下属子域,不必将其情况报告给上级机构。在图 9.1 中,重庆大学下的四级域名有 mail 和 www,可以是单台计算机的名字。若四级域名是单台计算机,则域名便不能继续划分子域了。

9.1.3　域名服务器

域名系统中的域名服务器负责解析主机名字与 IP 地址的映射关系。互联网上的域名服务器按照树状结构的层次来安排,最终形成一个联机分布式的数据库系统。一个域名服务器只负责管辖域名体系中的一部分,称为“区”。它不但要能够进行域名到 IP 地址的解析,还必须具有连向其他域名服务器的信息。当自己不能域名转换时,能够知道到什么地方去找别的域名服务器。

根据域名服务器的作用,可将域名服务器分为以下四种类型:

(1)根域名服务器

根域名服务器是最高层次的域名服务器,每个根域名服务器都知道所有顶级域名服务器的域名及 IP 地址。现在世界上有 13 个不同 IP 地址的根域名服务器及分布在世界各地的 100 多个机器。当本地域名服务器向根域名服务器发出查询请求时,路由器就将查询请求报文转发到离这个 DNS 客户最近的一个根域名服务器。根域名服务器并不直接将待查询的域名转换成 IP 地址,而是把下一步应当找的顶级域名服务器的 IP 地址应答给本地域名服务器,即客户端和服务器端采用迭代查询完成通信过程。

(2)顶级域名服务器

顶级域名服务器负责管理在该顶级域名服务器注册的所有二级域名。当收到 DNS 查询请求时,就给出应答(可能是最后的结果,也可能是下一步应当找的权限域名服务器 IP 地址)。

(3)权限域名服务器

每一个主机都必须在某个权限域名服务器处注册登记。因此,权限域名服务器知道其管辖的主机名应当转换成什么 IP 地址。互联网允许各个单位根据自己的具体情况将本单位的域名划分为若干个区,一般在各区中设置相应的权限域名服务器。

(4)本地域名服务器

每一个网络服务提供商 ISP 或者一个大学,甚至一个大学里的系,都可以拥有一个本地域名服务器,也称为默认域名服务器。当一个主机发出 DNS 查询报文时,这个报文首先被送至该主机的本地域名服务器。本地域名服务器离用户较近,一般不超过几个路由器的距离。若所要查询的主机也处于本地 ISP 的管辖范围,那么本地域名服务器就立即将查询的主机名转为 IP 地址,否则就需要再去询问其他的域名服务器。

9.1.4　域名解析

域名解析包括由域名到 IP 地址的正向解析和 IP 地址到域名的逆向解析。域名解析过程是由分布在互联网上的许多域名服务器程序协同完成的。在域名解析的过程中,可采取递归查询和迭代查询两种策略。

(1)递归查询

如果主机访问的本地域名服务器不知道被查询域名的 IP 地址,本地域名服务器就以 DNS 客户的身份向根域名服务器发出查询请求报文,由根域名服务器替代该主机继续查询,直至查询到所需的 IP 地址,或者报告无法得到查询结果的错误信息,最后将查询结果返回给主机。

(2)迭代查询

当根域名服务器收到来自本地域名服务器的查询请求报文时,就给出查询所需的 IP 地址,或者返回它认为可以解析本次查询的顶级域名服务器的 IP 地址;然后本地域名服务器继续进行迭代查询,最后获得所要解析的 IP 地址,并将结果返回给发起查询的主机。本地域名服务器选择何种查询策略,可在最初的查询请求报文中设定。

一般地,主机向本地域名服务器的查询采取递归方式,本地域名服务器向根域名服务器查询时采用迭代方式。如图 9.2 所示为这两种查询方式的基本过程,其图中的序号表示查询步骤。

在图 9.2 中,无论是迭代查询还是递归查询,都发送了四个请求报文和四个响应报文,但这些报文的传送途径是不相同的。

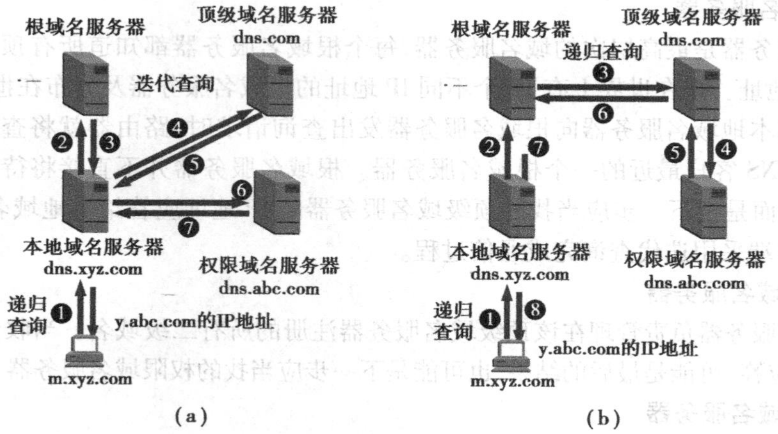

图 9.2 递归查询与迭代查询

在图 9.2 中,本地域名服务器经过三次迭代查询后从权限域名 dns. abc. com 处得到了主机需要的 IP 地址,而图 9.2(b)中,本地域名服务器只需要向根域名服务器查询一次,后面的几次查询都是在其他几个域名服务器之间进行的,只是在最后,本地域名服务器从根域名服务器处得到了所需的 IP 地址。

【例 9.1】 DNS 服务器进行域名解析时,若采用递归查询方法,本地域名服务器需要发送的域名查询请求是多少条?

【解析】 域名的递归查询方式也可以表达为如图 9.3 所示。由图可知,本地计算机需要向本地域名服务器提交一条域名查询请求。当本地域名服务器进行解析时,若采用递归查询方法,只需要向上级 DNS 服务器提交一条域名查询请求即可,上级 DNS 服务器会继续递归查询,直到有结果后,再逐层返回。这个过程类似于程序设计中的递归函数执行过程,因此,计算机只需要发送一条域名请求,就可以得出结果。

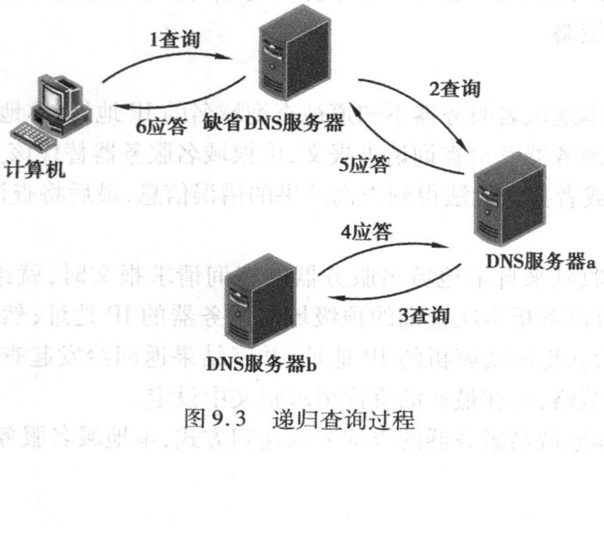

图 9.3 递归查询过程

【答案】 1条

为了提高查询效率和减少互联网上DNS查询报文的数量,域名服务器往往采用高速缓存的方式存放最近查询过的域名及其映射关系。于是,当客户请求同样的映射时,它就可以直接从高速缓存中取得结果。这种设计理念不但适用于本地域名服务器,同样适用于主机。主机在启动时从本地域名服务器下载映射信息,将自己最近使用过的映射信息存于高速缓存中。这样,主机只有从高速缓存找不到映射关系结果时才去访问本地域名服务器,从而加速了域名解析的过程。

虽然高速缓存加快了域名解析的过程,但其映射内容必须保持最新的状态。可采用两种方式解决这个问题:一种是在权限域名服务器的映射信息中添加生存时间(TTL),一旦超过生存时间,高速缓存中的映射信息就失效(任何域名查询都必须要发送给权限域名服务器);另一种是域名服务器对保存在高速缓存中的每项内容设置一个计时器,以保证高速缓存中的映射信息定期更新。

为了提高域名服务器的可靠性,DNS域名服务器都将数据复制到几个域名服务器来保存,其中一个是主域名服务器,其他的是辅助域名服务器。当主域名服务器出故障时,辅助域名服务器可以保证DNS的查询工作不会中断。主域名服务器定期将数据复制到辅助域名服务器中,而更改数据只能在主域名服务器中进行,从而保证数据的一致性。

9.2 文件传送

文件是计算机系统中信息存储、处理和传输的主要形式,在互联网中实现计算机之间的文件访问是最常见的应用。通常,文件的访问有两种方式:全文复制和联机访问。全文复制是必须先将远地文件复制到本地建立文件副本,并对文件副本进行操作,然后再将修改后的文件传送回原处,例如基于TCP的文件传送协议FTP(File Transfer Protocol)和基于UDP的简单文件传送协议TFTP(Trival File Transfer Protocol)。

9.2.1 FTP概述

在网络环境下两台主机之间传送文件看起来是件很简单的事情,其实不然。由于众多计算机厂商研制出的文件系统多达数百种,且差异很大,在文件传送中经常会遇到如数据存储格式不同、文件目录结构和文件命名规定不同、访问控制方法不同等问题。

FTP采用可靠的TCP传输机制,提供文件传送的一些基本服务,能够减少或消除在不同操作系统下文件的不兼容问题。

9.2.2 FTP的基本工作原理

FTP使用客户端服务器的工作模式。一个FTP服务器进程可同时为多个客户进程提供服务。FTP服务器进程由两大部分组成:一个主进程,负责接受新的请求;另外有若干个从属进程,负责处理单个请求。FTP客户与服务器的TCP连接如图9.4所示。FTP与其他采用客户端服务器模式的应用程序不同的地方是FTP需要使用两条连接:一条是用于传送控制信息的控制连接(使用熟知端口号21),另一条是用于数据传送的数据连接(使用熟知端口号20)。

这样,可以将传送命令与数据分开,有利于提高 FTP 的效率。

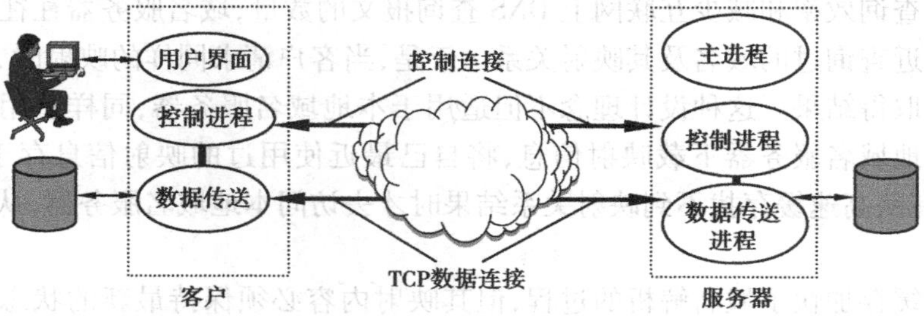

图 9.4　FTP 客户与服务器的连接

FTP 创建连接的步骤如下:

①服务器主进程打开熟知端口号 21,等待来自客户进程的请求。

②客户进程使用临时端口号,发起连接请求。

③服务器主进程收到客户请求后,启动从属进程来处理客户进程的请求。

④服务器主进程重新回到等待状态,继续接收其他客户进程发来的请求。

在上述步骤中,服务器的从属进程负责与客户的数据传送。从属进程中的“控制进程”在接收到 FTP 客户发来的文件传输请求后,便在客户端与服务器端的“数据传送进程”之间建立起“数据传送连接”。“数据传送进程”在完成文件传送后,关闭“数据传送连接”并结束运行。从属进程处理完客户进程的请求后,一个客户请求便处理完毕。从属进程在运行期间可根据需要创建其他子进程。

需要指出的是,上述主进程与从属进程的处理过程是并行的。

在整个 FTP 的交互会话中,控制连接始终处于连接状态,而数据连接只是在每一次文件传送时才被打开和关闭。

如上所述,FTP 使用控制连接在客户进程和服务器进程之间进行通信,通信是通过命令和响应来完成的。在通信时,命令从客户传送到服务器,而响应则从服务器回送给客户。FTP 客户进程发送的命令形式是 ASCII 码大写字符,后接可选变量。命令大致可分为六类:接入命令、文件管理命令、数据格式化命令、端口定义命令、文件传送命令和杂项命令。对于客户发送的命令,服务器至少回送一个响应。响应由两部分组成:一个三位数的伪码和文本,文本定义了所需的参数和解释。客户必须定义要传送的文件类型、数据结构和传输方式。每条命令和响应都是一个短行,最后用回车换行符作为行的结束。

通常,使用 FTP 的客户需要在远程服务器上设有账号和口令,作为安全验证的主要手段。如果远程主机上的某些文件允许公共访问,可以使用匿名的身份登录,通常用户账号是“anonymous”,口令是“guest”或用户的电子邮箱地址等。

9.2.3　简单文件传送协议 TFTP

简单文件传送协议 TFTP 是一个很小且易于实现的文件传送协议。TFTP 利用 UDP 数据报,采用客户/服务器方式进行通信。它需要有自己的差错控制措施,只支持文件传输而不支持交互,没有庞大的命令集,没有列目录的功能,也不能对用户进行身份鉴别。

TFTP 的主要优点有两个:第一,TFTP 可用于 UDP 环境。例如,当需要将程序或文件同时向许多机器下载时,往往需要使用 TFTP。第二,TFTP 代码所占的内存较小。这个特性对于一些较小的计算机或某些特殊用途的设备显得尤为重要。这些设备不需要硬盘,只需要固化TFTP、IP和UDP的小容量只读存储器即可。当接通电源后,设备执行只读存储器中的代码,在互联网上广播一个TFTP请求,网络上的TFTP服务器就发送响应。设备收到此文件后就将其放入内存,然后开始运行程序。这种方式增加了灵活性,也减少了开销。

TFTP的基本工作过程如下:

①由TFTP客户进程发送读请求或写请求报文给服务器进程,其熟知端口号为69。服务器进程选择一个新的端口与客户进程进行通信。

②当文件传送完毕,如果最后一个文件块刚好为512字节,则还需发送一个无数据的数据报文作为文件结束的标志;如果最后一个文件块小于512字节,则这个数据报文本身正好作为文件结束的标志。

TFTP采用停等应答和序号确认机制来进行流量控制,但它的差错控制机制采用的是对称的超时机制,即在发送端和接收端都设置计时器。当发生数据报文丢失时,发送端计时器因超时将使发送端进行重传操作;当确认报文丢失时,接收端计时器也因超时要求接收端进行重传操作,这样就保证了数据报文传输的平滑性。

在安全问题不太大的场合,TFTP用于基本的文件传送是非常有用的,如初始化一些设备(如网桥或路由器)。它的主要应用是与BOOTP或DHCP结合在一起使用。但TFTP没有安全性措施,未设置用户标识和口令,仅限于非关键文件的访问。另外,也可在靠近服务器的路由器上采取安全措施,仅允许某些用户访问该服务器。

9.3 远程终端协议TELNET

9.3.1 概述

TELNET是进行远程登录的标准协议和主要方式,为用户提供在本地计算机上完成远程主机工作的能力,通过它可以访问所有的数据库、联机游戏、对话服务及电子公告牌,如同与被访问的计算机在同一房间中工作一样,但只能进行字符类操作和会话。在远程计算机上登录,必须事先成为该计算机系统的合法用户并拥有相应的账号和口令。登录时要给出远程计算机的域名或IP地址,并按照系统提示输入用户名和口令。登录成功后,用户便可以实时使用该系统对外开放的功能和资源。

9.3.2 TELNET工作原理

远程登录服务的工作原理如下:当用TELNET登录进入远程计算机系统时,事实上启动了两个程序:一个称为TELNET客户程序,它运行在本地计算机上;另一个称为TELNET服务器程序,它运行在要登录的远程计算机上。本地计算机上的客户程序要完成建立与服务器的TCP连接,从键盘上接收输入的字符串并将输入的字符串变成标准格式送给远程服务器,然后从远程服务器接收输出的信息并将该信息显示在客户的屏幕上。远程计算机的“服务”程序在接到请求后立即通知用户计算机远程计算机已经准备好了,同时等候用户输入命令。当远程计算机接收到用户命令后对用户命令作出反应,并将执行命令的结果送回给用户计算机。

TELNET 能够适应不同计算机和操作系统的差异。例如,一些操作系统需要每行文本用 ASCII 回车控制符结束,另一些系统则需要使用 ASCII 换行符,还有的系统需要用两个字符的回车-换行符。如果不考虑系统间的异构性,在本地发出的字符或命令传送到远端并被远端系统解析后,很可能会不准确甚至出现错误。因此,TELNET 定义了数据和命令在互联网上的传输方式,即网络虚拟终端 NVT(Network Virtual Terminal),如图 9.5 所示。NVT 的格式定义很简单,所有的通信都使用 8 位即 1 个字节。在运转时,NVT 使用 7 位 ASCII 码传送数据,而当高位置"1"时用做控制命令。ASCII 共有 95 个可打印字符和 33 个控制字符。所有可打印字符在 NVT 中的意义和在 ASCII 中一样,但 NVT 只使用了 ASCII 码控制字符中的几个。此外,NVT 还定义了两字符的回车-换行符为标准的行结束控制符。

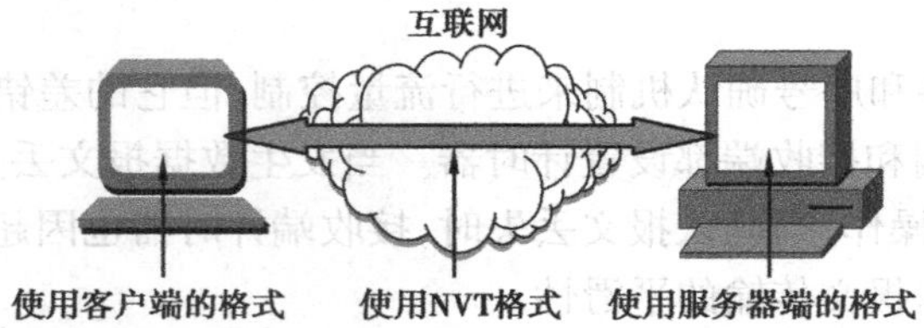

图 9.5　TELNET 使用网络虚拟终端 NVT 格式

TELNET 的选项协商使 TELNET 客户和 TELNET 服务器可商定使用更多的终端功能,协商的双方是平等的,这种方式提高了 TELNET 对操作系统异构性的适应能力。

9.4　万维网

9.4.1　概述

万维网也称为 Web 服务,是目前互联网上最方便和最受欢迎的信息服务形式。目前万维网已经进入广告、新闻、销售、电子商务等诸多领域。

Web 服务采用客户/服务器的工作模式,客户即浏览器,服务器即 Web 服务器,它以超文本标记语言 HTML 和超文本传输协议 HTTP 为基础,为用户提供界面一致的信息浏览系统。信息资源以页面的形式存储在 Web 服务器上,这些页面采用超文本方式对信息进行组织,页面之间通过超链接连接起来。这些通过超链接连接的页面信息既可以放置在一台主机上,也可以放置在不同的主机上。超链接采用统一资源定位符 URL 的形式确定位置。万维网使用户在客户机通过浏览器向 Web 服务器发出请求,Web 服务器根据客户机的请求内容将保存在服务器中的某个页面发回给客户机,浏览器收到页面后对其进行解释,最终将图、文、声综合的画面呈现给用户。

9.4.2　统一资源定位符 URL

统一资源定位符 URL 是对可以从互联网上得到的资源的位置和访问方法的一种简洁的表示。URL 给资源的位置提供一种抽象的识别方法,并用这种方法给资源定位。只要能够对资源定位,系统就可以对资源进行各种操作,如存取、更新、替换和查找其属性。

URL相当于一个文件名在网络范围的扩展。因此,URL实质上是与互联网相连的机器上的任何可访问对象的一个指针。

URL的一般形式为:

<协议>://<主机>:<端口>/<路径>

其中:

①<协议>用来指明资源类型,除了WWW用的HTTP协议外,还可以是FTP、News等;

②<主机>表示存放资源的主机名字,是必需的,可以是域名方式,也可以是IP地址方式;

③<端口>和<路径>有时可以省略;

④<路径>用以指明资源在所在机器上的位置,包括路径和文件名,也可以不含有路径。

在输入URL时,资源类型和服务器地址对大写或小写没有要求,但目录和文件名则可能区分大小写。

9.4.3 超文本传送协议HTTP

超文本传输协议HTTP是万维网的核心,是浏览器与服务器之间的通信协议。每个万维网站点都有一个服务器进程,它不断地监听TCP的80端口,以便发现是否有浏览器向它发出连接请求。一旦监听到建立连接的请求并建立TCP连接后,浏览器就向万维网服务器发出浏览某个页面的请求,服务器接着就返回所请求的页面作为响应。最后,TCP连接就被释放了。在浏览器和服务器之间的请求和响应的交互中,必须遵循的规则和格式就是超文本传输协议HTTP。

从协议功能角度看,HTTP和TELNET、FTP等应用程序一样均采用客户/服务器方式工作。因为HTTP只使用一条TCP连接,即数据连接,没有控制连接,所以比FTP简单。

HTTP报文由HTTP客户和HTTP服务器读取和解释,采用立即交付的方式进行通信。客户发给服务器的命令嵌入在请求报文中,而服务器回送的内容或其他信息则嵌入在响应报文中。

(1)HTTP的操作过程

用户可采用两种方法浏览页面:一种是在浏览器的地址窗口中输入所要寻找页面的URL,另一种是在某个页面上用鼠标单击可链接的地方。这时,浏览器就会自动地在互联网上寻找到所要链接的页面。

当客户发起访问万维网的请求,万维网的基本工作过程如下:

①客户浏览器根据用户输入的URL或者鼠标单击的"超链"标志,向DNS查询对应网站的IP地址。

②浏览器根据DNS返回的IP地址,与服务器的熟知端口80建立TCP连接。

③浏览器向服务器提交一个HTTP请求,内含取文件命令:Get/show/index.html。

④基于该请求的内容,服务器找到相应的文件,并根据文件的扩展名,形成一个HTTP回答报文回送给浏览器,服务器释放本次TCP连接。

⑤根据HTTP回答报文首部,浏览器按某种方式显示该文件内容。如果该文件中有超链接,浏览器将随时发出新的请求以获取相关内容。

其中步骤②~步骤④是HTTP的一次操作,也称为HTTP的一次事务。在一次事务操作过程中,HTTP 首先要经历三次握手,与服务器建立 TCP 连接。而万维网客户的 HTTP 请求报文作为三次握手的第三个报文发送给万维网服务器。服务器收到这个请求后,将所有请求的文档作为响应回送给客户。这是一种花费在 TCP 连接上的系统开销。

另外,万维网客户和服务器需要为每一次 TCP 连接分配缓存和变量,这也是一种系统开销。当服务器为多个客户提供服务时,为每一次 TCP 连接分配缓存和变量的方式会造成服务器的负担过重。为了解决这个问题,HTTP1.1 使用了持续连接的概念。所谓持续连接,是指万维网服务器在发送响应后仍在一段时间内保持这条连接,以使同一客户与该服务器可以继续在这条连接上传送后续的 HTTP 请求报文和响应报文。只要这些文档来自同一服务器,就不局限于传送同一个页面上链接的文档。HTTP1.1 将持续连接作为默认连接。目前一些浏览器(例如,IE 6.0)的默认设置就是使用 HTTP1.1。

持续连接有两种工作方式:非流水线和流水线。非流水线方式是指客户在收到前一个响应报文才能发出下一个请求,这比非持续连接的两倍 RTT 的开销节省了建立 TCP 连接所需的一个 RTT 时间。但服务器在发送完一个对象后,其 TCP 连接就处于空闲状态,浪费了服务器资源。流水线方式是指客户在收到 HTTP 响应报文之前就能够接着发送新的请求报文。一个接一个的请求报文到达服务器后,服务器就可连续发回响应报文。使用流水线方式时,客户访问所有的对象只需花费一个 RTT 时间,使 TCP 连接中的空闲时间减少,提高了下载文档效率。

(2)HTTP 的报文格式

HTTP 有以下两类报文:请求报文(从客户向服务器发送请求报文)、响应报文(从服务器到客户的回答)。由于 HTTP 是面向文本的,在报文中的每一个字段都是 ASCII 码串,因而每个字段的长度都是不确定的。

HTTP 请求报文和响应报文都是由三个部分组成,即开始行、首部行和实体主体。HTTP 报文格式如图 9.6 所示。

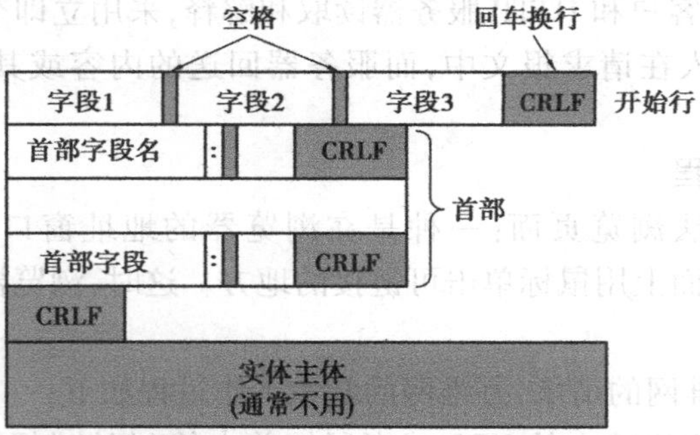

图 9.6　HTTP 的报文格式

开始行用于区分是请求报文还是响应报文。在开始行的三个字段之间都可以用空格分隔开,最后的"CR"和"LF"分别代表"回车"和"换行"。首部行用来说明浏览器、服务器或报文主体的一些信息,可以有几行,也可以不使用。实体主体字段在请求报文中一般不用,在响应报文中也可能没有。请求报文和响应报文的开始行是不同的。

在请求报文中,开始行就是请求行。它由三个内容组成,即方法、请求资源的 URL 以及 HTTP 的版本。"方法"实质上就是一些命令,决定着请求报文的类型。表 9.1 给出了请求报文中常用的几种方法。

表 9.1 请求报文中常见的方法

方法(操作)	意 义
OPTION	请求一些选项的信息
GET	请求读取由 URL 所标志的信息
HEAD	请求读取由 URL 所标志的信息的首部
POST	给服务器添加信息(例如,注释)
PUT	在指明的 URL 下存储一个文档
DELETE	删除指明的 URL 所标志的资源
CONNECT	用于代理服务器

而在响应报文中,开始行是状态行。状态行包括三项内容,即 HTTP 的版本、状态码以及解释状态码的简单短语。状态码都是三位数字,分为五大类共 33 种,例如:

①1xx 表示通知信息,如请求收到了或正在进行处理。

②2xx 表示成功,如接受或知道了。

③3xx 表示重定向,如要完成请求还必须采取进一步的行动。

④4xx 表示客户的差错,如请求中有错误的语法或不能完成。

⑤5xx 表示服务器的差错,如服务器失效无法完成请求。

下面三种状态行在响应报文中是经常见到的:

HTTP/1.1 202 Accepted {接受}

HTTP/1.1 400 Bad Request {错误的请求}

HTTP/1.1 404 Not Found {找不到}

若请求的网页从一个页面转移到了一个新的地址,则响应报文的状态行和一个首部行就是下面的形式:

HTTP/1.1 301 Moved Permanently {永久性地转义了}

Location:http://www.cqu.edu.cn/ttt/index.html {新的 URL}

(3)代理服务器

代理服务器又称为万维网高速缓存。它将最近一些请求和响应的副本保存下来。在有代理服务器的情况下,HTTP 客户把请求发送给代理服务器,代理服务器检查它的高速缓存。如果代理服务器发现这个请求与暂存在高速缓存中的请求相同则返回响应,而不需要按 URL 的地址再去互联网上访问该资源。如果没有所需的响应,代理服务器就把请求发送给相应的服务器,最终代理服务器获得所需的响应,将它存储在高速缓存中备用,再将响应结果返回给发出这次请求的客户。

代理服务器减少了目标服务器的负担,减少了互联网的通信量,也减少了访问互联网所带来的时延。但是,由于使用了代理服务器,客户必须进行合理的配置才能正确使用。

(4)万维网站点识别用户的功能

HTTP 具有无状态的特点,即服务器不会记住曾经为客户服务的次数。这种无状态特性虽然简化了服务器的设计,但是实际使用中却希望万维网站点具有识别用户的功能。例如,如果用户在万维网站点中已经注册了,则希望下次再访问该站点时站点能够自动识别。为了做到这点,HTTP 使用 Cookie 来传递 HTTP 服务器与客户之间的状态信息。

Cookie 是指某些站点为了识别用户身份而存储在客户终端上的数据(通常经过加密)。使用、创建和存储 Cookie 与具体实现有关,但原理是相同的。其基本过程如下:

①当服务器收到来自客户的请求后,就将有关客户信息存储在一个文件或字符串当中。客户信息包括域名、用户名、注册号、时间戳等。

②服务器在回答的响应报文中包含 Cookie 内容。

③当客户收到响应时,浏览器就将 Cookie 内容存储到按域名服务器的名字来分类的 Cookie 目录中。

于是,当一个客户向服务器发送请求时,客户的浏览器就查找 Cookie 目录中是否有那个服务器发送的 Cookie。如果有,就将这个 Cookie 包含在请求当中。当服务器收到这个请求后,就知道这是一个老客户,否则,就认为是新客户。

在操作过程中,Cookie 的内容并没有被客户所知晓,也不暴露给客户。

这样,万维网上使用 Cookie 的站点便能够识别用户。服务器可以在客户首次注册时,向该客户发送一个 Cookie,从而达到识别用户的功能。利用 Cookie 识别用户的功能,也适合于在电子商店购物中购物车的实现。

9.4.4 超文本标记语言 HTML

超文本标记语言 HTML 是 ISO 标准通用标识语言(Standard Generalized Markup Language, SGML)在万维网上的应用。标识语言即格式化的语言。存在于 Web 服务上的页,就是由 HTML描述的。它使用一些约定的标记对万维网上的各种信息、格式以及超链接进行描述。当用户浏览服务器上的信息时,浏览器会自动解释这些标记的含义,并将其显示为用户在屏幕上看到的网页。

一个 HTML 文本包含文件头、文件主体两部分。其结构如下所示:

```
<HTML>
  <HEAD>
  </HEAD>
  <BODY>
  …
  </BODY>
</HTML>
```

其中:

① <HTML>表示页的开始,</HTML>表示页的结束,是成对使用的。

② <HEAD>表示头的开始,</HEAD>表示头的结束。

③ <BODY>表示主体的开始,</BODY>表示主体的结束,只有它们之间的内容才会在浏览器的正文中显示出来。

HTML 的标识可以有很多,有兴趣的读者可以查看有关网页制作方面的书籍。

9.5　电子邮件

众所周知,实时通信的电话有两个主要的缺点。第一,电话通信的主叫和被叫必须同时在线;第二,一些不是十分紧迫的电话也常常打断人们的工作和休息。

电子邮件是互联网上使用得最多和最受用户欢迎的一种应用。电子邮件系统将邮件发送到收件人使用的ISP邮件服务器,并放在收件人的邮箱中,收件人可随时上网到ISP的邮件服务器进行读取。这相当于互联网为用户设立了存放邮件的信箱,因此电子邮件有时也称为"电子信箱"。

1982年ARPANet的电子邮箱问世后,很快就成为最受广大网民欢迎的互联网应用。目前,电子邮件的两个重要的标准是RFC 2821和RFC 2822。

9.5.1　简单邮件传输协议SMTP

SMTP协议主要对如何将电子邮件从发送方传送到接收方的规则作了规定。SMTP的通信模型并不复杂,主要集中在发送SMTP和接收SMTP上:首先针对用户发出的邮件请求,建立发送SMTP到接收SMTP的双工通信链路,接收方是相对于发送方而言的,实际上它既可以是最终的接收者也可以是中间传送者。发送方负责向接收方发送SMTP命令,接收方负责接收并反馈应答。使用SMTP协议的电子邮件系统的通信模型如图9.7所示。

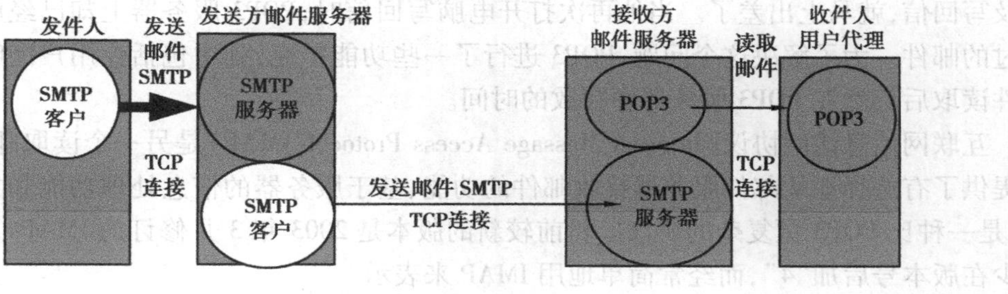

图9.7　电子邮件系统通信模型

电子邮件的数据传输过程可描述如下:

①发件人首先通过用户代理使用SMTP协议将邮件发送给发送方邮件服务器,用户代理充当SMTP客户,而发送方邮件服务器充当SMTP服务器。

用户代理就是用户与电子邮件系统的接口,大多数情况下它是运行在用户电脑的一个程序,因此也称为电子邮件客户端软件。用户代理通常具有与电子邮件相关的撰写、显示、处理和通信四个基本功能。

②SMTP服务器收到邮件后,就将邮件临时存放在邮件缓存队列中,等待发送到接收方的邮件服务器。

③发送方邮件服务器的SMTP客户与接收方邮件服务器的SMTP服务器建立TCP连接,然后就将邮件缓存队列中的邮件依次发送出去。如果SMTP客户还有一些邮件要发送到同一个邮件服务器,可以在原来已建立的TCP连接上重复发送。如果SMTP客户无法和SMTP服务器建立TCP连接,要发送的邮件就会继续保存在发送方的邮件服务器中,并在稍后一段时

间再进行尝试。如果 SMTP 客户超过了规定的时间还不能将邮件发送出去,发送邮件服务器就将这种情况通知给用户代理。

④运行在接收方邮件服务器中的 SMTP 服务器进程收到邮件后,将邮件放入收件人的用户邮箱,等待收件人进行读取。

⑤收件人在打算收信时,就运行计算机中的用户代理,使用协议(POP3 或 IMAP)读取发送给自己的邮件。

9.5.2 邮件读取协议 POP3 和 IMAP

邮局协议(Post Office Protocol,POP)是适用于 C/S 结构的脱机模型电子邮件协议。在电子邮件系统的通信模型中,POP 协议用于接收方的邮件服务器与接收方用户代理之间的通信,是一个简单、功能有限的邮件读取协议。目前 POP 已经发展到第三个版本,即 POP3。

在接收邮件的用户计算机中用户代理必须运行 POP3 客户程序,在接收端的邮件服务器中运行 POP3 服务器程序。POP3 服务器只有在用户输入鉴别信息(用户名和口令)后,才允许对邮箱进行读取。

POP3 服务器通过侦听 TCP 端口 110 开始 POP3 服务。当客户主机需要使用服务时,它将与服务器主机建立 TCP 连接。当连接建立后,POP3 服务器发送确认消息。客户和 POP3 服务器相互交换命令和响应,这一过程一直要持续到连接终止。

POP3 的一个特点是,只要用户从 POP3 服务器读取了邮件,POP3 服务器就将该邮件删除,这在某些情况下就不够方便。例如,用户在办公室的台式计算机上接收了一个邮件,还来不及写回信,就马上出差了。当他再次打开电脑写回信时,POP3 服务器上却已经删除了原来看过的邮件。为了解决这个问题,POP3 进行了一些功能扩充,其中包括让用户能够事先设置邮件读取后仍然在 POP3 服务器中存放的时间。

互联网消息访问协议(Internet Message Access Protocol,IMAP)是另一个读取邮件的协议。它提供了有选择地从邮件服务器接收邮件的功能、基于服务器的信息处理功能和共享信箱功能,是一种比 POP3 更复杂的协议。目前较新的版本是 2003 年 3 月修订的 IMAP4,不过,大家很少在版本号后加“4”,而经常简单地用 IMAP 来表示。

IMAP 的监听端口为 143。在使用 IMAP 时,在用户的计算机上运行 IMAP 客户程序,然后与接收方的邮件服务器上的 IMAP 服务器程序建立 TCP 连接。用户在自己计算机上就可以访问和操纵邮件服务器的信息。在用户端可对服务器上的邮箱建立任意层次结构的文件夹,并可灵活地在文件夹间移动邮件,设置阅读和回复标记,删除无用的邮件等。因此,IMAP 是一个联机协议。

同时,IMAP 还提供摘要浏览功能,让用户阅读所有邮件的到达时间、主题、发件人、大小等信息。IMAP 还可以使用户享受选择性下载服务,使其作出是否下载、全部下载或部分下载的决定,避免占用宝贵的空间和资源。

9.5.3 多用途互联网邮件扩展协议 MIME

电子邮件协议 SMTP 具有以下缺点:

①SMTP 不能传送可执行文件或其他二进制对象,它仅以 ASCII 文本传递信息。

②SMTP 局限于传送 7 位 ASCII 码,因而许多非英语国家的文字无法传送。因为有些

SMTP 对于特殊符号(如回车、换行、Tab 键等)并未统一处理。

③SMTP 服务器会拒绝超过一定长度的邮件。

在这种情况下提出了多用途互联网邮件扩展(Multipurpose Internet Mail Extensions, MIME)。MIME 协议并没有改动或取代 SMTP,而是对传输内容的消息、附件及其他的内容定义了格式,解决了传输多种类型信息的难题,强化压缩及加密能力,规定了通过 SMTP 协议传输非文本电子邮件附件的标准。

MIME 的格式灵活,允许邮件以任意类型的文件或文档形式存在。MIME 的邮箱可以包括图像、声音、视频及多媒体信息,可传输 ASCII 以外的字符集,允许非英语语种的信息传递。

目前,MIME 的用途已经超越了收发电子邮件的范围,成为在互联网上传输多种媒体信息的基本协议之一。

9.6　动态主机配置协议 DHCP

为了将协议软件做成通用的且便于移植,软件编写者将软件的细节信息进行参数化,以便能够使多台计算机使用同一个经过编译的二进制代码,而计算机与计算机间的区别通过不同的参数来体现。

在协议软件中给这些参数赋值的动作称为协议配置。一个协议软件在使用前必须已经正确配置。具体的协议配置信息有哪些则取决于协议栈。例如,连接到互联网上的计算机协议软件的配置信息应该包括:

①IP 地址;

②子网掩码;

③默认路由器 IP 地址;

④域名服务器的 IP 地址。

有些计算机可能经常改变在网络中的位置,用人工进行协议配置既不方便又容易出错,因此,需要采用自动协议配置的方法。

9.6.1　DHCP 概述

动态主机配置协议(Dynamic Host Configuration Protocol, DHCP)提供了一种机制,允许一台计算机加入新的网络时不需要人工参与便能够自动获取 IP 地址等参数信息。因此,在设置一个主机的 IP 地址时,可以采用静态指定或动态获取这两种方式。相应地,互联网的 IP 地址分配机制也主要有两种:静态地址分配和动态地址分配。IP 地址的分配可以人工进行或自动进行。

DHCP 协议就是一种使用客户/服务器模式为网络中的主机动态分配 IP 地址的机制。DHCP 服务器对所有的网络配置数据进行统一的集中管理,并负责处理客户机的请求。当一个 DHCP 客户机请求临时 IP 地址时,DHCP 服务器就从数据库查找可用的 IP 地址,从中指派有一定使用期限的有效 IP 地址。DHCP 服务器为客户机配置的 IP 地址是临时的,它有一个租用期,租用期设置既可以由 DHCP 客户机提出,也可由 DHCP 服务器设定。租用期的数据格式由具体协议来规定。

由于每个网络不可能都设有 DHCP 服务器,因此可通过设置 DHCP 中继代理来解决这个问题。DHCP 中继代理配置了 DHCP 服务器的 IP 地址,当它收到客户机发送来的发现报文后,就以单播方式向 DHCP 服务器转发此报文,待 DHCP 中继代理收到 DHCP 服务器回答的提供报文后,再将此提供报文转发给客户机。如图 9.8 所示为以 DHCP 中继代理实现网络配置信息的传递过程。在通信过程中,DHCP 报文只是 UDP 用户数据报中的数据。

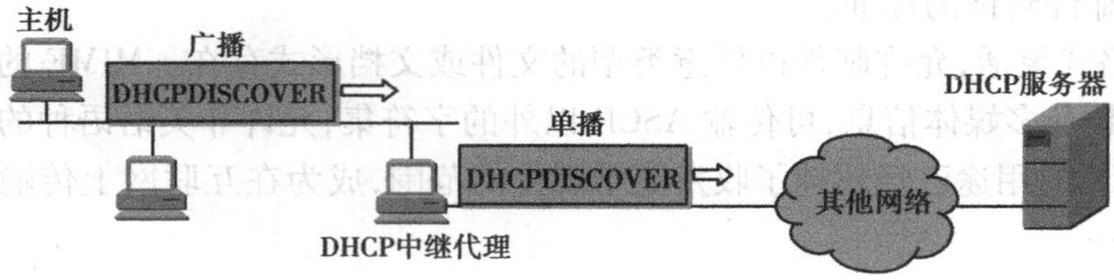

图 9.8　DHCP 中继代理实现消息传递

9.6.2　DHCP 协议的工作过程

DHCP 协议的详细工作过程如图 9.9 所示。它基于 UDP 协议完成通信过程,服务器使用的 UDP 端口是 67,客户端使用的 UDP 端口是 68。

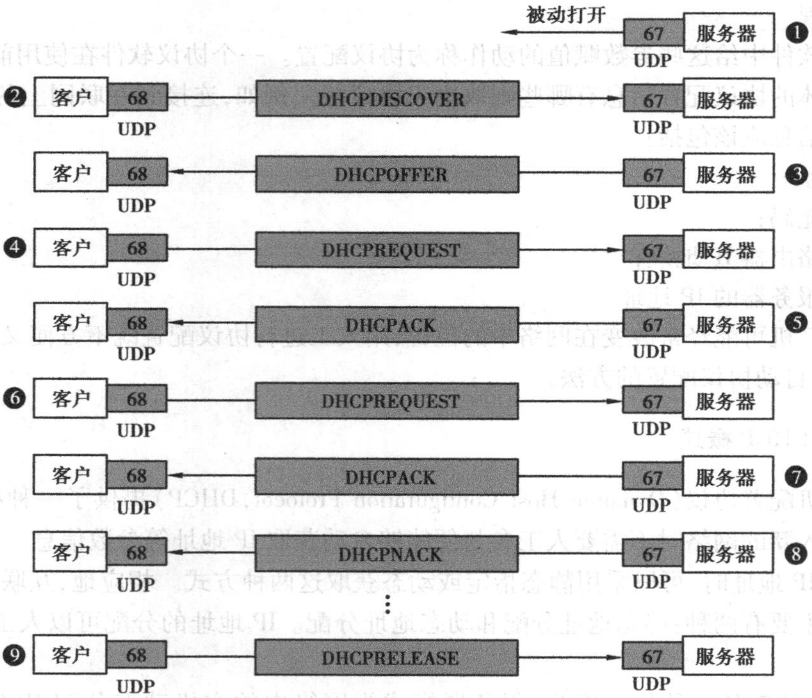

图 9.9　DHCP 协议工作过程

客户机获取 IP 地址的过程描述如下:

①DHCP 服务器被动打开 UDP 端口 67,等待客户端发来报文。

②DHCP 客户端从 UDP 端口 68 发送 DHCP 发现报文。

③凡收到 DHCP 发现报文的 DHCP 服务器都发出 DHCP 提供报文,因此,DHCP 客户端可

能收到多个 DHCP 提供报文。

④DHCP 客户端从几个 DHCP 服务器中选择其中一个,并向所选择的 DHCP 服务器发送 DHCP 请求报文。

⑤被选择的 DHCP 服务器发送确认报文 DHCPACK。从这时起,DHCP 客户端就可以使用这个 IP 地址了。这种状态称为已绑定状态,因为在 DHCP 客户端的 IP 地址和硬件地址已经完成绑定,并且可以开始使用得到的临时 IP 地址了。

此时,DHCP 客户端需要根据服务器提供的租用期 T 设置两个计时器 T1 和 T2,它们的超时时间分别是 0.5T 和 0.875T,当超时时间到了就要请求更新租用期。

⑥租用期过了一半,DHCP 发送请求报文 DHCPREQUEST 要求更新租用期。

⑦DHCP 服务器若同意,则发回确认报文 DHCPACK。DHCP 客户端得到了新的租用期,重新设置计时器。

⑧DHCP 服务器若不同意,则发回否认确认报文 DHCPNACK。这时 DHCP 客户端必须立即停止使用原来的 IP 地址,而必须重新申请 IP 地址(回到步骤②)。

若 DHCP 服务器不响应步骤⑥的请求报文 DHCPREQUEST,则在租用期过了 87.5% 时,DHCP 客户端必须重新发送请求报文 DHCPREQUEST(重复步骤⑥),再继续后面的步骤。

⑨DHCP 客户端可以随时提前终止服务器所提供的租用期,这时只需向 DHCP 服务器发送释放报文 DHCPRELEASE 即可。

DHCP 很适合为经常需要移动位置的计算机设置 IP 地址等参数信息。当计算机使用 Windows 操作系统时,可通过设置“控制面板”中“TCP/IP”项的“属性”,将此计算机作为 DHCP 协议的客户端获取 IP 地址等参数信息。在“属性”下面有两种方法可供选择:一种是“自动获得一个 IP 地址”,另一种是“指定 IP 地址”。若选择前一种,则表示使用 DHCP 协议。

【例 9.2】 阅读以下关于动态主机配置协议(DHCP),完成填空。

(1)DHCP 的工作过程如下:

1)IP 租用请求。DHCP 客户机启动后发出一个 DHCPDISCOVER 源地址为消息,其封包的源地址为__(1)__,目标地址为__(2)__。

2)IP 租用提供。当 DHCP 服务器收到 DHCPDISCOVER 数据包后,通过端口 67 给客户机回应一个 DHCPOFFER 信息,其中包含有一个还没有被分配的有效 IP 地址。

3)IP 租用选择。客户机可能从不止一台 DHCP 服务器收到 DHCPOFFER 信息。客户机选择__(3)__到达的 DHCPOFFER,并发送 DHCPREQUEST 消息包。

4)IP 租用确认。DHCP 服务器向客户机发送一个确认(DHCPACK)信息,信息中包括 IP 地址、子网掩码、默认网关、DNS 服务器地址,以及 IP 地址的__(4)__。

(2)在路由器上设置 DHCP__(5)__可以跨网段提供 DHCP 服务。

【解析】 在小型网络中,IP 地址的分配一般都采用静态方式,需要在每台计算机上手工配置网络参数,诸如 IP 地址、子网掩码、默认网关、DNS 等。在大型网络中,采用 DHCP 完成基本网络配置会更有效率。根据 DHCP 工作过程,发送 DHCPDISCOVER 数据包时,因为 DHCP 客户机还不知道自己属于哪一个网络,所以数据包的源地址为 0.0.0.0,而目的地址则为 255.255.255.255。

【答案】 (1)0.0.0.0 (2)255.255.255.255 (3)第一个或最先

(4)租约或租用期 (5)中继代理

9.7 应用进程间的通信

应用层协议为用户使用互联网资源提供了极大的方便。但是,如果有一些特殊的应用需要互联网的支持,又没有标准化的应用层协议,那么该如何做呢?下面主要讨论这个问题。

9.7.1 系统调用

通常,操作系统内核中都设有一组用于实现各种系统功能的子程序,调用这些子程序的操作称为系统调用。用户可以在自己的应用程序中通过系统调用命令调用它们。因此,系统调用是应用程序与操作系统之间交换控制权的一种机制。系统调用与普通的函数调用非常相似,区别仅在于系统调用由操作系统核心提供、运行于核心态,而普通函数调用则运行于用户态。有些操作系统核心还提供了函数库,这些库对系统调用进行了一些包装和扩展,习惯上将这些函数调用也称为系统调用。

实际上,许多习以为常的标准函数在操作系统平台上的实现都是靠系统调用来完成的。如果想深入地了解系统底层的原理,掌握各种系统调用便是初步的要求。另外,在平常的编程中,系统调用是实现编程算法简洁而有效的途径,尽可能多地掌握系统调用对编写程序有很大的帮助。

9.7.2 应用编程接口

一般情况下,进程是不能访问操作系统内核的。它既不能访问内核所占内存空间,也不能调用内核函数。这由 CPU 硬件决定,称为“保护模式”。但系统调用可以做到这一点。当某个应用进程启动系统调用时,控制权就通过系统调用接口由应用进程传递给操作系统,待操作系统执行完所请求的操作后,又将控制权通过系统调用接口返回给应用进程。因此,系统调用接口是应用进程与操作系统之间交接控制权的地方。由于应用程序在使用系统调用之前需先设置系统调用必需的参数,因此这种系统调用接口又称为应用编程接口 API(Application Programming Interface)。

由于 TCP/IP 并未规定与 TCP/IP 协议软件接口的细节,而是允许系统设计者选用合适的 API。目前已有几种可供应用程序使用 TCP/IP 的应用编程接口。其中最著名的是美国加州大学伯克利分校为 Berkeley UNIX 操作系统定义的 API,称为套接字接口;微软公司的套接字接口 API,称为 Windows Socket;以及 AT&T 为其 UNIX 系统 V 定义的 API,称为 TLI(Transport Layer Interface)。

当计算机网络中计算机上的应用进程需要通过网络使用进行通信时,必须先发出 Socket 系统调用,请求操作系统为其创建一个套接字。操作系统会将网络通信所需要的一些系统资源(如 CPU 时间、存储空间、网络带宽等)分配给该应用进程。操作系统用套接字描述符(一个整数)来表示这些网络资源。以后,应用进程所进行的网络操作都使用这个套接字描述符。在处理系统调用时,通过套接字描述符,操作系统就可以识别出应使用哪些资源来为该应用进程服务。通信完毕后,应用进程通过一个关闭套接字的 close 系统调用通知操作系统回收与该套接字描述符相关的所有资源。由此可见,套接字是应用进程为了获得网络通信服务而与操作系统进行交互时使用的一种机制。

9.7.3　几种常见的系统调用

下面以使用 TCP 服务为例介绍几种常用的系统调用,供读者参考。

(1)连接建立阶段

当套接字被创建后,它的端口号和 IP 地址都是空的,因此,应用进程要调用 bind 来指明套接字的本地地址。在服务器端调用 bind 时就是将熟知端口号和本地 IP 地址填写到已创建的套接字中。在客户端也可以不调用 bind 而由操作系统内核自动分配一个动态端口号。

服务器在调用 bind 后,还必须调用 listen 将套接字设置为被动方式,以便随时接受客户的服务请求。

服务器紧接着就调用 accept,以便将远程客户进程发来的连接请求提取出来。实际上,由于一个服务器必须能够同时处理多个连接,在调用 accept 时需要完成很多动作,以便实现这种并发方式,这里从略。

当使用 TCP 协议的客户已经调用 socket 创建了套接字后,客户进程就调用 connect,以便和远地服务器建立连接。在 connect 系统调用中,客户必须指明远程端点。

(2)数据传送阶段

客户和服务器都在 TCP 连接上使用 send 系统调用传送数据,使用 recv 系统调用接收数据。通常客户使用 send 发送请求,而服务器使用 send 发送应答。服务器使用 recv 接收客户用 send 调用发送的请求。客户在发完请求后用 recv 接收应答。

调用 send 需要三个变量:数据要发送的套接字的描述符、要发送的数据的地址和数据的长度。通常,send 调用将数据复制到操作系统内核的缓存中,若系统的缓存已满,send 就暂时阻塞,直到缓存有空间存放新的数据。

调用 recv 也需要三个变量:要使用的套接字的描述符、缓存的地址和缓存空间的长度。

(3)连接释放阶段

一旦客户或服务器结束使用套接字,就将套接字撤销。这时,就调用 close 释放连接和撤销套接字。

图 9.10 给出了系统调用的使用顺序。有些系统调用在一个 TCP 连接中可能会循环使用。

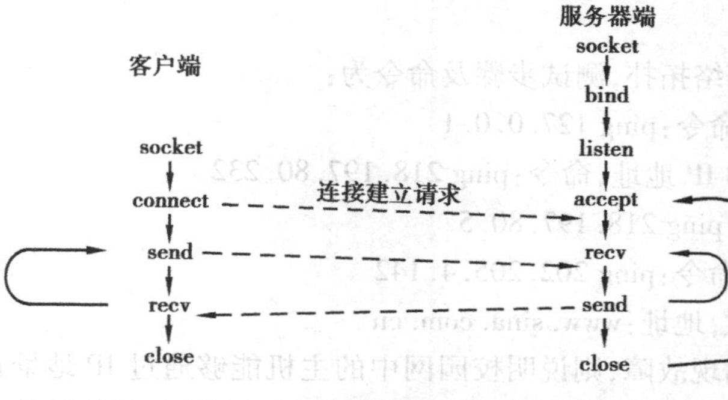

图 9.10　TCP 连接释放阶段的系统调用顺序

由于 UDP 服务器只提供无连接的服务,因此不使用 listen 和 accept 系统调用。

9.8 工程应用案例分析

【案例描述】

某校园网通过局域网连接访问互联网,为了方便访问局域网内部的服务器,在校园网内设置了 DNS 服务器,此校园网的网络拓扑如图 9.11 所示。管理员接收到校园网主机 218.197.80.232 不能访问互联网的故障后,按照从近到远的原则使用 ping 命令查找故障,请简述故障检测的过程。若在最后一步中出现故障,可能的解决方案是什么?

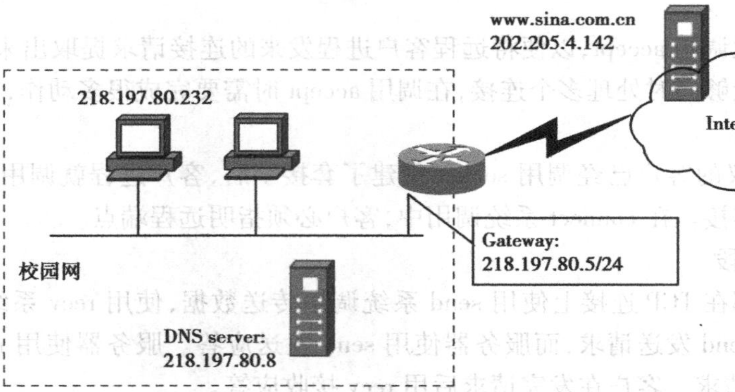

图 9.11 某校园网络拓扑

【案例分析】

在进行网络故障排查的过程中,最常用的方法即采用 Ping 命令按照由近到远的原则进行网络连通性的测试。测试步骤为:

①测试回环地址,验证 TCP/IP 是否已经正确安装;

②测试本地主机的 IP 地址,验证主机是否正确加入、是否存在地址冲突问题;

③测试网关的 IP 地址,验证默认网关是否打开并运行,能否与本地主机通信;

④测试互联网上远程主机的 IP 地址,测试是否能够通过路由器访问互联网;

⑤在浏览器中测试网络的可用性。

【解决方案】

根据上述分析及网络拓扑,测试步骤及命令为:

①测试回环地址,命令:ping 127.0.0.1

②测试本地主机的 IP 地址,命令:ping 218.197.80.232

③测试网关,命令:ping 218.197.80.5

④测试远程主机,命令:ping 202.205.4.142

⑤在浏览器中测试,地址:www.sina.com.cn

若在最后一步中出现故障,则说明校园网中的主机能够通过 IP 地址访问互联网,但是不能使用域名访问。这种故障属于域名解析故障,可以查看 DNS 服务器是否正常工作,进一步确定原因,排除故障。

小 结

本章讨论的问题是各种应用进程通过什么样的应用层协议来使用网络所提供的通信服务。应用层的许多协议都是基于客户—服务器方式的,客户和服务器都是主机之中的应用进程。本章的主要内容可概括如下:

①域名系统 DNS 是互联网使用的命名系统,用来将人们便于使用的机器名字转换为 IP 地址。它使用 UDP 协议完成所承载的功能。

②互联网的域名系统有自身的结构。域名服务器有根域名服务器、顶级域名服务器、权限域名服务器和本地域名服务器四种类型。域名查询可以采取迭代查询和递归查询两种方式。

③文件传送协议 FTP 提供交互式的访问,允许客户指明文件的类型与格式,并允许文件具有存取权限,是面向连接的数据服务。

④FTP 的服务器进程由两大部分组成:一个主进程,负责接受新的请求;另外有若干个从属进程,负责处理单个请求。

⑤远程终端协议 TELNET 允许用户在其所在地通过 TCP 连接登录到远地的另一个主机上,它采取虚拟终端 NVT 来适应不同格式的网络。

⑥万维网是一个大规模的、联机式的信息储藏所,采用链接访问方式提供分布式服务。超文本传送协议 HTTP 定义了浏览器怎样向万维网服务器请求万维网文档,以及服务器怎样将文档传送给服务器。

⑦电子邮件(E-mail)是互联网上使用得最多和最受用户欢迎的一种应用。发送邮件的协议为简单邮件传送协议 SMTP,读取邮件的协议为邮局协议 POP3 和 IMAP。

⑧邮件服务器的功能是发送和接收邮件,同时还要向发信人报告邮件传送的情况(已交付、被拒绝、丢失等)。一个邮件服务器既可以作为客户,也可以作为服务器。需要使用发送和读取两个不同的协议。

⑨动态主机配置协议 DHCP 提供了即插即用联网的机制。这种机制允许一台计算机加入新的网络和获取 IP 地址而不用手工参与。

⑩系统调用接口是应用进程的控制权和操作系统的控制权进行转换的一个接口,又称为应用编程接口 API。套接字是应用进程和传输层协议之间的接口,是应用进程为了获得网络通信服务而与操作系统进行交互时使用的一种机制。

习 题

一、选择题

1. 匿名 FTP 访问通常使用(　　)作为用户名。

A. guest　　B. email 地址　　C. anonymous　　D. 主机 ID

2. IP 地址是主机在互联网上唯一的地址标识符,而物理地址是主机在进行直接通信时使用的地址形式。在一个 IP 网络中负责主机 IP 地址与主机名称之间转换的协议称为(　　)。

A. DNS　　B. FTP　　C. TELNET　　D. WWW

3. 可提供域名服务的包括本地缓存、本地域名服务器、权限域名服务器、顶级域名服务器和根域名服务器,以下说法,错误的是(　　)。

A. 本地缓存域名服务器不需要域名数据库

B. 顶级域名服务器是最高层次的域名服务器

C. 本地域名服务器可以采用递归查询和迭代查询两种方式

D. 权限域名服务器负责将其管辖区内的主机域名转换为该主机的 IP 地址

4. 在 www. xyz. edu. cn 这个完全的域名里,(　　)是主机名。

A. www　　B. xyz　　C. edu　　D. edu. cn

5. 在使用 SMTP 协议发送邮件时,当发送程序报告发送成功时,表明邮件已经被发送到(　　)。

A. 发送服务器上　　B. 接收服务器上

C. 接收者主机　　D. 接收服务器和接收者主机上

6. DHCP 客户机申请 IP 地址租约时首先发送的信息是(　　)。

A. DHCP Discover　　B. DHCP Offer

C. DHCP Request　　D. DHCP Positive

7. 在一个局域网上,进行 IPv4 动态地址自动配置的协议 DHCP,可以动态配置的信息是(　　)。

A. 路由信息

B. IP 地址、DHCP 服务器地址、邮件服务器地址

C. IP 地址、子网掩码、域名

D. IP 地址、子网掩码、网关地址(本地路由器地址)、DNS 服务器地址

8. DHCP 客户端不能从 DHCP 服务器获得(　　)。

A. DHCP 服务器的 IP 地址　　B. Web 服务器的 IP 地址

C. DNS 服务器的 IP 地址　　D. 默认网关的 IP 地址

9. 默认的 Web 服务器端口号是(　　)。

A. 80　　B. 23　　C. 21　　D. 8080

10. 某用户在域名为 mail. gdcp. net 的邮件服务器上申请了一个电子信箱,信箱名为 ttt,则下面(　　)是该用户的电子邮件地址。

A. mail. gdcp. net@ ttt　　B. gdcp. net@ ttt

C. ttt@ gdcp. net　　D. ttt% gdcp. net

11. 若 Web 站点的默认文档中依次有 index. htm, default. htm, default. asp, ih. htm 四个文档,则主页显示的是(　　)的内容。

A. index. htm　　B. ih. htm　　C. default. htm　　D. default. asp

12. 不使用面向连接传输服务的应用层协议是(　　)。

A. SMTP　　B. FTP　　C. HTTP　　D. SNMP

13. 在以下网络应用中,要求带宽最高的应用是(　　)。

A. 可视电话　　B. 数字电视　　C. 拨号上网　　D. 收发邮件

14. SSL 协议使用的默认端口是(　　)。

A. 80　　B. 445　　C. 8080　　D. 443

15. 使用(　　)协议可远程配置交换机。

A. Telnet　　B. FTP　　C. HTTP　　D. PPP

二、简答题

1. 域名系统的主要作用是什么？互联网的域名结构是怎样的？

2. 文件传送协议 FTP 的主要工作过程是怎样的？主进程和从属进程各起什么作用？

3. 简单文件传送协议 TFTP 与 FTP 的主要区别是什么？各用在什么场合？

4. 远程登录 TELNET 的主要特点是什么？什么是虚拟终端 NVT？

5. 当使用鼠标点击一个万维网文档时，若该文档出来有文本外，还有一个本地. gif 图像和两个远地. gif 图像。试问；需要使用哪个应用程序，以及需要建立几次 UDP 连接和几次 TCP 连接？

6. 试述电子邮件的最主要的组成部件。用户代理 UA 的作用是什么？没有 UA 行不行？

7. 试述邮局协议 POP 的工作过程。在电子邮件中，为什么需要使用 POP 和 SMTP 这两个协议？IMAP 与 POP 有何区别？

8. 使用 DHCP 管理和分配 IP 有什么优点？

三、工程应用题

某所学校的教师很多，大部分人对如何配置 IP 地址一无所知，管理员每天都要付出大量的精力帮助他们配置丢失的 IP 地址，以便于他们能顺利访问网络，造成很大的困扰。假如你是这个管理员，将采取哪些措施来解决这个问题？

第 10 章 网络管理与网络安全

本章主要知识点

- ✧ 网络管理的基本概念和功能。
- ✧ 简单网络管理协议 SNMP 的组成及应用。
- ✧ 网络安全的基本概念和内涵。
- ✧ 影响网络安全的因素和网络安全对策。
- ✧ 数据加密及常用的加密算法及鉴别技术。
- ✧ 网络防火墙的概念、技术和分类。

能力目标

- ✧ 具备了解网络管理基本概念和功能、简答网络管理协议的组成和应用的能力。
- ✧ 具备理解影响网络安全的因素和网络安全对策的能力。
- ✧ 具备掌握网络防火墙的概念、技术及应用的能力。

10.1 计算机网络的管理

随着互联网在世界范围内的普及,计算机网络逐渐成为人们获取信息、发布信息的途径。早期,人们主要通过局域网传递和共享文件,网络管理也主要是使用网络操作系统对局域网进行管理。随着网络技术的发展,网络的组成日益复杂,多厂商、异构网、跨技术领域的复杂网络环境对网络管理提出更高的要求。网络管理不再局限于保证文件的传输,而是保证连接网络的网络对象正常运转,同时监测网络的运行性能,优化网络的拓扑结构。如今,网络管理逐渐发展成为计算机网络中的一个重要分支,相关网络管理的标准也相继制定,使得网络管理变得越来越规范化和制度化。

10.1.1　网络管理概述

目前关于网络管理的定义很多,但一般来说,网络管理就是为确保网络系统能够持续、稳定、安全、可靠和高效地运行而对组成网络的各种软硬件设施和人员进行综合管理的一系列方法和措施。网络管理能够使网络中的资源得到更加有效的利用,也能够在网络出现故障时及时报告和处理,协调和保持网络系统的高效运行。

网络管理的任务主要是收集、分析和检测监控网络中各种设备和设施的工作参数和工作状态信息,将结果显示给网络管理员并进行处理,从而保证网络中的设备处于正常、高效的工作状态。网络管理的基本内容主要包括数据通信中的流量控制、路由选择策略管理、网络安全保护、网络故障诊断。除此而外,还应包括用户管理、设备维护和管理、网络规划、网络资产管理等。

10.1.2　ISO的网络管理功能

国际标准化组织ISO定义并描述了开放系统互联(OSI)管理的术语和概念,提出了一个OSI管理的结构并描述了OSI管理应用的行为。在OSI管理标准中,定义了网络管理的五项功能,即配置管理、性能管理、故障管理、安全管理和计费管理,这五项功能是网络管理的最基本功能。

(1)配置管理

配置管理主要是自动发现网络拓扑结构,构造和维护网络系统的配置,监测网络被管对象的状态,完成网络关键设备配置的语法检查,配置自动生成和自动备份系统,对配置的一致性进行严格检查。

(2)性能管理

性能管理主要是采集、分析网络对象的性能数据,监测网络对象的性能,对网络线路质量进行分析,统计网络运行状态信息,对网络的使用作出评测、评估。性能分析的结果可能会触发某个诊断测试过程或重新配置网络,以维持网络性能。性能管理需要维持和分析性能日志,为网络进一步规划与调整提供依据。

(3)故障管理

故障管理主要是过滤、归并网络事件,有效地发现和定位网络故障,给出排错建议和排错工具,形成整套的故障发现、告警与处理机制。故障管理是网络管理中最基本的功能,是网络管理体系结构的重要组成部分。设置故障管理的目的是提高网络可用性,降低网络停机次数并迅速修复故障。

(4)安全管理

安全管理主要是使用用户认证、访问控制、数据存储及传输的保密与完整性等机制以保障整个网络系统的安全。同时,安全管理需要维护和检查系统安全日志,使系统的使用和网络对象的修改有据可查,进一步保证网络系统的安全性。安全性一直是网络的薄弱环节之一,因此网络安全管理非常重要。

(5)计费管理

计费管理记录网络资源的使用,以便控制和监测网络操作的费用和代价。计费管理对一些公共商业网络尤为重要,它能够估算出用户使用网络资源可能需要的费用和代价以及已经使用的资源。网络管理员也可以通过计费管理控制用户可使用的最大网络资源量,防止出现某用户使用过多网络资源带来的网络安全及网络效率问题。另外,当用户为了一个通信目的需要使用多个网络资源时,计费管理可计算用户的总费用。

10.1.3 网络管理系统与网络管理协议

随着网络规模的不断增大和网络结构的不断发展,简单的网络管理技术已经不能适应网络管理需要。以往的网络管理系统往往是厂商开发的专用系统,不适应现代网络发展。人们要求网络管理系统能适应网络异构互联、资源共享的发展趋势。这样,网络管理系统既要遵守被管理网络的体系结构,又要能够管理不同厂商的软硬件产品。

所谓网络管理系统,是指用于实现对网络的全面有效管理、实现网络管理目标的系统。网络管理员可使用网络管理系统对整个网络进行管理。一般地,网络管理系统从逻辑上包括管理对象、管理进程、管理信息库和管理协议四个部分。

网络管理协议用于在管理系统和管理对象之间传输、解释和管理操作命令,从而保证管理信息库中的数据与具体设备中的实际状态、工作参数保持一致。随着网络管理系统的迫切需求和网络管理技术的日渐成熟,出现了网络管理的国际标准,即标准化的网络管理协议,如简单网络管理协议 SNMP、公共管理信息协议 CMIP 等。

10.2 简单网络管理协议

10.2.1 SNMP 概述

SNMP(Simple Network Management Protocol)是最早提出的网络管理协议之一,它一推出就得到了广泛的应用和支持,特别是很快得到了数百家厂商的支持。目前,SNMP 已经成为网络管理领域中事实上的工业标准,并被广泛支持和应用。目前,大多数网络管理系统和平台都是基于 SNMP 的。

SNMP 发布于 1988 年,1990 年作为网络管理标准正式公布,同时在使用中不断地修订,继 SNMPv2 后,1999 年 4 月又提出了 SNMPv3。SNMP 已经成为互联网的正式标准。SNMPv3 最大的修改是定义了比较完善的安全模式,提供了基于视图的访问机制和基于用户的安全模型等安全机制。

SNMP 是应用层的协议。该协议的设计理念是网络管理要尽可能简单。SNMP 的基本功能是监视网络性能,检测分析网络差错和配置网络设备等。在网络正常运行时,SNMP 实现监视、统计、配置和维护功能。当网络出现故障时,实现差错检测、分析和恢复功能。

SNMP 使用管理器和代理的概念。也就是说,管理器(通常是主机)控制和监视一组代理(通常是路由器)。管理器是运行 SNMP 客户程序的主机,代理是运行 SNMP 服务程序的路由器(或主机)。管理是通过管理器和代理之间的简单交互来实现的。

SNMP 网络管理由以下三个构件组成,即 SNMP、管理信息结构 SMI(Structure of Management Information)和管理信息库 MIB(Management Information Base)。其中,SNMP 定义了管理器和代理之间交换分组的格式,包括对象(变量)及其状态(值)。SMI 定义了对象命名和对象类型(包括范围和长度)以及将对象和对象的值进行编码的一些通用规则,确保网络管理数据在语法和语义上无二义性。MIB 在被管对象的实体中创建命名对象,并规定其类型。

10.2.2　SNMP 原理

实际上,SNMP 定义了一个网络管理的体系框架,这个框架包括至少一个管理器、若干个代理和传递管理信息的管理协议。网络管理的实现过程为:管理器主动向代理发送请求,要求得到关心的数据。代理在接到管理器的请求后,响应管理器的请求并将数据发送给管理器。这种收集数据的方式称为轮询。除此而外,被管理设备中的代理可以在任何时候向管理器报告错误情况,例如预制定阈值越界程度等。这是一种基于中断的方式,在 SNMP 中,这种方式称为自陷。因此,管理器和工作站之间通过相互发送 SNMP 消息完成网络管理的通信过程。SNMP 消息的开始是 SNMP 的版本号,随后是 commmunity(用于实现 SNMP 的安全机制)的名称,接下来是 SNMP 的协议数据单元 PDU。SNMPv2 的七种 PDU 对应七种操作,从而实现网络管理功能。

10.2.3　SNMP 操作

SNMP 的操作只有两种:一种是"读"操作,用 get 报文来监测各个被管对象的状况;一种是"写"操作,用 set 报文来控制各个被管对象的状况。如前所述,SNMP 既可以通过轮询,也可以通过自陷方式来实现这两种基本功能。SNMP 主要定义了五种类型的协议数据单元,见表 10.1。

表 10.1　SNMP 的五类协议数据单元

PDU 编号	PDU 名称	用　途
0	get-request	用于查询一个或多个变量的值
1	get-next-request	允许在一个 MIB 树上检索下一个变量,可反复进行
2	get-response	对 get/set 报文作出响应,提供差错码及差错状态等信息
3	set-request	对一个或多个变量的值进行设置
4	trap	向管理器报告代理发生的事件

10.3　计算机网络的安全

随着互联网的快速发展,计算机系统的安全问题日益突出和复杂。一方面,网络系统能够提供资源共享,提高系统可靠性;另一方面,资源共享及网络的开放必然增加网络系统受网络威胁和攻击的可能性。事实上,资源共享与信息安全是一对矛盾体,在看到计算机网络巨大作用的同时,也要注意它带来的负面影响和安全问题。

网络安全是指网络系统的硬件、软件和系统中的数据受到保护,不受偶然的或是恶意的攻击而遭受破坏、更改、泄露,确保系统连续可靠地运行,网络服务不被中断。从广义上讲,凡是涉及网络信息的保密性、完整性、可控性和不可否认性的相关技术和理论都是网络安全所要研究的领域。

10.3.1 计算机网络面临的安全威胁

计算机网络面临的安全威胁可分为两大类:被动攻击和主动攻击。

被动攻击以从系统中窃取信息为主要目的,不会造成系统资源的毁坏。由于被动攻击没有引起数据的任何变化,数据流表面上能够被正常传输和接收,因此难以检测。人们对付被动攻击应重在防范而不是检测。被动攻击方式见表10.2。

表10.2 被动攻击方式

名 称	含 义
窃取信息	当通信双方的报文通过信道(特别是无线信道)传输时,窃取敏感或机密信息
侦收信号	搜集通信信号的频谱、特征和参数
密码破译	对加密信息进行密码破译,从中获得有价值的情报信息
口令嗅探	使用协议分析器等捕获口令,达到非授权使用的目的
协议分析	由于许多通信协议是不加密的,对其分析可获得有价值的信息,供伪造、重放等主动攻击使用
通信量分析	通过观察被交换报文的频率以及长度进行猜测,从而分析正在进行通信的种类和特点

主动攻击除了窃取信息外,还试图破坏对方的计算机网络,使其不能正常工作,甚至瘫痪。主动攻击的方式见表10.3。

表10.3 主动攻击方式

名 称	含 义
篡改	对传输数据进行篡改,破坏其完整性,造成灾难性后果
重放	攻击者监视并截获合法用户的身份信息,事后向网络原封不动地传送截获到的信息,以达到未经授权假冒合法用户入侵网络的目的
假冒	假冒者伪装成合法用户,以欺骗系统中其他合法用户,获取系统资源的使用权
伪造	伪造合法数据、文件、审计结果等,以欺骗合法用户
未授权访问	攻击者未授权使用系统资源,以达到攻击目的
抵赖	实体在实施行为后又对其行为予以否认
恶意代码	施放恶意代码(如计算机病毒)达到攻击计算机网络的目的
协议缺陷	利用通信协议的缺陷欺骗用户或重定向通信量
报文更改	对原始报文中的某些内容进行更改、延迟或重新排序,达到未经授权的效果
服务拒绝	阻止或禁止正常用户访问,或者破坏整个网络,使网络瘫痪或超载,从而达到降低网络性能的目的

主动攻击与被动攻击相反。被动攻击虽然检测困难,但有办法防范。而主动攻击的防范

需要对通信设施和路径进行全天候的物理保护，这几乎是很困难的事情。因此，对于主动攻击，应重在检测和恢复。

10.3.2　计算机网络的安全性需求

计算机网络具有四个方面的安全性需求：

①保密性，是指计算机网络中的信息只允许被授权者访问（包括显示、打印和其他方式的信息暴露）。

②完整性，是指计算机网络资源只能被授权者所更改（包括创建、写入、修改和删除）。

③有效性，是指计算机网络资源可以提供给授权者使用。

④真实性，是指计算机网络能够验证一个用户的标识。

网络出现安全性问题的一种典型表现，是网络中出现了大量的广播包，而广播包产生的原因则是网络安全性问题的主要因素。这时，可以采取查杀病毒、检查网络内是否存在环路等手段来进行处理。

【例10.1】　某局域网访问互联网速度很慢，经检测发现局域网内有大量的广播包，采用(　　)方法不可能有效地解决该网络问题。

A. 在局域网内查杀ARP病毒和蠕虫病毒

B. 检查局域网内交换机端口和主机网卡是否有故障

C. 检查局域网内是否有环路出现

D. 提高出口带宽速度

【解析】　端口或网卡有故障是不会产生大量广播包的，但故障可能降低用户的网络传输速度。局域网会通过生成树(STP)协议阻止环路产生，不至于出现广播风暴。但如果网内没有使用支持STP交换机的话（比如说只使用集线器），则可能会产生广播风暴。提高出口带宽与消除大量广播包无关，但可以让用户访问互联网时速度快一些。ARP欺骗程序会制造大量广播包，造成网速下降。

【答案】　D

10.4　网络安全策略

为了保证计算机网络系统的安全性，可以从数据本身的存储与处理（内因）和对数据的访问方式与检测（外因）两个方面采取措施。①内因：进行数据加密，制订数据安全规划，建立安全存储，进行容错数据保护与数据备份，建立事故应急计划与容灾措施，重视安全管理和制订管理规范等；②外因：设置身份认证、密码、口令、生物认证等多种认证方式，设置防火墙、防止外部入侵，建立入侵检测、审计与追踪，计算机物理环境保护等。

为了保证网络安全，人们可以从很多方面采取措施。下面主要从加密策略、密钥分配、鉴别和防火墙这四个方面对其作大体介绍。

10.4.1　加密策略

加密策略是网络安全的常见措施之一，是对付被动攻击的重要手段。为了实现网络通信的安全性，通常需要对被传输的数据进行加密处理。从网络传输的角度，将加密策略分为三种：链路加密、端到端加密和混合加密。

(1)链路加密

链路加密是对两个结点之间链路所传输的数据进行加密的一种加密技术。如图 10.1 所示为链路加密的示意图。图 10.1 中的 E 和 D 分别表示加密和解密运算。为了提高网络的安全性，通常每条链路都使用不同的加密密钥，独立地实现加密和解密处理。加密算法常采用序列密码。由于 PDU(含控制信息和数据)全部加了密，这就掩盖了地址信息。如果链路上传送的是连续的密文序列，则 PDU 的频度和长度也能得到掩盖，这对防止攻击者进行各种通信量分析是有利的。

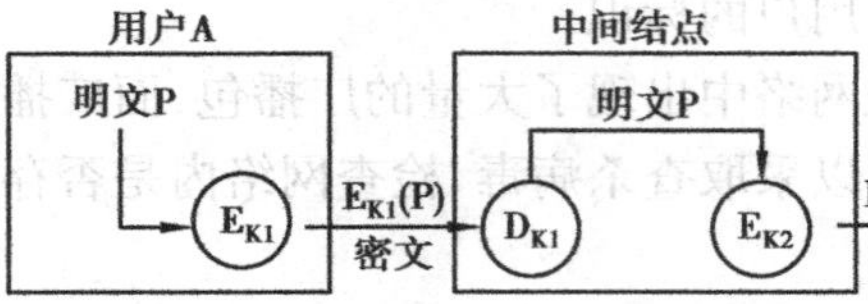

图 10.1　链路加密

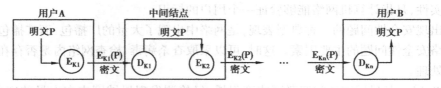

因为链路加密不需要额外传送数据，所以它不会减少网络的有效带宽；同时，链路加密仅要求相邻结点具有相同的密钥，过程相对简单，密钥管理易于实现。链路加密最大的缺点是网络中所有的中间结点(包括路由器)的数据已被解密，就存在泄露数据的可能性。另外，由于链路加密是对整个 PDU 都加了密，因此这种技术不适用于广播网。

(2)端到端加密

端到端加密是对源结点和目的结点之间传送的数据所经历的各段链路和各个中间结点进行全程加密的一种技术。端到端加密可以在传输层及其上层实现。若在传输层进行加密，可以使安全措施对用户透明，这样便不必为每个用户提供单独的安全保护机制，但这种方式也容易受到传输层以上的攻击。若在应用层加密，用户可以根据自己特定的要求选择不同的加密策略，满足不同用户的需求。端到端加密不仅适用于点对点式网络，也适用于广播式网络。

图 10.2 所示为端到端加密的示意图。源结点对传送的 PDU 进行加密，到目的结点后再解密，经中间结点时采用结点加密的相继解密又加密的方法进行数据处理。这里，结点加密是为了使传输的数据经过中间结点时对密文而采用的一种加密技术。它的基本思想是为每对结点设立一个共用密钥，并对相邻两结点间(包括结点本身)传送的数据进行加密。当数据通过中间结点向下一结点传送时，先用上一对结点的密钥解密，随即再用下一对结点的密钥加密。由于这种解密又加密的操作是自动且相继完成的，所以中间结点处的数据是密文。当然数据被转送时要使用地址信息进行路由选择，因此 PDU 中的控制信息是不加密的。

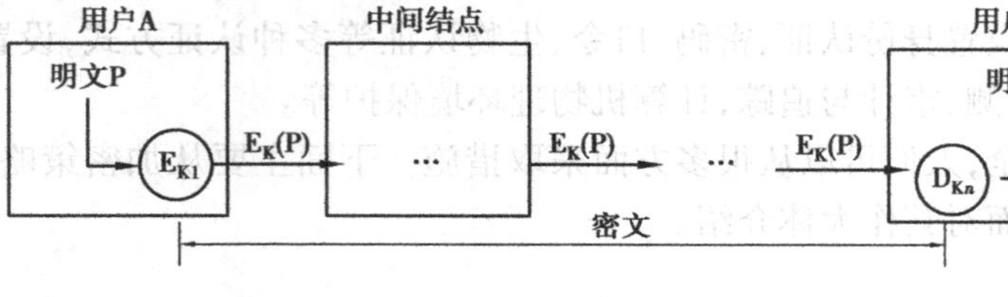

图 10.2　端到端加密

链路加密和端到端加密各有优缺点，为了提高网络的安全性，可以将这两种技术结合起来使用。具体地说，链路加密用来对 PDU 的控制信息进行加密，而端到端加密仅对数据提供全程的加密保护。

(3)混合加密

混合加密是链路加密和端到端加密的混合应用。在这种方式下，报文被加密两次，而报文首部则只经链路加密。

10.4.2　密钥分配

一般来说，密码算法是公开的，于是网络的安全性就与密钥管理密切相关。密钥管理是信息安全保密的重要环节，其内容包括密钥的产生、存储、恢复、分配、注入、保护、更新、丢失、吊销、销毁、验证和使用等。限于篇幅，本节只讨论密钥分配的问题。

密钥分配(或称密钥分发)是密钥管理中的一个重要问题。当然，密钥必须通过安全通路进行分配。从输送密钥的渠道来看，密钥分配有两种方式：网外分配和网内分配。网外分配是指密钥分配不通过网络渠道传输，而是通过"秘密信道"派遣可靠信使来分配密钥。但随着用户的增多和通信量的增大，这种方式的实施难度增加，不是一种理想的分配方式。网内分配是指密钥通过网络内部传送，达到自动分配密钥的目的。

密钥分配通常采用集中管理方式，即设立密钥分配中心 KDC(Key Distribution Center)。KDC 负责给需要进行秘密通信的用户临时分配一次性使用的会话密钥。由于 KDC 分配给用户使用的密钥是一次性的，因此保密性很高。KDC 分配给用户的密钥如果能做到定期更换，则能减少攻击者破译密钥的可能性。KDC 还可以在报文中打上时间戳标记，以防止报文的截取者利用过去截取的报文进行重放攻击。

目前最著名的密钥分配协议是 Kerberos V5，是美国麻省理工学院 MIT 开发的。它既是鉴别协议，又是 KDC，并使用先进的加密标准 AES(Advanced Encryption Standard)进行加密。

10.4.3　鉴别

鉴别是对欲访问特定信息发起者的身份或者对传送报文的完整性进行合法性审查或核实的行为，是网络安全的重要环节，也是对付主动攻击中篡改和伪造的重要手段。鉴别有两种：一种是报文鉴别，即对收到报文的真伪进行辨认，确认其真实性；另一种是实体鉴别，实体可以指人也可以是进程。

(1)报文鉴别

对传送的报文进行真实性的鉴别称为报文鉴别。为了鉴别报文的真伪，可采用数字签名。但数字签名需要花费大量的时间，代价较大。近年来广泛使用报文摘要进行报文鉴别，方法简单，效率较高。

用报文摘要进行报文鉴别的基本思路为：用户 A 将较长的报文经过报文摘要算法运算后，得到较短的报文摘要 H。再用 A 的私钥 SK_A 对 H 进行 D 运算(即数字签名)，得到签名的报文摘要 D(H)。然后将其追加在报文 M 后面发送给用户 B。用户 B 收到后，将报文 M 和签过名的报文摘要 D(H)分离。一方面用 A 的公钥 PK_A 对 D(H)进行 E 运算(即核实签名)，得到报文摘要 H；另一方面对报文 M 重新进行报文摘要运算得出报文摘要 H′。然后对 H 和 H′进行比较，如果一样，就可以断定收到的报文是用户 A 所为，否则就不是用户 A 发送的报文。图 10.3 所示为利用报文摘要进行报文鉴别的过程。

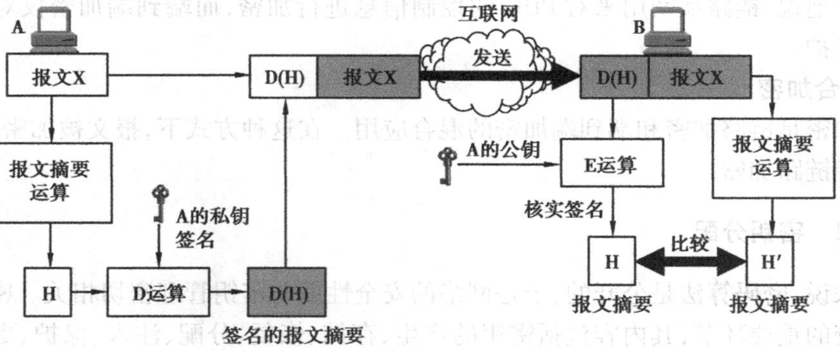

图 10.3　利用报文摘要进行报文鉴别

报文摘要算法是一种多对一的散列函数,它必须满足以下两个条件:

①已知一个报文摘要 H,得到一个对应的一个报文 M,在计算上是不可行的。

②任意两个报文,得到相同的报文摘要,在计算上是不可行的。

这两个条件表明,若[M,H]是发送者生成的报文和报文摘要,则攻击者不可能伪造另一个报文,使得该报文与 M 具有相同的报文摘要。发送者对报文摘要进行数字签名,使得对报文具有可检验性和不可否认性。由此可见,报文摘要算法是一种单向函数。

目前,报文摘要算法 MD5 已在互联网上得到广泛应用。它可对任意长度的报文进行运算,得出的报文摘要代码为 128 位。

(2)实体鉴别

实体鉴别是指对欲访问信息的实体身份进行的鉴别。它与报文鉴别不同,报文鉴别是对收到的每一个报文都要执行鉴别动作,而实体鉴别只需要在访问者接入系统时进行一次身份验证。实体鉴别通常通过检查口令或个人身份识别码来实现。

最简单的实体鉴别方法为利用对称密钥加密实体身份,用户收到报文后,用对称密钥解密,从而确定发送方的身份信息。但这种简单的实体鉴别方法也存在明显的不足,例如不能很好地抵御重放攻击。为了对付重放攻击,可以在发送的报文中包含一个不重复使用的大随机数(称为不重数),并且使这个不重数达到“一次一数”。这样,可以通过不重数的检查对付重放攻击。

10.4.4　防火墙

防火墙是近年来保护计算机网络安全的重要技术性措施之一。它是一种隔离控制技术,可以在不同网域之间设置屏障,阻止对信息资源的非法访问,也可以阻止重要信息从企业的网络上被非法输出。目前,防火墙已经得到广泛的应用。通常,企业为了维护内部的信息系统安全,都会在企业网和互联网间设立防火墙软件,使一些来自互联网中某些具体 IP 地址的访问或某类具体应用被接收或被拒绝。

(1)防火墙的概念

防火墙是位于两个或多个网络之间、执行访问控制策略的一个或一组系统,是一类防范措施的总称。防火墙通常放置在外部网络和内部网络的中间,执行网络边界的过滤封锁机制,通过边界控制强化内部网络的安全。图 10.4 所示为防火墙在互联网络中的位置。

防火墙具有“阻止”和“允许”两个功能。“阻止”是防火墙的主要功能,意即阻止某种类型的通信数据通过防火墙。“允许”的功能恰好相反。因此，防火墙必须具有识别通信数据类型的能力。

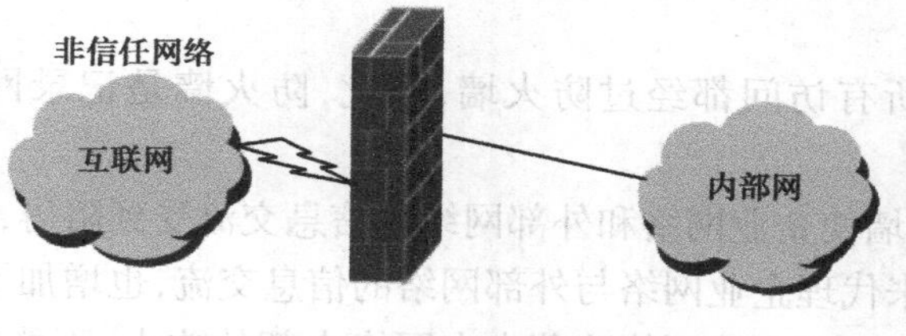

图10.4　防火墙在互联网中的位置

(2)防火墙的种类

根据防火墙的工作原理一般可以将防火墙分为包过滤防火墙、状态检测防火墙、应用层防火墙等。

1)包过滤防火墙

根据用户定义的网络层和传输层的过滤规则对数据进行过滤，该过滤规则一般被称为访问控制列表(Access Control List，ACL)。ACL中可控制的规则包括源/目的IP地址、源/目的IP网络、源/目的TCP/UDP端口。

包过滤防火墙过滤时只检查传输层和网络层的头部信息，不检查数据部分，虽然过滤效率高，但对应用层信息无感知，不理解应用层数据的内容，因此，无法阻止应用层的攻击行为。

2)状态检测防火墙

状态检测防火墙在包过滤防火墙的基础上，将进出网络的数据当成一个个的会话，在防火墙的核心部分建立并维护连接状态表，利用状态表跟踪每一个会话状态。状态监测对每一个包的检查不仅根据规则表，更考虑了数据包是否符合会话所处的状态，因此，提供了完整的对传输层的控制能力。

例如，通过状态检测防火墙可以区别外网主动发送到内网的数据，以及内网主机和外网主机建立TCP连接后的返回数据，以实现不同的处理方式；状态检测防火墙还可以阻止基于TCP三次握手漏洞的SYN-Flooding攻击。

目前，大多数较低档的硬件防火墙和具备ACL功能的路由器属于包过滤防火墙，较高档的硬件防火墙属于状态检测防火墙。

3)应用层防火墙

应用层防火墙工作在应用层，可以对接收的数据从低层到高层解封装并查看每一层的头部和数据部分，既可以有包过滤防火墙的功能，也可以对应用层的协议和应用程序进行控制。例如，应用层防火墙可以阻止应用层telnet协议的使用，也可以阻止QQ程序的数据传输(这一类程序经常变换端口，仅通过包过滤防火墙无法控制)。

应用层防火墙的功能最强大，但由于要在每一层进行解封装和头部分析，因此会影响网络性能。目前软件防火墙都是应用层防火墙，硬件防火墙也有一部分具有应用层防火墙的功能。

(3)防火墙的优点和局限性

如前所述，网络的安全性通常是以网络服务的开放性、便利性和灵活性为代价的。防火墙的隔离作用能够加强企业网的安全，在网络防御技术中具有一定的优势，具体如下：

①防火墙对企业网内部实现了集中的安全管理，能够强化网络安全策略，比分散的主机管理更经济可行。

②防火墙可以方便地监视网络的安全并报警,防止非授权用户进入内部网络。

③防火墙可以作为部署网络地址转换的地点,利用 NAT 技术可以缓解地址空间的短缺,隐藏内部网的结构。

④由于网络中的所有访问都经过防火墙,因此,防火墙是记录网络访问和审计的最佳地方。

但另一方面,防火墙使企业网络和外部网络的信息交流受到阻碍,即使在防火墙上追加各种信息服务代理软件来代理企业网络与外部网络的信息交流,也增加了网络管理的开销,增长了信息传递的时间;同时,防火墙不能防范来自网络内部的攻击,不能防范不经过防火墙的攻击,也不能防止受病毒感染的文件或软件的传输。

总之,防火墙是解决企业网络安全问题的流行方案,具有简单实用的特点,并且透明度高,可以在不修改原有网络应用系统的情况下达到一定的安全要求。

(4) ACL 配置

ACL 使用包过滤技术,在路由器上读取第三层及第四层包头中的信息(如源地址、目的地址、源端口、目的端口等),根据预先定义好的规则对包进行过滤,从而达到访问控制的目的。在 ACL 的配置中,分为标准 ACL、扩展 ACL 和命名 ACL 三种。

由于 ACL 涉及的命令比较灵活,功能也很强大,为方便理解 ACL 知识,首先介绍 ACL 的设置原则。

1) 顺序处理原则

对 ACL 表项的检查按照从上而下的顺序进行,从第一行起,直到找到第一个符合条件的行为止,其余的行不再继续比较。因此,必须考虑在访问控制列表中放入语句的次序。

2) 最小特权原则

对 ACL 表项的设置应只给受控对象完成任务所必需的最小权限。如果没有 ACL,则等于许可。一旦添加了 ACL,默认在每个 ACL 中最后一行为隐含拒绝。如果之前没找到一条许可语句,则包将被丢弃。

3) 最靠近受控对象原则

尽量考虑将扩展的 ACL 放在靠近源地址的位置上,这样创建的过滤器就不会反过来影响其他接口上的数据流。另外,应尽量使标准的 ACL 也靠近目的地址。由于标准 ACL 只使用源地址,如果将其靠近源地址,就会阻止报文流向其他接口。

①配置标准 ACL

标准 ACL 是指使用 IP 数据报中的源 IP 地址进行数据报的过滤,是一种最简单的 ACL。它使用 1~99 的 ACL 号创建 ACL。标准 ACL 命令格式如下:

access-list *ACL 号* permit | deny [host] IP 地址

例如:

access-list 10 deny host 192.168.1.1

这条命令的作用是创建了一个 ACL 号为 10 的标准 ACL,将所有来自主机地址为 192.168.1.1 的数据包丢弃(host 可省略)。

若在上述命令中不使用主机 IP 地址而使用网段,则表示此标准 ACL 是对某个网段的数据包进行的过滤。

例如:

access-list　10　deny　192.168.1.0　0.0.0.255

此命令的作用为：创建了一个 ACL 号为10的标准 ACL，将来自网段192.168.1.0的数据包丢弃（Cisco 规定在 ACL 中用反向掩码表示子网掩码，反向掩码为0.0.0.255代表子网掩码为255.255.255.0）。

②配置扩展 ACL

扩展 ACL 不仅可以根据数据包源地址进行过滤，还可以根据目的地址、协议和端口号进行过滤。这样，用户可以根据多种因素来构建 ACL（例如，允许用户访问物理 LAN，但不允许使用 FTP 服务），从而提高网络的安全性。扩展访问控制列表使用的 ACL 号为100～199。扩展 ACL 的命令格式如下：

access-list *ACL 号*　permit|deny　协议　[定义过滤源主机范围][定义过滤源端口][定义过滤目的主机访问][定义过滤目的端口]

例如：

access-list 101 deny tcp any host 192.168.1.1 eq www

此命令的作用：创建了一个 ACL 号为101的扩展 ACL，将所有主机访问192.168.1.1地址 WWW 服务的 TCP 连接的数据包丢弃。

提示：在扩展 ACL 中也可以定义过滤某个网段，也需要使用反向掩码定义 IP 地址后的子网掩码。

扩展 ACL 的一个好处是可以保护服务器。为了更好地向外提供服务，服务器经常暴露在公网上，易受到黑客和病毒的攻击。利用扩展 ACL 可以将除了服务端口以外的其他端口都封锁掉，从而增强了网络的安全性。它的缺点是会消耗大量路由器 CPU 资源。因此，在使用中经常将其简化或将多条扩展 ACL 合并。

③配置命名 ACL

无论是标准 ACL 还是扩展 ACL，当设置好 ACL 规则后，若发现其中的某个表项有问题，只能删除全部 ACL 信息，修改或删除一条表项会影响整个 ACL 列表，这为网络管理带来繁重的负担。相对地，命名 ACL 能够解决这一问题。命名 ACL 允许删除 ACL 中任意指定的语句，但新增的语句只能被放到 ACL 的结尾。命名 ACL 命令格式如下：

ip access-list　standard|extended　*ACL 名称*

例如：

ip access-list standard st

此命令的作用：创建了一个名称为 st 的标准命名 ACL。

注：此时，名称为 st 的标准命名 ACL 还没有任何表项，需要进一步配置，这里省略。

④将 ACL 应用到接口上

无论是哪种 ACL，配置好后只是存在于路由器中，只有将其应用到接口上，才会发挥包过滤的作用。将 ACL 应用到接口上的命令为：

router(config)#interface interfacex　　;进入接口配置模式

router(config-if)#ip access-group　*ACL 号* in|out　　;将 ACL 应用到接口上

注：上述 ACL 基本可以满足大部分过滤网络数据包的要求，但有时实际工作中还需要按时间进行过滤。这时，需要掌握基于时间的 ACL，属于 ACL 的高级技巧，读者可参阅其他资料。

【例 10.2】 以下 ACL 语句中,含义为“允许 172.168.0.0/24 网段所有 PC 访问 10.1.0.10 中的 FTP 服务”的是(   )。

A. access-list 101 deny tcp 172.168.0.0 0.0.0.255 host 10.1.0.10 eq ftp

B. access-list 101 permit tcp 172.168.0.0 0.0.0.255 host 10.1.0.10 eq ftp

C. access-list 101 deny tcp host 10.1.0.10 172.168.0.0 0.0.0.255 eq ftp

D. access-list 101 permit tcp host 10.1.0.10 172.168.0.0 0.0.0.255 eq ftp

【解析】 扩展 ACL 命令格式为:

access-list *ACL 号* permit | deny 协议 [定义过滤源主机范围] [定义过滤源端口] [定义过滤目的主机访问] [定义过滤目的端口]

根据题意,所配置的规则为允许,因此 A、C 选项可以首先可以排除,因为它们是 deny。再根据题意及扩展 ACL 的语法规则,答案 B 符合题意。

【答案】 B

10.4.5 虚拟专用网 VPN

虚拟专用网 VPN(Virtual Private Network)是一种通过公共电信基础设施(互联网)连接不同的站点或公司办公室实现如专用网般的网络共享技术。虚拟专用网具有两个方面的含义:首先它是“虚拟”的,因为整个 VPN 网络上的任意两个结点之间的连接并没有传统专用网所需端到端的物理链路。其次它又是一个“专用网”,每个 VPN 用户都可以从这个“专用网”上获得所需的资源。

VPN 使用加密与隧道技术来保证连接的安全可靠。VPN 使用的协议有很多种,最常用的有:点对点隧道协议 PPTP,第二层隧道协议 L2TP、MPLS 及 IPsec 等。

实现 VPN 可采用隧道技术。一条隧道一般由隧道发起者、公共网络和一个或多个隧道终端组成。隧道发起者可以是个人计算机,也可以是路由器或远程访问服务器,它的任务是在公共网络中开辟一条隧道。隧道终端则是隧道的终点。隧道可以通过两种方式建立:一种是建立自愿隧道,即服务器或路由器通过发送 VPN 请求来配置和创建隧道;另一种是建立强制隧道,是指由 VPN 服务提供商配置和创建的隧道。隧道有点-点隧道和端-端隧道两种类型。点-点隧道,是指隧道由远端用户计算机延伸到企业服务器,隧道的建立及两点间数据的加密与解密由隧道的两边设备负责;端-端隧道,是指隧道终止于防火墙等网络边缘设备,主要负责连接两端的局域网,一般要采用标准的互联网技术提供数据加密、身份认证和授权确认等功能。

利用隧道技术实现的虚拟专用网如图 10.5 所示。此图说明同一单位已建有内部网络的两个部门,因相距遥远通过互联网建立 VPN 实现资源共享等功能的情况。现设部门 1 的主机 A 要与部门 2 的主机 B 通信,源地址是 10.1.0.1,目的地址是 10.2.0.3。主机 A 发送的数据报作为部门 1 的内部数据报传送到路由器 R1,由 R1 对此内部数据报进行加密,并重新加上首部封装成互联网上传输的外部数据报,此时其源地址是路由器 R1 的 IP 地址 125.1.2.3,而目的地址是 R2 的 IP 地址 194.4.5.6。路由器 R2 收到外部数据报后将取出数据部分并解密,恢复成原来的内部数据报,再传送给目的主机 B。

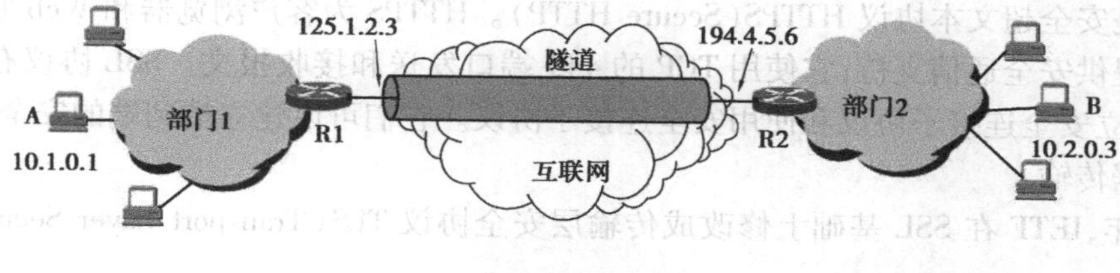

图 10.5　隧道技术实现 VPN

10.5 互联网的安全协议

随着网络安全的问题日益突出，由互联网体系结构委员会 IAB（Internet Architecturn Board）提出互联网的安全需求及安全机制，来保证网络基础设施的安全，保证端到端用户通信量的安全。这些安全性要求体现在计算机网络中不同层次的相应协议中。

10.5.1　网络层安全协议

关于互联网网络层安全，主要内容是 IP 安全体系结构和 IPSec 协议族即 IP 安全协议。IPSec 为了保证网络的安全需求，首先需要制定能够满足安全通信的数据报格式，然后根据这些数据报的首部信息完成安全需求。IPSec 最重要的两个协议是：鉴别首部 AH（Authentication Header）协议和封装安全有效载荷 ESP（Encapsulation Security Payload）协议。AH 提供了源点鉴别和数据完整性功能，但不能保密；ESP 则提供了源点鉴别、数据完整性和加密功能，比 AH 要复杂一些。

根据用户的需求，IPSec 有传输模式和隧道模式两种使用方式。IPSec 的传输方式主要为上层协议提供支持，对 IP 分组（TCP 或 UDP 报文段，或 ICMP 分组）进行加密。在典型情况下，传输方式用于两个主机之间的端到端通信。传输方式的 AH 鉴别 IP 净负荷，以及被选择的部分 IP 首部。传输方式的 ESP 对净负荷加密，并可选择地鉴别 IP 净负荷，但并不对 IP 首部进行处理。隧道方式采用隧道技术对整个 IP 分组提供安全保护。为此，将 AH 和 ESP 首部附加在 IP 分组上，构成了一个新的“外层”IP 分组，并在这个新的“外层”IP 分组前面再加上一个新的“外层”IP 首部。这种数据处理方式，可对 AH 和 ESP 首部的后一部分及内层 IP 分组进行加密。这样，当原始的或者说“内层”分组穿越一条由网络中的一点到另一点的隧道时，沿途的路由器都不能检查这个“内层”分组。由于“外层”IP 首部只包含必要的路由信息，因此在某种程度上可防止攻击者进行通信量的分析。

10.5.2　传输层安全协议

随着 Web 应用于金融交易（如信用卡购物、在线银行等），互联网迫切需要安全的连接。1995 年 Netscape 公司推出了安全套接字层 SSL（Secure Socket Layer）的安全软件包应用在万维网上。SSL 设计的初衷是基于 TCP 协议上提供可靠的端到端安全服务，对上层的应用程序透明。SSL 的软件包和它的协议现已被广泛采用。

从层次结构上来讲，SSL 层是位于应用层和传输层之间的新层，这里将其看作传输层的一个子层。它接收来自浏览器的请求，再将此请求经 TCP 传输到服务器上。在应用层使用 SSL

最广泛的是安全超文本协议 HTTPS(Secure HTTP)。HTTPS 为客户浏览器和 Web 服务器之间交换信息提供安全通信支持,它使用 TCP 的 443 端口发送和接收报文。SSL 协议有两个子协议组成:建立安全连接子协议和使用安全连接子协议。它们可以建立端到端的安全连接,并进行安全数据传输。

1996 年,IETF 在 SSL 基础上修改成传输层安全协议 TLS(Transport Layer Security),功能略有增强。

10.5.3 应用层安全协议

应用层安全协议很多,这里以电子邮件协议为例,来说明应用层协议的安全性。

一般来说,发送电子邮件的人总是希望自己的邮件只有目的接收者才能阅读理解,其他人无法读懂它。这样,可以将密码学原理应用到电子邮件上,构成安全电子邮件。典型的安全电子邮件协议有 PGP 和 PEM。

(1)PGP 协议

PGP(Pretty Good Privacy)是 1991 年发布的一个完整的电子邮件安全协议,它提供了方便使用的加密、鉴别、数字签名和压缩功能。由于包括源程序在内的整个软件包可以从互联网免费下载,以及质量高、价格低且跨平台的特点,PGP 已经得到广泛的应用。

PGP 使用一个称为国际数据加密算法 IDEA 的块密码算法来加密数据。该算法使用 128 位密钥。从概念上讲,IDEA 与 DES 和 AES 非常相似,只是所用的混合函数有所不同。PGP 使用 RSA 加密算法和 MD5 报文摘要算法。

下面以用户 A 向用户 B 发送一个明文为例,来说明 PGP 的工作原理。

1)发送端的操作步骤如下:

①用户 A 先对邮件明文 P 使用 MD5 报文摘要算法,得到报文摘要 H。再用 A 的私钥对 H 进行数字签名,得到签名的报文摘要 D(H),将它拼接在明文后面,得到(P+D(H))。

②使用用户 A 自己生成的一次一密的密钥 K_M 对报文(P+D(H))进行加密。

③使用用户 B 的公钥 PK_B 对 K_M 进行加密。

④将步骤②和步骤③两项得到的结果拼接起来,发送至互联网上。

如果发送端传送的明文过长,则可采用压缩技术将其压缩,也可以采用内容传送编码技术对传送上网的邮件信息进行编码。

2)接收端的操作步骤如下:

①将被加密的报文(P+D(H))和 K_M 分开。

②用 B 的私钥解出 A 的一次一密密钥 K_M。

③用解出的一次一密密钥 K_M 对被加密的(P+D(H))进行解密,并分离出明文 P 和签了名的报文摘要 D(H)。

④用 A 的公钥 PK_A 对 D(H)进行签名核实,得出报文摘要 H。

⑤对明文 P 重新进行 MD5 运算,得出报文摘要 H′。将 H 与 H′相比较,如果一致,则此邮件就通过了鉴别,并确认了它的完整性。

PGP 对邮件的加密操作如图 10.6 所示。

(2)PEM 协议

PEM(Privacy Enhanced Mail)是互联网的正式标准,是 20 世纪 80 年代后期开发的。它的工作原理与 PGP 基本类似,不同的只是对发送的消息与签名值拼接后用 DES 算法进行加密。

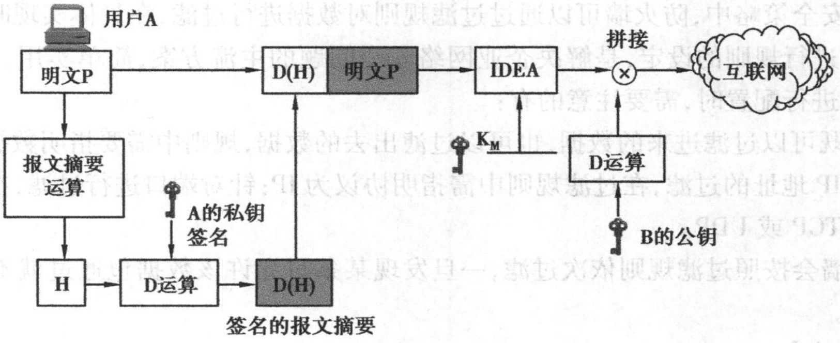

图 10.6　PGP 对邮件的加密

PEM 采用更结构化的密钥管理机制,由认证中心发布证书,证书上面有用户姓名、公钥和密钥的使用期限。PEM 存在的问题是没有公认的证书权威机构。它设立政策认证机构 PCA(Policy Certification Authority)来公证这些证书,再由互联网政策登记管理机构对这些 PCA 进行认证。

10.6　工程应用案例分析

【案例描述】

某公司领导发现上班时间经常有人聊天、打游戏等,需要网络管理员小李进行网络控制,只允许用户通过互联网使用网页查找资料、使用 FTP 上传下载文件、收发电子邮件,其余应用一律禁止,如果有特殊应用,可申请并经过领导审批后开通;同时为了提高公司网络的安全性,禁止外网主动访问内网除服务器以外的普通办公计算机。已知公司拓扑结构如图 10.7 所示。请问,小李该如何做?

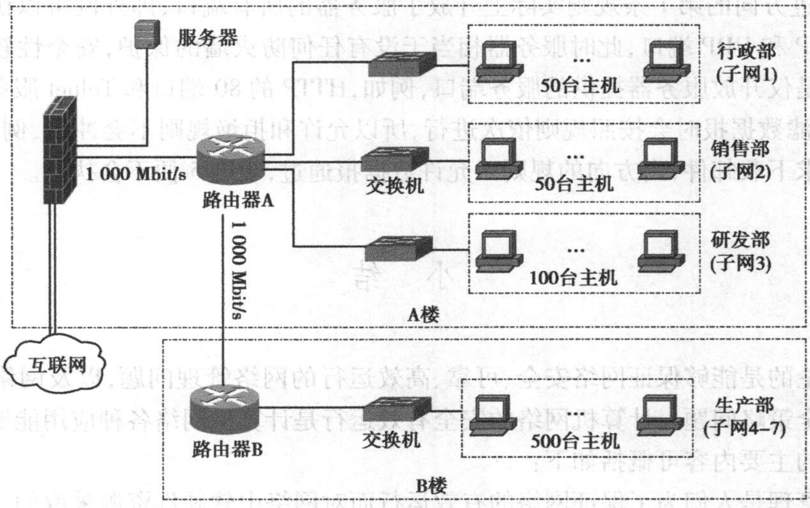

图 10.7　公司网络拓扑结构

【案例分析】

在网络安全策略中,防火墙可以通过过滤规则对数据进行过滤,在具体实现时采用访问控制列表 ACL 进行规则的设定,是解决企业网络安全问题的主流方案,简单实用。在对防火墙的 ACL 策略进行配置时,需要注意的有:

①ACL 既可以过滤进来的数据,也可以过滤出去的数据,规则中需要指明数据的方向。

②针对 IP 地址的过滤,在过滤规则中需指明协议为 IP;针对端口进行过滤,在过滤规则中指明协议为 TCP 或 UDP。

③防火墙会按照过滤规则依次过滤,一旦发现某条目允许该数据包通过就不会再继续进行规则判断。

【解决方案】

由于访问网页的 HTTP 协议使用 TCP 80 端口,FTP 协议使用 TCP 21 端口,上传邮件的 SMTP 协议使用 TCP 25 端口,下载邮件的 POP3 协议使用 TCP 110 端口,防火墙上应配置的 ACL 策略见表 10.4,具体配置语句可参考各防火墙的配置手册。

表 10.4 防火墙 ACL 策略配置表

数据方向	编号	允许/拒绝	协议	源 IP	源端口	目的 IP	目的端口
出	1	允许	TCP	所有	所有	所有	80(HTTP)
	2	允许	TCP	所有	所有	所有	21
	3	允许	TCP	所有	所有	所有	25
	4	允许	TCP	所有	所有	所有	110
	5	拒绝	IP	所有	—	所有	—
进	1	允许	IP	所有	—	服务器 IP	—
	2	拒绝	IP	所有	—	所有	—

【说明】进方向的第 1 条规则实际上开放了服务器的所有端口,即外网可以访问内网服务器的所有 TCP 和 UDP 端口,此时服务器相当于没有任何防火墙的保护,安全性较差。另外更安全的做法是仅开放服务器提供的服务端口,例如,HTTP 的 80 端口和 Telnet 服务的 23 端口。由于 ACL 过滤数据报时会按照规则依次进行,所以允许和拒绝规则不会冲突,例如,内网用户向服务器请求下载邮件,出方向的规则 4 允许数据报通过,规则 5 便不会执行。

小　结

本章讨论的是能够保证网络安全、可靠、高效运行的网络管理问题,以及网络所遇到的安全威胁及安全策略问题。计算机网络的安全有效运行是计算机网络各种应用能够实现的重要保证。本章的主要内容可概括如下:

①网络管理是人们为了保证网络的有效运行而对网络中软硬件资源采取的一系列方法和措施,它的主要任务是收集、分析和检测网络的各种状态信息,并进行用户管理、设备管理及维

护等。

②网络管理系统是随着网络规模不断扩大、简单网络管理不能适应需求而出现的系统。网络管理系统内部管理对象及管理操作所遵循的协议即网络管理协议，目前常见标准化的网络管理协议有简单网络管理协议 SNMP、公共管理信息协议 CMIP。

③计算机网络会由于计算机病毒导致性能的下降，也会由于偶然或恶意攻击而使网络资源遭到破坏，网络安全问题的日益突出，使人们更加注重网络安全能够采取的策略及安全协议的使用。

④网络安全策略有加密策略、密钥分配、鉴别和防火墙策略四种，其中，防火墙技术是解决企业网络安全问题所普遍采取的主流方案。在包过滤防火墙中，可以通过定义访问控制列表 ACL 来过滤数据，过滤效率高。

⑤互联网体系结构委员会 IAB 也提出了保证互联网安全需求的安全协议。网络层主要有 IPSec 协议；传输层主要有 SSL 安全软件包；应用层的安全超文本协议 HTTPS 是基于 SSL 所实现的，HTTPS 协议使用 TCP 的 443 端口发送和接收报文；应用层主要有安全电子邮件协议如 PGP 和 PEM。

习　题

一、选择题

1. HTTPS 是一种安全的 HTTP 协议，使用(　　)来保证信息安全。

A. IPSec　　B. SSL　　C. SET　　D. SSH

2. HTTPS 使用(　　)来发送和接收报文。

A. TCP 的 443 端口　　B. UDP 的 443 端口

C. TCP 的 80 端口　　D. UDP 的 80 端口

3. 以下用于计算机网络的应用层和传输层之间提供加密方案的协议是(　　)。

A. PGP　　B. SSL　　C. IPSec　　D. DES

4. 包过滤防火墙通过(　　)来确定数据包是否能够通过。

A. 路由表　　B. ARP 表　　C. NAT 表　　D. 过滤规则

5. 包过滤防火墙对通过防火墙的数据包进行检查，只有满足条件的数据包才能通过，对数据包的检查内容一般不包括(　　)。

A. 源地址　　B. 目的地址　　C. 协议　　D. 有效载荷

6. 路由器的访问控制列表(ACL)的作用是(　　)。

A. ACL 可以监控交换的字节数　　B. ACL 提供路由过滤功能

C. ACL 可以检测网络病毒　　D. ACL 可以提高网络的利用率

7. 某企业打算采用 IPSec 协议构建 VPN，由于企业申请的全球 IP 地址不够，企业内部网络决定使用本地 IP 地址，这时在内网和外网路由器上应该采用__(1)__技术，IPSec 协议应该采用__(2)__模式。

(1) A. 加密技术　　B. NAT 技术　　C. 消息鉴别技术　　D. 数字签名技术

(2) A. 传输模式　　B. 隧道模式

C. 传输和隧道混合模式　　D. 传输和隧道嵌套模式

8. 常用对称加密算法不包括(　　)。

A. DES　　B. RC-5　　C. IDEA　　D. RSA

9. 数字签名功能不包括(　)。

A. 防止发送方的抵赖行为　　B. 发送方身份确认

C. 接收方身份确认　　D. 保证数据的完整性

10. 下列选项中属于网络管理协议的是(　　)。

A. UNIX　　B. SNMP　　C. DES　　D. RSA

二、简答题

1. 网络管理的含义是什么？为什么说网络管理是计算机网络中的重要分支？
2. 什么是 SNMP？它由哪些构件组成？它使用 UDP 还是 TCP 传送报文？
3. 计算机网络面临的威胁有哪些？可以采取哪些安全策略加强网络的安全性？
4. 使用报文摘要进行报文鉴别的基本理念是什么？常见的报文摘要算法有哪些？
5. 简述互联网常见的安全协议及其工作原理。

附　录

附录 A　英文缩写词

A

ACK(ACKnowledgement)　确认
ACL(Access Control List)　访问控制列表
ADSL(Asymmetric Digital Subscriber Line)　非对称数字用户线
AH(Authentication Header)　鉴别首部
ANSI(American National Standards Institute)　美国国家标准协会
AP(Access Point)　接入点
API(Application Programming Interface)　应用编程接口
ARP(Address Resolution Protocol)　地址解析协议
ARQ(Automatic Repeat Request)　自动重传请求
AS(Autonomous System)　自治系统
ASN(Autonomous System Number)　自治系统编号
ASN.1(Abstract Syntax Notation One)　抽象语法记法 1
ATM(Asynchronous Transfer Mode)　异步传输方式

B

BBS(Bulletin Board System)　电子公告板
BER(Bit Error Rate)　误码率
BGP(Border Gateway Protocol)　边界网关协议
B-ISDN(Broadband Integrated Services Digital Network)　宽带综合业务数字网
BOOTP(BOOT strapping Protocol)　引导协议

BSA(Basic Service Area)　基本服务区
BSC(Basic Service Controller)　基站控制器
BSS(Basic Service Set)　基本服务集
BSSID(Basic Service Set ID)　基本服务集标识符

C

CATV(CAble TV)　有线电视
CDMA(Code Division Multiplex Access)　码分多址多路复用
CGI(Common Gateway Interface)　通用网关接口
CHAP(Challenge Handshake Authentication protocol)　质询-握手验证协议
CIDR(Classless InterDomation Routing)　无分类域间路由选择
CRC(Cyclic Redundancy Check)　循环冗余校验
CSMA/CD(Carrier Sense Multiple Access with Collision Detection)　载波监听多点接入/冲突检测
CSMA/CA(Carrier Sense Multiple Access with Collision Avoidance)　载波监听多点接入/冲突避免
CLI(Command Line Interface)　命令行接口
CSS(Cascading Style Sheets)　层叠样式表

D

DCE(Digital Circuit-terminating Equipment)　数据电路端接设备
DES(Data Encryption Standard)　数据加密标准
DHCP(Dynamic Host Configuration Protocol)　动态主机控制协议
DNS(Domain Name System)　域名系统
DSL(Digital Subscriber Line)　数字用户线
DTE(Data Terminal Equipment)　数据终端设备
DVMRP(Distance Vector Multicast Routing Protocol)　距离向量多目路径协议

E

EGP(External Gateway Protocol)　外部网关协议
EIA(ELectronic Industries Association)　美国电子工业协会
E-mail(Electronic Mail)　电子邮件

F

FCS(Frame Check Sequence)　帧检验序列

FDDI(Fiber Distributed Data Interface)　光纤分布式数据接口
FDM(Frequency Division Multiplexing)　频分多路复用
FEC(Forward Error Correction)　前向差错纠正
FTP(File Transfer Protocol)　文件传输协议
FTTB(Fiber To The Building)　光纤到大楼
FTTC(Fiber To The Curb)　光纤到路边
FTTH(Fiber To The Home)　光纤到家
FTP(File Transfer Protocol)　文件传输协议

G

GE(Gigabit Ethernet)　千兆以太网
GGP(Gateway-Gateway Protocol)　网关-网关协议
GSM(Global Systems for Mobile communications)　移动通信全球系统(全球通)

H

HDLC(High-level Data Link Control)　高级数据链路控制
HDSL(High speed DSL)　高级数字用户线
HDTV(High Definition TeleVision)　数字高清晰度电视
HEC(Head Error Control)　首部差错控制
HFC(Hybrid Fiber Coax)　光纤同轴混合网
HTML(HyperText Markup Language)　超文本置标语言
HTTP(HyperText Transfer Protocol)　超文本传送协议

I

IAB(Internet Architecture Board)　互联网体系结构委员会
ICMP(Internet Control Message Procotol)　互联网控制报文协议
IDEA(International Data Encryption Algorithm)　国际数据加密算法
IEEE(Institute of Electrical and Electronics Engineers)　电子和电气工程师协会
IETF(Internet Engineering Task Force)　互联网工程特别任务组
IFS(InterFrame Space)　帧间间隔
IGMP(Internt Group Management Protocol)　互联网组管理协议
IGP(Interior Gateway Protocol)　内部网关协议
IP(Internet Protocol)　网际协议
IPX(Internet Packet Exchange)　网络层的分组交换协议
ISA(Integrated Services Architecture)　综合业务体系结构
ISDN(Integrated Services Digital Network)　综合业务数字网

K

KDC(Key Distribution Center)　密钥分配中心

L

LAN(Local Area Network)　局域网
LAPB(Link Access Procedure Balanced)　链路接入规程(平衡型)
LAPD(Link Access Procedure on the D Channel)　链路接入规程(D 通道)
LCP(Link Control Protocol)　链路控制协议
LLC(Logical Link Control)　逻辑链路控制
L2TP (Layer 2 Tunneling Protocol)　第二层隧道协议

M

MAC(Medium Access Control)　介质访问控制
MAN(Metropolitan Area Network)　城域网
MCS(MultiCast Server)　多播服务器
MD(Message Digest)　报文摘要
MIB(Management Information Base)　管理信息库
MIME(Multipurpose Internet Mail Extensions)　通用互联网邮件扩充
MTA(Message Transfer Agent)　报文传送代理
MTP(Mail Transfer Protocol)　邮件传输协议

N

NCC(Network Control Center)　网络控制中心
NCP(Network Control Protocol)　网络控制协议
NFS(Network File System)　网络文件系统
NIC(Network Interface Card)　网络接口卡或网卡
NVT(Network Virtual Terminal)　网络虚拟终端
NMS(Network Management System)　网络管理系统
NVRAM(Nonvolatile RAM)　非易失随机存储器

O

OAM(Operation,Administration and Maintenance)　(网络)运行、管理和维护
OSI/RM(Open System Interconnection Reference Model)　开放系统互联参考模型

OSPF(Open Shortest Path First)　开放最短通路优先

P

PCM(Pulse Code Modulation)　脉冲编码调制
PCS(Personal Communication Services)　个人通信
PDA(Personal Digital Assistant)　个人数字助理
PDN(Public Data Network)　公用数据网
PDU(Protocol Data Unit)　协议数据单元
PON (Passive Optical Network)无源光纤网
POP(Post Office Protocol)　邮局协议
PoP(Point of Presence)　城域网接入点
PPP(Point-to-Point Protocol)点对点协议
PPTP(Point to Point Tunneling Protocol)　点对点隧道协议
PSDN (Packet Switched Data Network)　分组交换数据网
PVC(Permanent Virtual Circuit)　永久虚电路

Q

QAM(Quadrature Amplitude Modulation)正交幅度调制
QoS(Quality of Service)　服务质量

R

RARP(Reverse Address Resolution Protocol)　逆地址解析协议
RFC(Request For Comments)　(互联网)建议文档
RIP(Routing Information Protocol)　路由信息协议
RPC(Remote Procedure Call)　远程过程调用
RTP(Real-time Transfer Protocol)　实时传送协议
RMON(Remote Network Monitoring)　远程网络监视
RSTP(Rapid Spanning Tree Protocol)　快速生成树协议

S

SAP(Service Access Point)　服务访问点
SDU(Service Data Unit)服务数据单元
SMI(Structure of Management Information)　管理信息结构
SMTP(Simple Mail Transfer Protocol)　简单邮件传送协议
SNA(System Network Architecture)　IBM 系统网络体系结构

SNMP(Simple Network Management Protocol)　简单网络管理协议
SONET(Synchronous Optical Network)　同步光纤网
STP(Shielded Twisted Pair)　屏蔽双绞线
SNMP(Simple Network Management Protocol)　简单网管协议
STP(Spanning Tree Protocol)　生成树协议

T

TA(Terminal Adapter)　终端适配器
TCB(Transmission Control Block)　传输控制程序块
TCP(Transmission Control Protocol)　传输控制协议
TCP/IP(Transmission Control Protocol/ Internet Protocol)　传输控制协议/互联网协议
TFTP(Trivial File Transfer Protocol)　简单文件传输协议
TTL(Time To Live)　生存时间

U

UA (User Agent)　用户代理
UIB(User Interface Box)　用户接口盒子
UNI(User-to-Network Interface)　用户网络接口
URL(Uniform Resource Locator)　统一资源定位符
UTP(Unshield Twisted Pair)　非屏蔽式双绞线
UDP(User Datagram Protocol)　用户数据报协议

V

VBR(Variable Bit Rate)　可变比特率
VCI(Virtual Channel Identifier)　虚通路标识符
VoD(Video on Demand)　视频点播
VPI(Virtual Path Identifier)　虚通道标识符
VPN(Virtual Private Network)　虚拟专用网络
VLAN(Virtual Local Area Network)　虚拟局域网
VOD(Video On Demand)　视频点播
VT(Virtual Terminal)　虚拟终端
VTP(VLAN Trunking Protocol)　虚拟隧道协议
VTY(Virtual Type Terminal)　虚拟类型终端,用于虚拟线路

W

WAN(Wide Area Network)　　广域网

WDM(Wavelengh Division Multiplexing)　　波分复用

WDMA(Wavelength Division Multiple Access)　　波分多路访问

WWW(World Wide Web)　万维网

附录B　华为路由器、交换机基本配置

在网络设备中,大多数路由器、交换机产品的配置命令和Cisco路由器、交换机的配置命令是非常类似的,但是华为路由器和交换机的配置命令及命令模式差别较大。本附录给出了华为的路由器和交换机的简单配置命令,读者可以和Cisco路由器及交换机的配置命令对照使用。

一、交换机基本配置命令

1.显示命令

华为交换机的显示命令使用关键字display,常见的显示命令有:

[Quidway]display current-configuration　;显示当前配置

[Quidway]display interfaces *接口*　;显示接口信息

[Quidway]display vlan all　;显示VLAN信息

[Quidway]display vlan [vlan_id]　;查看VLAN设置

[Quidway]display version　;显示版本信息

2.管理命令

[Quidway]super password　;修改特权用户密码

[Quidway]sysname　;交换机命名

[Quidway]user-interface vty 0 4　;进入虚拟终端

[S3026-ui-vty0-4]authentication-mode password　;设置口令模式

[S3026-ui-vty0-4]set authentication-mode password simple *口令*　;设置口令

[S3026-ui-vty0-4]user privilege level 3　;用户级别

3.端口配置命令

[Quidway]interface *接口x*　;进入接口视图

[Quidway]interface　vlan　*n*　;进入接口视图

[Quidway-interfacex]port access vlan *n*　;当前端口加入VLAN

[Quidway-Vlan-interfacex]ip address *IP 地址 子网掩码*　;配置VLAN的IP地址

[Quidway--interfacex]duplex {half|full|auto};配置端口工作状态

[Quidway--interfacex]speed {10|100|auto};配置端口工作速率

[Quidway--interfacex]port link-type {trunk|access|hybrid};设置端口工作模式

[Quidway-interfacex]port trunk permit vlan {ID|All}　　;设 trunk 允许的 VLAN

[Quidway-interfacex]flow-control　　;配置端口流控

[Quidway]monitor-port <interface_type interface_num>　　;指定镜像端口

[Quidway]port mirror <interface_type interface_num>　　;指定被镜像端口

[Quidway]port mirror int_list observing-port int_type int_num　　;指定镜像和被镜像

4. 默认路由配置

[Quidway]ip route-static 0.0.0.0 0.0.0.0 *下一跳IP 地址*　　;默认路由

例如:

[Quidway]interface ethernet 0/1　　;进入端口模式

[Quidway-Ethernet0/1]port access vlan 3　　;当前端口加入 VLAN

[Quidway-Ethernet0/1]quit　　;返回

[Quidway-Ethernet0/1]undo shutdown　;激活端口

[Quidway-Ethernet0/1]shutdown　　;关闭端口

[Quidway]vlan 3　;创建 VLAN

[Quidway-vlan3]port ethernet 0/1　　;在 VLAN 中增加端口

[Quidway-vlan3]port ethernet 0/1 to ethernet 0/4　　;在 VLAN 中增加端口

5. 设置生成树及端口相关命令

[Quidway]stp {enable|disable}　　;设置生成树,默认关闭

[Quidway]stp priority 4096　;设置交换机的优先级

[Quidway]stp root {primary|secondary}　;设置为根或根的备份

[Quidway-Ethernet0/1]stp cost 200　;设置交换机端口的开销

[Quidway]link-aggregation e0/1 to e0/4 ingress|both　　;端口的聚合

[SwitchA-vlanx]isolate-user-vlan enable　;设置主 vlan

[SwitchA]isolate-user-vlan <x> secondary <list>　;设置主 vlan 包括的子 vlan

[Quidway-Ethernet0/2]port hybrid pvid vlan <id>　　;设置 vlan 的 pvid

[Quidway-Ethernet0/2]port hybrid pvid　;删除 vlan 的 pvid

[Quidway-Ethernet0/2]port hybrid vlan vlan_id_list untagged　　;设置无标识的 vlan

二、路由器基本配置命令

1. 显示命令

[Quidway]display version　　;显示版本信息

[Quidway]display current-configuration　　;显示当前配置

[Quidway]display interfaces　　;显示接口信息

[Quidway]display ip route　　;显示路由信息

2. 管理命令

[Quidway]sysname *主机名*　　;更改主机名

[Quidway]super passwrod *口令*　;设置口令

[Quidway]interface *接口x*　;进入接口

[Quidway-*接口x*]ip address *IP 地址　子网掩码*　　;配置端口 IP 地址

[Quidway-*接口x*]undo shutdown ;激活端口

[Quidway]link-protocol hdlc ;绑定 hdlc 协议

[Quidway]user-interface vty 0 4

[Quidway-ui-vty0-4]authentication-mode password

[Quidway-ui-vty0-4]set authentication-mode password simple *口令*

[Quidway-ui-vty0-4]user privilege level 3

[Quidway-ui-vty0-4]quit

3. 配置静态路由命令

[Quidway]ip route-static <ip> <mask> {interface number|nexthop} [value] [reject|blackhole]

例如：

[Quidway]ip route-static 129.1.0.0 16 10.0.0.2

[Quidway]ip route-static 129.1.0.0 255.255.0.0 10.0.0.2

[Quidway]ip route-static 129.1.0.0 16 Serial 2

4. 配置动态路由命令

RIP 协议命令：

[Quidway]rip ;设置动态路由

[Quidway]rip work ;设置工作允许

[Quidway]rip input ;设置入口允许

[Quidway]rip output ;设置出口允许

[Quidway-rip]network *1.0.0.0* ;设置交换路由网络

[Quidway-rip]network all ;设置与所有网络交换

[Quidway-rip]summary ;路由聚合

[Quidway]rip version 1 ;设置工作在版本 1

[Quidway]rip version 2 multicast ;设置工作在版本 2,多播方式

[Quidway-Ethernet0]rip split-horizon ;水平分隔

OSPF 协议命令：

[Quidway]router id *A.B.C.D* ;配置路由器的 ID

[Quidway]ospf enable ;启动 OSPF 协议

[Quidway-ospf]import-route direct ;引入直联路由

[Quidway-Serial0]ospf enable area <area_id> ;配置 OSPF 区域

5. 访问控制列表命令

(1)标准访问列表命令格式如下：

acl <acl-number> [match-order config|auto] ;默认前者顺序匹配

rule [normal|special] {permit|deny} [source source-addr source-wildcard|any]

例如：

[Quidway]acl 10

[Quidway-acl-10]rule normal permit source 10.0.0.0 0.0.0.255

[Quidway-acl-10]rule normal deny source any

(2)扩展访问控制列表配置命令

配置 TCP/UDP 协议的扩展访问列表

rule {normal|special} {permit|deny} {tcp|udp} source {<ip wild>|any} destination <ip wild>|any} [operate]

配置 ICMP 协议的扩展访问列表

rule {normal|special}{permit|deny} icmp source {<ip wild>|any] destination {<ip wild>|any]

[icmp-code] [logging]

将 ACL 应用到接口命令:

[Quidway] firewall enable

[Quidway] firewall default permit|deny

[Quidway] interface *interfacex*

[Quidway-*interfacex*] firewall packet-filter *acl-number* inbound|outbound

例如:

[Quidway] acl 101

[Quidway-acl-101] rule deny souce any destination any

[Quidway-acl-101] rule permit icmp source any destination any icmp-type echo

[Quidway-acl-101] rule permit icmp source any destination any icmp-type echo-reply

[Quidway] acl 102

[Quidway-acl-102] rule permit ip source 10.0.0.1 0.0.0.0 destination 202.0.0.1 0.0.0.0

[Quidway-acl-102] rule deny ip source any destination any

参考文献

[1] Douglas E. Comer. 计算机网络与因特网[M]. 6 版. 徐明伟,译. 北京:人民邮电出版社,2019.

[2] Tanbaum A S. 计算机网络[M]. 4 版. 潘爱民,译. 北京:清华大学出版社,2004.

[3] 谢希仁. 计算机网络[M]. 7 版. 北京:电子工业出版社,2016.

[4] 杨心强,陈国友. 数据通信与计算机网络[M]. 4 版. 北京:电子工业出版社,2016.

[5] 龚尚福. 计算机网络技术及应用[M]. 北京:中国铁道出版社,2007.

[6] 冯博琴,陈文革. 计算机网络[M]. 2 版. 北京:高等教育出版社,2008.

[7] 朱迅,杨丽波,徐建军. 计算机网络基础——基于案例与实训[M]. 北京:机械工业出版社,2017.

[8] 孟敬. 计算机网络基础[M]. 北京:清华大学出版社,2011.

[9] 于鹏. 计算机网络技术基础[M]. 5 版. 北京:电子工业出版社,2018.

[10] 胡胜红,毕娅. 网络工程原理与实践教程[M]. 2 版. 北京:人民邮电出版社,2008.

[11] 马立新. 局域网组建、管理与维护[M]. 北京:机械工业出版社,2010.

[12] 张友生,王勇. 网络规划设计师考试全程指导[M]. 2 版. 北京:清华大学出版社,2014.

[13] Todd Lammle. CCNA 学习指南[M]. 程代伟,等,译. 北京:电子工业出版社,2008.